中德"双元制"职业教育化工专业系列教材

高等职业教育教材

基础化学

高 波 刘婷婷 崔 帅·主编

化学工业出版社

·北京·

内容简介

本书根据《国家职业教育改革实施方案》的要求，依托德国"双元制"模式，结合职业技能大赛内容，将无机化学、分析化学和有机化学知识进行了整合。全书共有十一个教学模块，包括物质结构基础、化学基础知识、化学反应速率及化学平衡、无机化合物及酸碱滴定、沉淀反应及沉淀滴定、氧化还原反应及氧化还原滴定、配位化合物与配位滴定、烃类、烃类衍生物、有机实验操作、实验室安全基础知识，并设计了十三个实用性强、应用广泛的工作任务，与教学模块相辅相成，体现情境教学、任务驱动的教学理念。

本书可作为高职院校化工技术类、环境保护类、安全类、轻化工类、制药、农林、医学、生物技术类、食品等相关专业教材，也可供相关工作技术人员培训和学习参考。

图书在版编目（CIP）数据

基础化学/高波，刘婷婷，崔帅主编．—北京：化学工业出版社，2024.8
高等职业教育教材
ISBN 978-7-122-45570-3

Ⅰ.①基… Ⅱ.①高…②刘…③崔… Ⅲ.①化学-高等职业教育-教材 Ⅳ.①O6

中国国家版本馆 CIP 数据核字（2024）第 088992 号

责任编辑：王海燕　满悦芝　　　　　　　　文字编辑：崔婷婷
责任校对：刘　一　　　　　　　　　　　　装帧设计：关　飞

出版发行：化学工业出版社
　　　　　（北京市东城区青年湖南街 13 号　邮政编码 100011）
印　　装：中煤（北京）印务有限公司
787mm×1092mm　1/16　印张 22½　彩插 1　字数 555 千字
2024 年 8 月北京第 1 版第 1 次印刷

购书咨询：010-64518888　　　　　　　　　售后服务：010-64518899
网　　址：http://www.cip.com.cn
凡购买本书，如有缺损质量问题，本社销售中心负责调换。

序

　　石油化学工业作为流程工业，融合多种学科，由于其工艺过程连续不断，并且具备大型设备多、自动化程度高、危险因素多、"三废"多等特征，对从业人员的职业素质和能力要求更高。《国家职业教育改革实施方案》明确指出，要"借鉴'双元制'等模式，总结现代学徒制和企业新型学徒制试点经验，校企共同研究制定人才培养方案，及时将新技术、新工艺、新规范纳入教学标准和教学内容，强化学生实习实训"，要"积极吸引企业和社会力量参与，指导各地各校借鉴德国、日本、瑞士等国家经验，探索创新实训基地运营模式"，"建设一大批校企'双元'合作开发的国家规划教材，倡导使用新型活页式、工作手册式教材并配套开发信息化资源"，为新时代职业教育和职业培训指明了方向。

　　盘锦职业技术学院于 2017 年 3 月率先在国内引入德国化工"双元制"人才培养项目，在化工类专业中开展德国"双元制"本土化改革，通过理念上的创新、模式上的引进、标准上的借鉴、机制上的复制，吸纳德国职业教育先进的办学元素，经过内化与改革，形成了一系列标准、模式等创新成果。特别是在人才培养方案制定、行动领域课程开发、双主体师资队伍建设、校企双元协同育人、引入德国化工职业资格考试等方面进行了创新与实践。

　　伴随"中德化工双元培育项目"的实施，开发了一系列行动导向课程，其特点是课程来自于真实的工作过程，充分考虑行动过程中涉及的理论知识与相关实践的技能。对照德国化工操作员人才培养方案及企业培训框架，确定了适合于我国实际的石油化工操作人员培养方案的 8 个行动领域课程，其中责任行动措施、工艺物料处理、工艺单元操作、工艺监控、设备维护与保养、工艺执行与稳定等 6 个行动领域是基础部分，石油加工的化学技术、石油化工中的分析 2 个行动领域是专业方向。该课程体系是国际化专业标准本土化的重要标志。

　　为保证该课程体系在实际教学中落地，急需开发适合行动导向教学的教材。为此，学院成立了教材编写委员会，组成教材开发小组。经过企业走访与调研，结合"中德化工双元培育项目"的成果，编写了以行动导向为主的中德"双元制"职业教育化工专业系列教材。该系列教材采用新型活页式，包含理论部分和各种学习情境下的任务单，使用灵活、方便。系列教材学习情境来自于化工职业和化工生产的工作情境，学习任务源于职业体验和岗位真实的生产任务，情境和任务的设计尽可能地与职业和岗位生产无缝对接，内容的选取突出对准职业人核心素养的培养。

中德"双元制"职业教育化工专业系列教材是德国化工"双元制"培养模式在我国本土化过程中的有益尝试。引入相关国家标准、规范，实现了德国双元培养模式的本土化，引领了学校、企业、培训生等不同教育主体的学习方向，打破了教育主体之间的壁垒，更好地诠释了"双元制"校企协同、标准统一、学生主体的理念。我们衷心希望该系列教材的出版，能够为我国化工领域的职业教育和职业培训带来实质性的促进与贡献。

盘锦职业技术学院副院长

2024 年 8 月

前 言

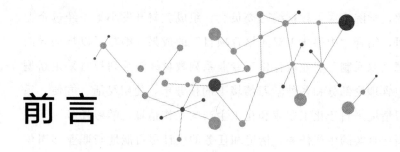

　　本教材根据《国家职业教育改革实施方案》的要求，围绕化工及相关专业人员所需的职业能力，以培养高素质技术技能人才为目标，构建先进性、基础性、科学性、针对性相统一的教学内容，注重与中学化学知识的衔接，将无机化学、分析化学和有机化学进行了整合，力求做到层次清晰、内容全面、循序渐进、通俗易懂。

　　本教材依托德国"双元制"模式，结合职业技能大赛内容，借助情境教学、任务驱动、理实一体的教学方法，将真实的工作任务转化为学习任务，将赛项内容转化为学习内容，培养学习者利用化学基本知识、基本技术和基本方法提高分析问题、解决问题的能力。

　　本教材共十一个教学模块（含十三个工作任务），每一个教学模块以情境描述—课前读吧—学习目标—学习导入—知识链接—学习检测等形式编写；每一个工作任务以任务描述—任务提示—任务过程—总结与提高等形式编写。教师可根据各专业培养目标或学生的实际情况，在保证课程基本要求的前提下，灵活选用学习内容，编排多种教学方案。

　　全书由盘锦职业技术学院高波、刘婷婷、崔帅主编。其中模块一、模块六、模块七、模块八、工作任务六、工作任务七、工作任务八、工作任务十二由盘锦职业技术学院刘婷婷、霍明明、陈月编写，模块二、模块三、模块五、模块十一、工作任务一、工作任务五、工作任务十三、附录由盘锦职业技术学院崔帅、吴春丽编写，模块四、模块九、模块十、工作任务二、工作任务三、工作任务四、工作任务九、工作任务十、工作任务十一、安全技术说明书等二维码资源由盘锦职业技术学院高波、陈磊编写。本书由高波统稿，盘锦职业技术学院陈星、盘锦北方沥青燃料有限公司张微负责主审，盘锦市检验检测中心李玉参与部分内容审稿。

　　本教材的编写得到了盘锦北方沥青燃料有限公司、盘锦市检验检测中心有关技术人员的大力支持，在此深表感谢。

　　由于编者水平所限，教材中难免存在不足之处，恳请读者批评指正。

编者

2024 年 5 月

目 录

模块三　化学反应速率及化学平衡 / 043

模块四　无机化合物及酸碱滴定 / 058

模块五 沉淀反应及沉淀滴定 / 086

模块六 氧化还原反应及氧化还原滴定 / 102

模块七 配位化合物与配位滴定 / 121

模块八 烃类 / 133

模块十 有机实验操作 / 208

模块十一 实验室安全基础知识 / 222

附录 / 242

参考文献 / 248

模块一
物质结构基础

情境描述

　　某化工企业库管员小王在清点库房时，由于未分清Na_2SO_4和Na_2CO_3中的S和C两种元素，误把硫酸钠库存量登记入碳酸钠的库存量，致使清点库存的数量不准确。相关领导发现小王工作失误的原因后，要求全体员工学习化学物质名称、元素化学等相关知识，以提高员工的化学知识储备。

单元一 原子结构

 课前读吧

居里夫人，1867 年 11 月 7 日诞生于波兰，1891 年，她到巴黎求学后侨居法国，经过多年研究，发现了钋和镭。1903 年，居里夫妇因此而双双获得了诺贝尔物理学奖。镭的发现在科学界引发了一次真正的革命，它直接导致了后来卢瑟福对原子结构的探秘，导致了原子弹的爆炸，导致了原子时代的到来。但居里夫人视名利如粪土，爱因斯坦说："在所有的世界著名人物当中，玛丽·居里是唯一没有被盛名宠坏的人。"

学习目标

知识目标： ① 清楚原子结构模型的演变过程；
　　　　　　② 说出原子的组成，质子、中子、电子、质量数之间的关系；
　　　　　　③ 明确电子排布的规律。

技能目标： ① 能够认识同位素；
　　　　　　② 能够写出常见元素的电子排布式和电子排布图。

素养目标： ① 提高分析问题并解决问题的能力；
　　　　　　② 培养辩证思维、实事求是、崇尚科学的精神。

学习导入

1. 什么是原子？原子由什么构成呢？
2. 离子和原子有什么关系？结构是怎样的呢？

知识链接

知识点一　原子结构的模型和组成

原子是参加化学反应的基本粒子，原子按照一定数目组合可以形成分子。

一、原子结构模型的演变

原子结构模型演变过程归纳于表 1-1 中。

表 1-1　原子结构模型的演变

提出者	道尔顿(英)	汤姆森(英)	卢瑟福(英)	玻尔(丹麦)	海森堡(德)
年代	1803 年	1904 年	1911 年	1913 年	1926 年
依据	元素化合时的质量比例关系	1897 年发现电子	α 粒子散射	氢原子光谱	微观粒子的波粒二象性
主要内容	原子是不可再分的实心小球,在化学反应中有关原子以整数比结合成新物质	葡萄干布丁模型。原子是平均分布正电荷的粒子,镶嵌数量相等的电子	核式结构模型。原子质量主要集中在原子核上,电子沿不同轨道运转	氢原子核外电子运动的模型。电子在核外的定态轨道上运动,在定态轨道上运动的电子具有一定的能量,受到外界能量激发时,电子可跃迁	量子力学原子结构模型(电子云模型)。黑点密的地方表示电子出现的概率密度大,黑点稀疏的地方表示电子在此出现的概率密度小
模型	道尔顿原子模型	汤姆森模型(枣糕模型)	卢瑟福模型	玻尔模型(核外电子分层模型)	海森堡模型(电子云模型)
存在问题	不能解释电子的存在	不能解释 α 粒子散射现象	不能解释氢原子光谱	微观粒子的运动规律不同于宏观物体	

二、原子的组成

原子由原子核和核外电子构成,原子核大多由电中性的中子和带正电的质子构成,1 个电子带 1 个单位负电荷,1 个质子带 1 个单位正电荷,原子中质子数等于核外电子数,因此原子不带电。

如原子 $^A_Z X$:X 为元素符号,Z 为质子数,A 为质量数。

质子数(Z)＝核电荷数＝原子序数＝核外电子数

质量数(A)＝质子数(Z)＋中子数(N)

具有一定数目质子和一定数目中子的原子称为核素。具有相同质子数的同一类原子总称为元素。同一元素的不同核素称为同位素。例如:气(H)$^1_1 H$、氘(D)$^2_1 H$、氚(T)$^3_1 H$ 都是氢元素,且是氢元素的三种同位素,是三种核素。

> ❓ **想一想**　^{12}C 和 ^{13}C 是同位素吗? 是同一种核素吗?

知识点二　原子核外电子的分布

一、原子轨道能级

1. 原子轨道

原子轨道是指核外电子的一种空间运动状态,或者是电子核外空间运动时可能出现的大体区域范围及相应的能量。不同的轨道具有不同的能量。

2. 亚层与能级

在同一电子层中电子能量还有微小的差异，根据这些差异把一个电子层分为 1 个或 n 个电子亚层，用符号 s、p、d、f 等表示。如 K 层有一个 s 亚层；L 层包含 s 和 p 两个亚层……

原子核外的电子根据能量的不同，按照不同的轨道分布，即电子在特定的、独立的轨道上进行运动，并且这些电子具有分立的能量，这些固定的能量值被称为能级。

把原子轨道能级按从低到高分为 7 个能级组，称为鲍林近似能级图（图 1-1），图 1-1 中能量由低到高顺序为：$E_{1s} < E_{2s} < E_{2p} < E_{3s} \cdots < E_{5f} < E_{6d} < E_{7p}$。能级次序即为电子在核外的排布顺序，能级图中每一小圈代表 1 个原子轨道，如 s 亚层只有一个原子轨道，p 亚层有 3 个能量相等的原子轨道。

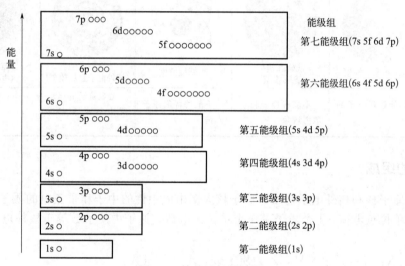

图 1-1　鲍林近似能级图

二、原子核外电子排布

1. 核外电子分布的三个原理

原子核外电子的分布情况可根据光谱实验数据来确定。各元素核外电子的分布规律基本上遵循三个原理，即：能量最低原理、泡利不相容原理以及洪特规则。

（1）能量最低原理　电子在原子轨道中的排布将尽可能占据能量较低的轨道，使原子能量处于最低。

（2）泡利不相容原理　同一原子轨道最多容纳两个自旋方向相反的电子，在电子排布图中常用"↑"或"↓"来进行区别。按照这个原理 s 轨道最多可容纳 2 个电子，p、d、f 轨道依次最多可容纳 6、10、14 个电子，并可推知每一电子层可容纳最多的电子数为 $2n^2$。电子层与最大容量电子数的关系见表 1-2。

（3）洪特规则　电子在能量相同的轨道上排布时，总是尽可能以自旋方向相同的方式分占不同的轨道，使原子的能量最低。

作为洪特规则的补充，能量相同的原子轨道在全充满（p^6，d^{10}，f^{14}）、半充满（p^3，

d^5，f^7）和全空（p^0，d^0，f^0）状态时，原子能量较低，也是较稳定的。

表 1-2　电子层与最大容量电子数的关系

电子层	一			二			三				四				五		···	···
	K			L			M				N				O		···	···
亚层	1s	2s	2p	3s	3p	3d	4s	4p	4d	4f	5s	5p	···	···
最多可容纳电子数	2	2	6	2	6	10	2	6	10	14	2	6	···	···
电子层最大容量	2		8			18				32				···	···

2. 核外电子排布的表示法

原子核外电子的排布有三种表示法：结构示意图、电子排布式和轨道表示式。

① 结构示意图是将原子每个电子层上的电子总数表示在原子核外。

实例：钠的结构示意图

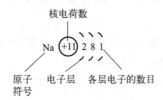

② 电子排布式是用数字在能级符号右上角标明该能级上排布的电子数；简化电子排布式是把内层电子达到稀有气体结构的部分以相应稀有气体的元素符号加方括号表示；此外还有用最外层和次外层电子排布表示的价层电子排布式。

实例：氮的电子排布式为 $1s^2 2s^2 2p^3$，简化电子排布式为 $[He]2s^2 2p^3$，价层电子排布式为 $2s^2 2p^3$；

24 号元素铬的电子排布式为 $1s^2 2s^2 2p^6 3s^2 3p^6 3d^5 4s^1$，简化电子排布式为 $[Ar]3d^5 4s^1$，价层电子排布式为 $3d^5 4s^1$；

29 号元素铜的电子排布式为 $1s^2 2s^2 2p^6 3s^2 3p^6 3d^{10} 4s^1$，简化电子排布式为 $[Ar]3d^{10} 4s^1$，价层电子排布式为 $3d^{10} 4s^1$。

③ 轨道表示式是指用□或者○表示确定的一个轨道，用↑、↓表示电子的两种自旋状态。

实例：氮原子轨道表示式　　　　　　　　　　　铁原子轨道表示式

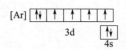

学习检测

1. $_Z^A X$ 表示一个质量数为_____、质子数为_____的 X 原子，如 $_8^{16}O$ 表示一个质量数为_____、质子数为_____的氧原子。

2. 同位素是_____相同而_____不同的核素。

3. 某元素原子序数为 33，则

（1）此元素原子共有_____个未成对电子。

（2）它的电子排布式为_____。

4. 同种元素的原子一定具有（　　　）。

A. 不同的质量数　　　　B. 相同中子数　　　　C. 相同的质子数　　　　D. 不同的电子数

5. 下列核素中，质子数和中子数相等的是（　　　）。

①^{18}O　②^{12}C　③^{16}Mg　④^{40}K　⑤^{32}S

A. ①②　　　　　　　　B. ②⑤　　　　　　　　C. 只有④　　　　　　　　D. ③④

6. 与元素的化学性质最密切的是（　　　）。

A. 质子数　　　　　　　B. 中子数　　　　　　　C. 核电荷数　　　　　　　D. 最外层电子数

7. A、B、C、D 是原子序数小于 18 的四种元素，已知：

① A 原子与 D 原子电子层数相同，A 原子的最外层电子数等于电子层数；

② B 和 D 能够形成离子化合物 D_2B，D_2B 共具有 30 个电子，B 和 D 的离子具有相同的电子层结构；

③ C 原子的最外层电子数与 B 原子的最外层电子数相同；

④ A、B、D 离子具有相同的电子层排布。

推断 A～D 为何种元素，写出相应的元素符号：A ____ B ____ C ____ D ____

单元二 元素周期表及元素周期律

📖 **课前读吧**

唐敖庆是中国第一代量子化学家，也被誉为"中国量子化学之父"。在中国建立了理论化学学科，形成了具有特色、享誉国际的中国理论化学学派。1949 年获美国哥伦比亚大学博士学位，1950 年回国前夕，他谢绝了美国导师的挽留，并诚恳地对导师说："我的事业在自己的祖国，我的祖国是中华人民共和国，一个爱国者不会嫌弃祖国贫困的。"

✈️ **学习目标**

知识目标：① 明确元素周期表的结构以及周期和族的概念；
　　　　　② 说出元素周期表中原子半径的变化规律；
　　　　　③ 归纳周期表中元素电负性的概念、变化规律及应用。

技能目标：① 能够根据原子结构判断元素在元素周期表中的位置；
　　　　　② 能根据原子半径和电负性周期性的变化解释一些现象。

素养目标：① 锻炼归纳、演绎的思维；
　　　　　② 提高语言表达和交流的能力；
　　　　　③ 提高分析问题并解决问题的能力。

🌐 **学习导入**

元素种类很多，它们有没有什么排列规律呢？

📑 **知识链接**

知识点一　元素周期表

一、认识元素周期表

目前人类发现了 118 种元素，这么多种元素是如何排列的呢？1869 年，俄国化学家门捷列夫将元素按照相对原子质量由小到大依次排列，将化学性质相似的元素放在一个纵行，通过分类、归纳，制出了第一张元素周期表，揭示了化学元素间的内在联系，使其构成了一个完整的体系。随着化学科学的不断发展，元素周期表中元素的排序依据由相对原子质量改为原子的核电荷数，周期表也逐渐演变成现在我们常用的形式，目前使用的元素周期表见图 1-2。

元素周期表

IUPAC 2013

图例说明

95 — 原子序数
Am — 元素符号（红色的为放射性元素）
镅 — 元素名称（注◆的为人造元素）
5f⁷7s² ◆ — 价层电子构型

氧化态(单质的氧化态为0，未列入；常见的为红色)

以 ¹²C=12 为基准的原子量（注◆的是半衰期最长同位素的原子量）

s区元素　p区元素
d区元素　ds区元素
f区元素　稀有气体

电子层：K / L K / M L K / N M L K / O N M L K / P O N M L K / Q P O N M L K

族→ / 周期↓	1 IA	2 IIA	3 IIIB	4 IVB	5 VB	6 VIB	7 VIIB	8	9 VIIIB(VIII)	10	11 IB	12 IIB	13 IIIA	14 IVA	15 VA	16 VIA	17 VIIA	18 VIIIA(0)
1	1 H 氢 1s¹ 1.008																	2 He 氦 1s² 4.002602(2)
2	3 Li 锂 2s¹ 6.94	4 Be 铍 2s² 9.0121831(5)											5 B 硼 2s²2p¹ 10.81	6 C 碳 2s²2p² 12.011	7 N 氮 2s²2p³ 14.007	8 O 氧 2s²2p⁴ 15.999	9 F 氟 2s²2p⁵ 18.998403163(6)	10 Ne 氖 2s²2p⁶ 20.1797(6)
3	11 Na 钠 3s¹ 22.98976928(2)	12 Mg 镁 3s² 24.305											13 Al 铝 3s²3p¹ 26.9815385(7)	14 Si 硅 3s²3p² 28.085	15 P 磷 3s²3p³ 30.973761998(5)	16 S 硫 3s²3p⁴ 32.06	17 Cl 氯 3s²3p⁵ 35.45	18 Ar 氩 3s²3p⁶ 39.948(1)
4	19 K 钾 4s¹ 39.0983(1)	20 Ca 钙 4s² 40.078(4)	21 Sc 钪 3d¹4s² 44.955908(5)	22 Ti 钛 3d²4s² 47.867(1)	23 V 钒 3d³4s² 50.9415(1)	24 Cr 铬 3d⁵4s¹ 51.9961(6)	25 Mn 锰 3d⁵4s² 54.938044(3)	26 Fe 铁 3d⁶4s² 55.845(2)	27 Co 钴 3d⁷4s² 58.933194(4)	28 Ni 镍 3d⁸4s² 58.6934(4)	29 Cu 铜 3d¹⁰4s¹ 63.546(3)	30 Zn 锌 3d¹⁰4s² 65.38(2)	31 Ga 镓 4s²4p¹ 69.723(1)	32 Ge 锗 4s²4p² 72.630(8)	33 As 砷 4s²4p³ 74.921595(6)	34 Se 硒 4s²4p⁴ 78.971(8)	35 Br 溴 4s²4p⁵ 79.904	36 Kr 氪 4s²4p⁶ 83.798(2)
5	37 Rb 铷 5s¹ 85.4678(3)	38 Sr 锶 5s² 87.62(1)	39 Y 钇 4d¹5s² 88.90584(2)	40 Zr 锆 4d²5s² 91.224(2)	41 Nb 铌 4d⁴5s¹ 92.90637(2)	42 Mo 钼 4d⁵5s¹ 95.95(1)	43 Tc 锝 4d⁵5s² 97.90721(3)◆	44 Ru 钌 4d⁷5s¹ 101.07(2)	45 Rh 铑 4d⁸5s¹ 102.90550(2)	46 Pd 钯 4d¹⁰ 106.42(1)	47 Ag 银 4d¹⁰5s¹ 107.8682(2)	48 Cd 镉 4d¹⁰5s² 112.414(4)	49 In 铟 5s²5p¹ 114.818(1)	50 Sn 锡 5s²5p² 118.710(7)	51 Sb 锑 5s²5p³ 121.760(1)	52 Te 碲 5s²5p⁴ 127.60(3)	53 I 碘 5s²5p⁵ 126.90447(3)	54 Xe 氙 5s²5p⁶ 131.293(6)
6	55 Cs 铯 6s¹ 132.90545196(6)	56 Ba 钡 6s² 137.327(7)	57~71 La~Lu 镧系	72 Hf 铪 5d²6s² 178.49(2)	73 Ta 钽 5d³6s² 180.94788(2)	74 W 钨 5d⁴6s² 183.84(1)	75 Re 铼 5d⁵6s² 186.207(1)	76 Os 锇 5d⁶6s² 190.23(3)	77 Ir 铱 5d⁷6s² 192.217(3)	78 Pt 铂 5d⁹6s¹ 195.084(9)	79 Au 金 5d¹⁰6s¹ 196.966569(5)	80 Hg 汞 5d¹⁰6s² 200.592(3)	81 Tl 铊 6s²6p¹ 204.38	82 Pb 铅 6s²6p² 207.2	83 Bi 铋 6s²6p³ 208.98040(1)	84 Po 钋 6s²6p⁴ 208.98243(2)◆	85 At 砹 6s²6p⁵ 209.98715(5)◆	86 Rn 氡 6s²6p⁶ 222.01758(2)◆
7	87 Fr 钫 7s¹ 223.01974(2)◆	88 Ra 镭 7s² 226.02541(2)◆	89~103 Ac~Lr 锕系	104 Rf 𬬻 6d²7s² 267.122(4)◆	105 Db 𬭊 6d³7s² 270.131(4)◆	106 Sg 𬭳 6d⁴7s² 269.129(3)◆	107 Bh 𬭛 6d⁵7s² 270.133(2)◆	108 Hs 𬭶 6d⁶7s² 270.134(2)◆	109 Mt 鿏 6d⁷7s² 278.156(5)◆	110 Ds 𫟼 281.165(4)◆	111 Rg 𬬭 281.166(6)◆	112 Cn 鿔 285.177(4)◆	113 Nh 鿭 286.182(5)◆	114 Fl 𫓧 289.190(4)◆	115 Mc 镆 289.194(6)◆	116 Lv 𫟷 293.204(4)◆	117 Ts 鿬 293.208(6)◆	118 Og 鿫 294.214(5)◆

★ 镧系

57 La 镧 5d¹6s² 138.90547(7)	58 Ce 铈 4f¹5d¹6s² 140.116(1)	59 Pr 镨 4f³6s² 140.90766(2)	60 Nd 钕 4f⁴6s² 144.242(3)	61 Pm 钷 4f⁵6s² 144.91276(2)◆	62 Sm 钐 4f⁶6s² 150.36(2)	63 Eu 铕 4f⁷6s² 151.964(1)	64 Gd 钆 4f⁷5d¹6s² 157.25(3)	65 Tb 铽 4f⁹6s² 158.92535(2)	66 Dy 镝 4f¹⁰6s² 162.500(1)	67 Ho 钬 4f¹¹6s² 164.93033(2)	68 Er 铒 4f¹²6s² 167.259(3)	69 Tm 铥 4f¹³6s² 168.93422(2)	70 Yb 镱 4f¹⁴6s² 173.045(10)	71 Lu 镥 4f¹⁴5d¹6s² 174.9668(1)

★ 锕系

89 Ac 锕 6d¹7s² 227.02775(2)◆	90 Th 钍 6d²7s² 232.0377(4)	91 Pa 镤 5f²6d¹7s² 231.03588(2)	92 U 铀 5f³6d¹7s² 238.02891(3)	93 Np 镎 5f⁴6d¹7s² 237.04817(2)◆	94 Pu 钚 5f⁶7s² 244.06421(4)◆	95 Am 镅 5f⁷7s² 243.06138(2)◆	96 Cm 锔 5f⁷6d¹7s² 247.07035(3)◆	97 Bk 锫 5f⁹7s² 247.07031(4)◆	98 Cf 锎 5f¹⁰7s² 251.07959(3)◆	99 Es 锿 5f¹¹7s² 252.0830(3)◆	100 Fm 镄 5f¹²7s² 257.09511(5)◆	101 Md 钔 5f¹³7s² 258.09843(3)◆	102 No 锘 5f¹⁴7s² 259.1010(7)◆	103 Lr 铹 5f¹⁴6d¹7s² 262.110(2)◆

图 1-2 元素周期表（见彩插）

主族（A）：第 1、2、13、14、15、16、17 列；副族（B）：第 3、4、5、6、7、11、12 列；第Ⅷ族：第 8、9、10 三列；零族：第 18 列。

元素周期表有 7 个横行，叫作周期。每一周期中元素的电子层数相同，从左到右原子序数递增。第一周期最短，只有两种元素；第二、三周期各有 8 种元素，前三周期称为短周期；其他周期均为长周期。

周期表中有 18 个纵列，称为族。族分为主族 A（ⅠA、ⅡA、ⅢA、ⅣA、ⅤA、ⅥA、ⅦA）、副族 B（ⅠB、ⅡB、ⅢB、ⅣB、ⅤB、ⅥB、ⅦB）、第Ⅷ族和Ⅷ A 族。最外层电子数为 8（He 为 2）的元素化学性质不活泼，通常很难与其他物质发生化学反应，把它们的化合价定为 0，因而也称为零族。同族元素的价电子数目相同，同周期元素具有相同的电子层数。

二、元素周期表的应用

1. 获取元素的相关信息

元素周期表提供了每种元素的原子序数、元素符号、元素名称、价层电子构型、相对原子质量等多种参数，如图 1-3 所示。

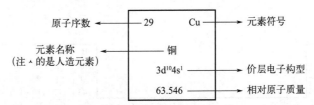

图 1-3　周期表中元素各参数的位置

2. 判断元素性质

元素的性质呈现周期性的变化规律，在周期表中有充分体现。因此，根据原子的价层电子构型，可以确定元素在周期表中的位置及主要性质；反之，根据元素在周期表中的位置，可以推断原子的价层电子构型及主要性质。

3. 在实际中应用

根据结构决定性质、性质影响用途的规律，周期表中位置靠近的元素性质相似并具有类似的用途。周期表中位于右上方的非金属元素，如：氟（F）、氯（Cl）、硫（S）、磷（P）等，是制备农药的常用元素；半导体材料元素位于周期表中金属和非金属接界处，如硅（Si）、镓（Ga）、锗（Ge）、锡（Sn）等。这可以启发人们通过对周期表中一定区域元素的研究，寻找新材料和新物质。例如，ⅢB～ⅥB族的过渡元素，如钛（Ti）、钽（Ta）、铬（Cr）、钼（Mo）、钨（W）等，具有耐高温、耐腐蚀等特点，是制作特种合金的优良材料；过渡元素对许多化学反应有良好的催化性能，可用于制备优良的催化剂。

> ⚡ **练一练**　已知某元素的原子序数为 24，试指出它在周期表中的位置，并说出其属于哪类元素。

知识点二　元素周期律

一、原子半径

通过图 1-4 元素的原子半径可以看出：

（1）同一周期从碱金属到卤素，由于原子的核电荷数逐渐增加，而电子层数保持不变，因此原子核对电子的吸引力逐渐增大，原子半径逐渐减小。在长周期中，从过渡元素开始，原子半径减小得比较缓慢，而在后半部分的元素（例如第四周期从 Cu 开始），原子半径反而略微增大，但随即又逐渐减小。

（2）同一主族，从上到下半径逐渐增大。电子层数增加的因素占主导地位。副族元素除ⅢB族（钪族）外，从上到下原子半径一般也逐渐增大，但增幅不大，第五周期和第六周期同一族中的过渡元素的原子半径非常相近。

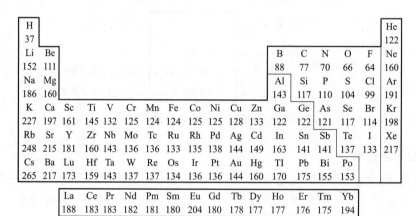

图 1-4　元素的原子半径 r（单位：pm）

二、电负性

1. 定义

元素的电负性是指原子在分子中吸引电子的能力。元素的电负性数值越大，表示原子在分子中吸引电子的能力越强。规定氟的电负性为 3.98，由此可以利用公式算出其他元素的电负性。目前电负性有多套数据，因此使用数据时要注意出处，并尽量采用同一套电负性数据，鲍林的元素电负性数值见图 1-5。

2. 变化规律

（1）同一周期，从左到右，元素的电负性逐渐增大，元素的非金属性增强，金属性减弱。

（2）同一主族，从上到下，元素的电负性依次减小，元素的非金属性减弱，金属性增强。必须指出，同一元素所处氧化态不同，其电负性值也不同，碳原子的杂化状态不同，其电负性的数值也不同。

H 2.18																	
Li 0.98	Be 1.57												B 2.04	C 2.55	N 3.04	O 3.44	F 3.98
Na 0.93	Mg 1.31												Al 1.61	Si 1.90	P 2.19	S 2.58	Cl 3.16
K 0.82	Ca 1.00	Sc 1.36	Ti 1.54	V 1.63	Cr 1.66	Mn 1.55	Fe 1.8	Co 1.88	Ni 1.91	Cu 1.90	Zn 1.65	Ga 1.81	Ge 2.01	As 2.18	Se 2.55	Br 2.96	
Rb 0.82	Sr 0.95	Y 1.22	Zr 1.33	Nb 1.60	Mo 2.16	Tc 1.9	Ru 2.28	Rh 2.2	Pd 2.20	Ag 1.93	Cd 1.69	In 1.78	Sn 1.96	Sb 2.05	Te 2.10	I 2.66	
Cs 0.79	Ba 0.89	Lu 1.2	Hf 1.3	Ta 1.5	W 2.36	Re 1.9	Os 2.2	Ir 2.2	Pt 2.28	Au 2.54	Hg 2.00	Tl 2.04	Pb 2.33	Bi 2.02	Po 2.0	At 2.2	

数据引自：M.Millian, *Chemical and Physical Data* (1992).

图 1-5 元素的电负性（L. Pauling 值）

（3）过渡元素的电负性递变不明显，但金属性不及ⅠA、ⅡA两族的元素。

3. 用途

（1）判断元素的金属性和非金属性　一般电负性<2.0的为金属元素，>2.0的为非金属元素，等于2.0的为"类金属"（如锗、硅等），但并无严格界限。

（2）判断化学键类型　一般情况下，两元素电负性差值大于1.7时，形成离子键，两元素电负性差值小于1.7时，易形成共价键。

（3）判断化合价正负　电负性数值小的元素在化合物中吸引电子的能力弱，其化合价多为正值；电负性大的元素在化合物中吸引电子的能力强，其化合价多为负值。例如 CO_2 中 O 的电负性大于 C，所以 O 的化合价为 -2，C 的化合价为 $+4$。

（4）元素周期表中的"对角线规则"　元素周期表中某些主族元素与其右下方的主族元素电负性相近，性质相似。

学习检测

1. 写出下列元素的元素名称、元素符号、元素周期表中的位置和价电子构型：氧原子、三价铁离子、钠离子、铬原子。

2. 根据电负性判断下列原子间形成离子键的是（　　　）。

A. Na 和 F　　　　　　　B. Sn 和 S　　　　　C. Al 和 Cl　　　　　D. C 和 Cl

3. 现有 A、B、C、D、E 五种常见元素，已知：

① 元素的原子序数按 A、B、C、D、E 的顺序依次增大，原子半径按 D、E、B、C、A 顺序依次减小；

② A、D 同主族，A 是所有元素中原子半径最小的元素；B 与 C 的位置相邻；C 元素原子最外层电子数是次外层电子数的 3 倍；

③ B、D、E 三者最高价氧化物的水化物依次为甲、乙、丙，它们两两之间可反应生成可溶性盐和水，且所得盐中均含 C 元素；

④ B、E 两种元素原子最外层电子数之和等于 A、C、D 三种元素原子最外层电子数之和。推断 A～E 为何种元素。

A＿＿＿＿＿　B＿＿＿＿＿　C＿＿＿＿＿　D＿＿＿＿＿　E＿＿＿＿＿（填写元素符号）

单元三　化学键

📚 **课前读吧**

徐光宪有"中国稀土之父"的美誉，他和夫人高小霞一生的理想就是用知识报效祖国，在新中国成立后，夫妇俩放弃美国的科研前途，毫不犹豫地回到了祖国。夫妇俩常说："科学没有国界，但科学家有自己的祖国，留学就是为了回来报效祖国。"几十年间夫妇俩共同谱写了中国稀土研究的华丽篇章，终结了中国稀土"贱卖"局面，为我国创造了巨大财富。

🛩 **学习目标**

知识目标： ① 说出各种化学键的定义、形成条件和特征；
　　　　　　② 明确分子间作用力的概念和应用；
　　　　　　③ 说出氢键的形成原理、特点和应用。
技能目标： ① 能判断物质中存在的化学键种类；
　　　　　　② 能区分化学键与氢键。
素养目标： ① 提高分析问题并解决问题的能力；
　　　　　　② 培养科学严谨的学习态度。

🌐 **学习导入**

1. 化学键都有哪些？具有什么特点？有哪些应用？
2. 氢键属于化学键吗？

📖 **知识链接**

自然界的物质，除稀有气体外，都是以原子（或离子）结合成分子（或晶体）的形式存在。原子既然能够结合成分子，原子之间必然存在着相互作用，这种相互作用不仅存在于直接相邻的原子之间，而且存在于非直接相邻的原子之间。直接相邻的原子间作用力比较强烈，化学上把这种纯净物分子内或晶体内相邻的两个或多个原子（或离子）间强烈的相互作用力统称为化学键。

根据粒子间的相互作用的不同，可以把化学键分成离子键、共价键（包含配位键）和金属键三大类。

知识点一　离子键

一、离子键定义

原子可以通过失去或得到电子形成具有稀有气体原子的稳定电子结构的正、负离子，它们通过静电相互吸引而结合，这便形成了离子键。因而离子键的本质是正负离子键的静电吸引作用。

二、离子键的形成条件

只有电负性相差较大的元素（如碱金属与卤素）才能发生原子之间电子得失转移，形成离子键。例如：金属钠可以在氯气中剧烈燃烧生成白色的氯化钠固体，由于钠的电负性较小，而氯的电负性较大，在一定条件下两种原子相遇，钠原子失去电子生成 Na^+，氯原子获得电子形成 Cl^-，都达到了稀有气体原子的稳定结构，这样 Na^+ 和 Cl^- 通过静电作用形成稳定的离子键，结合成氯化钠晶体，如图 1-6 所示。

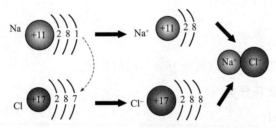

图 1-6　NaCl 离子键形成过程

三、离子键的特征

离子在任何方向都可以和带有相反电荷的其他离子相互吸引成键，所以离子键没有方向性。另外离子键也没有饱和性，即一个离子可以和多个异性离子相结合。所以离子键的基本特征是既无饱和性又无方向性。

> ❓ **练一练**　为什么离子键既无饱和性又无方向性？

知识点二　共价键

一、共价键定义

原子之间可以通过共用一对或几对电子，从而达到稀有气体原子的稳定电子结构，形成牢固的共价键和稳定的分子。原子间通过共用电子对的形式而形成的化学键称为共价键，是成键电子的原子轨道重叠而形成的。

一般认为电负性差值小于 1.7 可形成共价键，如 Al 电负性 1.61，Cl 电负性 3.16，Al 与 Cl 的电负性之差小于 1.7，形成共价键。

二、共价键的特征

1. 共价键具有饱和性

原子要形成稳定的共价键，原子中必须有未成对电子，且未成对电子的自旋方向必须相反，因此一个原子有几个未成对电子（包括激发后形成的单电子），便可形成几个共价键。

例如氧原子有两个未成对电子，氢原子有一个未成对电子，一个氧原子和两个氢原子结合形成两个共价键，水分子的化学式为 H_2O，而不是 HO 或 H_3O。因此共价键的饱和性决定了分子的组成。

2. 共价键具有方向性

共价键是原子轨道的重叠，在形成共价键时，原子间总是尽可能沿着原子轨道能够最大重叠的方向重叠成键，而且重叠越多，电子在核间出现的概率越大，形成的共价键越稳定。共价键的方向性决定了分子的构型。

三、共价键的分类

按照不同的分类方法，可将共价键分为不同的类型：

1. 按共用电子对数目分类

（1）单键，如 $H—H$。

（2）双键，如 $O＝O$。

（3）三键，如 $N≡N$。

2. 按共用电子对是否偏移分类

（1）极性键　分子中以共价键相连接的原子吸引电子的能力是不同的，在氯化氢（$H—Cl$）分子中，Cl 原子吸电子能力比 H 原子大，即 Cl 原子吸引 $H—Cl$ 化学键上共用电子对的能力比 H 原子大，从而使 Cl 原子上带部分负电荷（以 δ^- 表示），H 原子上带部分正电荷（以 δ^+ 表示），可表示为 $\overset{\delta^+}{H}—\overset{\delta^-}{Cl}$。这样的共价键具有极性，叫极性共价键，如 $H—Cl$，$O＝C＝O$。

（2）非极性键　相同原子形成的共价键，如 $Cl—Cl$，$O＝O$。

3. 按电子云的重叠方式分类

（1）σ 键　如图 1-7(a) 所示，形成共价键的未成对电子的原子轨道采取"头碰头"的方式重叠，如 $H—H$，$H—Cl$。原子可围绕键轴旋转，不影响共价键的强度。

（2）π 键　如图 1-7(b) 所示，形成共价键的未成对电子的原子轨道采取"肩并肩"的方式重叠，如 $O＝O$，$N≡N$。特征是重叠部分集中在键轴的上方和下方，呈平面对称。

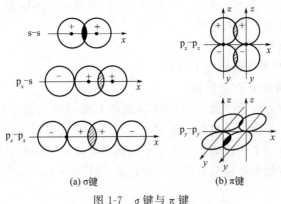

(a) σ键   (b) π键

图 1-7   σ键与π键

四、共价键参数

1. 键能

键能是指在标准状态下，将气态分子解离为气态原子所需要的能量。它可以说明拆开或形成一个化学键的难易程度。

例如，双原子分子的键能就是 1mol 气态双原子分子解离为气态原子时所吸收的能量。实验测得，1mol H_2 分子（气态）解离为 H 原子时吸收的能量是 436.0kJ，H—H 键的键能就是 436.0kJ/mol（25℃），相反，25℃时 H 原子（气态）相互结合生成 1mol H_2 分子（气态）时放出的能量也是 436.0kJ。

对于多原子分子，键能通常是指在标准状态下气态分子拆成气态原子时，每种键所需能量的平均值。例如，H_2O 中含有两个 O—H 键，O—H 键能为两个解离能的平均值。一般来说键能越大，化学键越牢固。双键的键能比单键的键能大得多，但不等于单键键能的两倍；同样三键的键能也不是单键键能的三倍。

2. 键长

分子中成键的两个原子核间的距离叫键长（l）或键距（d）。两个确定的原子之间，如果形成不同的共价键，其键长越短，键能就越大，键就越牢固，由该键构成的分子也就越稳定。如 H—Cl、H—Br、H—I 键长渐增，键能渐小，因而 HI 不如 HCl 稳定。

3. 键角

由于共价键具有方向性，因而出现了键角。键角是指分子中的一个原子所形成的两个化学键之间的夹角。它是分子空间结构的重要参数之一。例如水分子中两个 O—H 键之间的夹角是 104.5°，故水分子是 V 形结构。一般地说，若知道某分子内全部化学键的键长和键角的数据，那么分子的空间构型便可确定。

> ❓ **想一想**   C≡C 的键能比 C—C 大，那么三键的键能是否是单键的三倍呢？为什么？

五、配位键

（1）配位键是一种特殊的共价键。凡共用的一对电子由一个原子单独提供的共价键称为配位键。配位键可用箭头"→"表示，而不用"—"表示，以示区别。箭头的方向是从提供电子对的原子指向接受电子对的原子。

（2）配位键形成条件：

① 提供电子对的原子具有孤电子对；

② 接受电子对的原子具有空轨道。

价键理论认为：中心离子（或原子）M 与配体 L 形成配位化合物时，中心离子（或原子）以空的杂化轨道，接受配体提供的孤对电子，形成 σ 配位键（一般用 M←L 表示），即中心离子（或原子）空的杂化轨道与配位原子的孤对电子所在的原子轨道重叠，形成配位共价键。例如：银氨溶液的主要成分氢氧化二氨合银 $[H_3N{\rightarrow}Ag{\leftarrow}NH_3]^+OH^-$。

知识点三　金属键

金属键主要存在于金属单质中。金属元素的电负性较小，最外层的价电子容易脱离原子核的束缚形成自由电子，自由电子与原子（或阳离子）间的作用力称为金属键。

金属的一般特性都和金属中的自由电子有关，如金属电子可以自由运动，使得金属具有良好的导电与导热性；由于自由电子能吸收可见光，并将能量向四周散射，使得金属不透明，具有金属光泽。

金属晶体的共用电子是非定域（即离域）的，因此金属键既没有方向性也没有饱和性。

知识点四　分子间作用力和氢键

分子间作用力比化学键微弱得多，这种微弱分子间作用力对于分子物质的熔点、沸点等物理性质存在着很大的影响，它与分子的极性密切相关。

一、分子的极性

在共价型分子中，化学键有极性键和非极性键之分，共价分子也有极性分子和非极性分子之分。分子的极性取决于正、负电荷重心是否重合，如果分子的正、负电荷重心重合，整个分子不显极性，这类分子称为非极性分子；反之，正、负电荷重心不重合时，整个分子会显出极性，这类分子称为极性分子。

双原子分子的极性与键的极性是一致的。同核双原子分子为非极性分子，因为其中的化学键是非极性键，如 H_2、O_2 等。异核双原子分子为极性分子，因为其中的化学键是极性键，如 HCl 分子的负电荷重心比正电荷重心更偏向于 Cl 原子，HCl 是极性分子。

多原子分子的极性与键的极性不一定一致，还与分子的几何构型有关。例如在 CO_2（O=C=O）分子中，虽然 C=O 键为极性键，但由于两个 C=O 键处在同一直线上，两个 C=O 键的极性互相抵消，整个 CO_2 分子中正、负电荷重心重合，所以 CO_2 分子是非极性分子。H_2O 分子中的 O—H 键为极性键，两个 O—H 键间的夹角为 104.5°，两个 O—H 键的极性没有互相抵消，H_2O 分子中正、负电荷重心不重合，因此 H_2O 分子是极性分子。

可见，确定分子是否有极性，要判断整个分子的正、负电荷重心是否重合。

💡 **练一练**　试判断 CS_2、CH_4 和 H_2S 分子的极性。

二、分子间作用力

1. 分子间作用力的定义

把存在于分子与分子之间或惰性气体原子间的作用力称为分子间作用力，又称为范德华力。它一般没有方向性和饱和性，分子间作用力弱于化学键。

2. 分子间作用力对物质性质的影响

分子间作用力是影响物质的熔点、沸点及溶解性、硬度的重要因素。

（1）熔、沸点　结构相似的同系列物质，分子量越大，分子间作用力越强，物质的熔、沸点就越高。

（2）溶解性　一般来说"相似者相溶"，即极性溶质易溶于极性溶剂，非极性（或弱极性）溶质易溶于非极性（或弱极性）溶剂。溶质分子和溶剂分子间极性越相近，分子间作用力越大，越易相溶。例如，NH_3 和 H_2O 都是极性分子，可以互溶。而 CCl_4 是非极性分子，所以 CCl_4 不溶于水。而 I_2 是非极性分子，因此 I_2 易溶于 CCl_4。

（3）硬度　分子间作用力对分子型物质的硬度也有一定的影响。

三、氢键

1. 氢键的定义

氢键是指氢原子与电负性大、半径很小的原子 X（如 N、O、F 等原子）以共价键结合的同时，还能吸引一个电负性很大、半径较小的 Y 原子，其中 X 原子与 Y 原子可以相同也可以不同。氢键是一种特殊的分子间或分子内相互作用，可分为分子间氢键和分子内氢键，简单表示为 X—H···Y。图 1-8 是 HF 分子间氢键，图 1-9 是邻硝基苯酚分子内氢键。

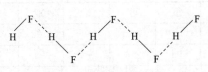

图 1-8　HF 分子间氢键　　　　　图 1-9　邻硝基苯酚分子内氢键

氢键不是化学键，属于分子间作用力，它具有方向性和饱和性。作用强度的关系：范德华力＜氢键＜化学键。

2. 氢键对物质性质的影响

（1）对熔、沸点的影响　当分子间形成氢键时，增加了分子间作用力，使分子缔合，所以化合物的沸点和熔点显著升高，氢化物沸点递变规律如图 1-10 所示。

（2）对溶解度的影响　一般分子间氢键的形成可使其在溶剂中的溶解度增大。例如，由于氢键的原因，HF、NH_3 在水中的溶解度比较大。

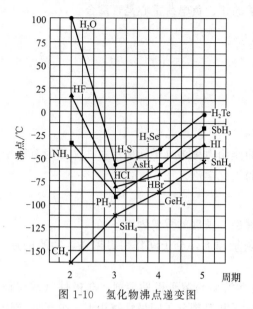

图 1-10 氢化物沸点递变图

（3）对黏度的影响　一般来说，分子间有氢键的液体黏度比较大。例如，甘油、浓硫酸等多羟基化合物通常为黏稠状液体。

（4）对液体密度的影响　液体分子间氢键，往往会使分子间间距减小，增大物质密度。例如乙二醇的密度是 $1.113g/mL$，比同碳数的乙醇密度（$0.789g/mL$）高得多。分子内氢键往往会使分子大小变小，增大物质的密度。例如邻硝基苯酚能够形成分子内氢键，密度是 $1.495g/mL$，而邻硝基甲苯（分子量近似）不能形成分子内氢键，密度是 $1.163g/mL$。特殊的，如水分子极性很强，能通过氢键缔合，而分子缔合是吸热的，缔合分子解离时则是放热的，所以降低温度有利于水分子的缔合，温度降至 0℃ 时，全部水分子缔合成冰，体积增大，密度减小。

 学习检测

1. 说明下列分子的成键类型。

CCl_4　　　　H_2S　　　　CO_2　　　　BCl_3　　　　N_2

2. 试判断下列分子中哪些是极性分子，哪些是非极性分子。

H_2O　　　　CO_2　　　　HCl　　　　CCl_4　　　　$CHCl_3$

3. 试写出 H_2O、H_2S 和 H_2Se 稳定性大小和熔、沸点高低排序，并说明理由。

4. 下列化合物中哪些存在氢键？并指出属于分子间氢键还是分子内氢键。

C_6H_6，NH_3，C_2H_6，H_3BO_3，$(CH_3)_2O$，C_2H_5OH，邻羟基苯甲醛，对羟基苯甲醛

5. 根据下列某些短周期元素中元素性质的有关信息回答问题。

注：价态为常见价态。

	①	②	③	④	⑤	⑥	⑦	⑧	⑨	⑩
原子半径(10^{-10}m)	0.37	1.86	0.74	1.43	0.77	1.10	0.99	1.52	0.75	0.71
最高价态	+1	+1		+3	+4	+5	+7	+1	+5	
最低价态	-1		-2		-4	-3	-1		-3	-1

（1）元素⑤和⑧在元素周期表中的位置分别为＿＿＿＿＿＿＿＿。

（2）元素⑤、⑥和⑦的某两种元素形成的化合物中，每个原子都满足最外层为 8 电子稳定结构的物质有＿＿＿＿（写化学式）。

（3）元素③与钠形成 Na_2R_2，此化合物中含有化学键的类型为＿＿＿＿。

（4）元素③、⑥和⑨的氢化物中沸点由高到低的顺序是＿＿＿＿（填化学式）。

模块二
化学基础知识

情境描述

　　某化工企业要求新进员工必须经过岗前培训并考核合格后方可入职，为顺利上岗，新入职的质检员小王与同事们组成了学习小组，对分析检验岗位必需的化学基础知识进行深入学习，共同提升，期盼顺利通过考核，成为一名优秀的质检员。

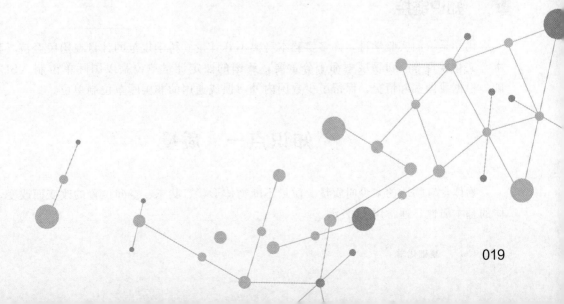

单元一 基本物理量

📖 **课前读吧**

赵玉芬，祖籍河南，1971年她以优异的成绩考取了美国纽约州立大学化学专业的研究生，而家境贫寒的她却因没钱买机票而为难，但她并没有因为这个而放弃求学，她用美国大学的奖学金证书作证明，向航空公司赊钱买机票。1979年，赵玉芬告别了纽约大学的博士后导师，回到了中国，成为中国科学院化学研究所的一名研究人员。她以大量实验结果和严密的理论证明，氨基酸和磷的化合物——磷酰化氨基酸，是生命起源的种子，并提出磷元素是生命活动的调控中心的学说，引起国内外学术界的广泛关注。

✈ **学习目标**

知识目标：① 写出质量、温度、体积、密度、溶解度的符号及单位；
　　　　　② 解释质量、温度、体积、密度、溶解度的意义。
技能目标：① 能够完成基本量的计算；
　　　　　② 能够完成不同单位间的换算。
素养目标：① 养成严谨认真、尊重科学的态度；
　　　　　② 具有知识迁移的能力。

🌐 **学习导入**

1. 喝入 500mL 的水的质量是多少？
2. 喝糖水时能不能无限地加糖？

📋 **知识链接**

化学是一门实验学科，许多实验本身离不开计量。科学规范的计量在国民经济、科学技术、文化教育等一切领域中都十分重要，我国的法定计量单位是以国际单位制（SI）为基础，根据我国实际情况，保留了少数国内外习惯或通用的非国际单位制单位。

知识点一 质量

物体含有物质的多少叫质量。质量不随物体形状、状态、空间位置的改变而改变，是物体的基本属性，通常用 m 表示。

国际单位制中质量的单位是千克（kg），常用单位还有克（g）、毫克（mg）、吨（t）等。

1 公斤＝1 千克＝1000g　　　　　1t＝1000kg　　　　　1kg＝1000g＝10^6mg

> **❓ 练一练**　一块石头的质量是 1.5 公斤，相当于_____g，由航天员带到太空，它的质量_____（选填"变大""变小"或"不变"）。

知识点二　温度

温度是表示物体冷热程度的物理量。温度是大量分子热运动的集体表现，具有统计意义。

国际单位为热力学温标（K），目前国际上用得较多的其他温标有华氏温标（℉）、摄氏温标（℃）。

物理学中摄氏温度表示为 t，绝对温度（单位：K）表示为 T，二者的关系为：

$$T/K = t/℃ + 273.15$$

> **❓ 练一练**　上网查阅水的三相点温度为_____℃，等于_____K。

知识点三　体积

物体所占空间的大小叫作物体的体积，用 V 来表示。国际单位制中体积的单位是立方米（m^3），常用的单位还有立方分米（dm^3）、立方厘米（cm^3）、升（L）、毫升（mL）等。

$1m^3 = 10^3 dm^3 = 10^6 cm^3$　　　$1dm^3 = 1L$　　　$1cm^3 = 1mL$　　　$1L = 10^3 mL$

知识点四　密度

某种物质的质量和其体积的比值，即单位体积的某种物质的质量，叫作这种物质的密度。用 ρ 表示，计算公式为：

$$\rho = \frac{m}{V}$$

式中，ρ 表示密度、m 表示质量、V 表示体积。

国际单位制中密度的单位是千克/米^3（kg/m^3），常用的单位是克/厘米^3（g/cm^3）或克/毫升（g/mL）。

它们之间的换算关系：

$$1g/cm^3 = 10^3 kg/m^3$$

例如：水的密度在 4℃时为 1g/mL 或 $10^3 kg/m^3$，物理意义是每毫升水的质量是 1 克或每立方米的水的质量是 1000 千克。

密度是物质的一种特性，不随质量和体积的变化而变化，只随物态温度、压强变化而变化。不同物质的密度一般是不相同的，同种物质的密度则是相同的。

❓ **练一练**　质量是 21.6g 的蜡块体积是 24cm³，蜡块的密度是_____ kg/m³，将这蜡块切掉一半，剩下半块蜡的密度是_____ kg/m³。

知识点五　溶解度

一、溶解度的含义

在一定温度下，某物质在 100g 溶剂中达到饱和状态时所溶解的溶质的质量，叫作该物质在这种溶剂中的溶解度（用 S 表示）。物质的溶解度属于物理性质。

溶解度是溶解性的定量表示。通常把某一物质溶解在另一物质里的能力称为溶解性。溶解性的大小与溶质和溶剂的性质有关。

[例 2-1]　20℃时氯化钠（NaCl）的溶解度为 35.8g，求 20℃时 2t 水中可以溶解多少千克氯化钠。

解：
$$m(\text{NaCl})=\frac{35.8g}{100g}\times2000kg=716(kg)$$

二、饱和、不饱和、过饱和溶液

物质溶解性与温度的相关性见图 2-1，饱和溶解曲线指出了物质的溶解性，包括：不饱和、饱和、过饱和溶液的范围。

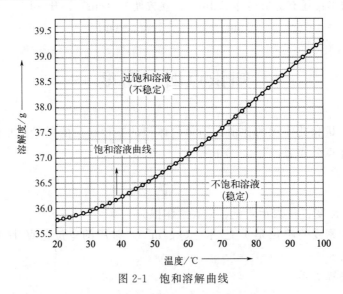

图 2-1　饱和溶解曲线

其中在过饱和溶液的范围中涉及结晶，也就是说会形成沉淀物。

紧靠饱和溶解曲线上部的区域被称为准稳区域。在此区域内不会自发形成晶体。只有在加入种晶或者通过刮容器内壁才会以缓慢的结晶速度形成相对大的晶体，它们很容易与其他母液分开。

在过饱和区域（在准稳区域上方的区域）中自发产生晶核，形成细小的晶体。

学习检测

1. 完成表格。

物理量	符号	单位(国际/常用)	换算
质量			24.6g=＿＿＿＿kg 123mg=＿＿＿＿g 102kg=＿＿＿＿t
体积			590mL=＿＿＿＿L $3.5m^3$=＿＿＿＿L 4.5mL=＿＿＿＿dm^3
温度			270K=＿＿＿＿℃ ＿＿＿＿K=105℃
密度			5.6g/mL=＿＿＿＿g/cm^3 3.5kg/dm^3=＿＿＿＿g/mL

2. 已知80℃时饱和氯化铵（NH_4Cl）的溶解度为65.6g，20℃时的溶解度为37.2g，将300g饱和氯化铵（NH_4Cl）溶液由80℃冷却到20℃，会结晶析出多少克氯化铵固体？

3. 根据所给数据绘制溶解度曲线，并标出各区域对应状态。

温度/℃	0	20	40	60	80	100
溶解度/(g物质/100g溶剂)	70	75	81	87	94	102

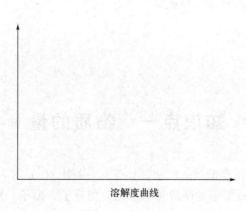

溶解度曲线

单元二 物质的量

课前读吧

阿伏伽德罗，意大利化学家、物理学家，分子假说提出者。1811 年，他提出了阿伏伽德罗定律，创立分子的概念，阐述了分子与原子的区别。这是对原子论的有益补充和重要发展。但直到 1860 年，分子论的观点才被科学界接受。为了纪念这位伟大的科学家，人们把 1mol 物质所含有的微粒个数命名为阿伏伽德罗常数。

学习目标

知识目标：① 写出摩尔质量、物质的量的符号及单位；
　　　　　　　② 解释摩尔、摩尔质量及物质的量含义。
技能目标：能够完成摩尔质量、物质的量的计算。
素养目标：① 养成严谨认真、刻苦钻研的科学态度；
　　　　　　　② 培养知识之间渗透和迁移的能力；
　　　　　　　③ 具有交流、分享成果的意识。

学习导入

1. 摩尔质量和分子量有什么区别？
2. 买苹果可以用物质的量来计量吗？

知识链接

知识点一　物质的量

物质的量和长度（l）、质量（m）、时间（t）、温度（T）等一样，是一个用来描述物质性质的物理量。它是表示指定的微观基本单元，如分子、原子、离子、电子等粒子或其特定组合量的物理量，用 n 表示，单位名称是摩尔，符号为 mol。

摩尔的定义是：1mol 物质所包含的基本单元数与 $0.012kg\ ^{12}C$ 所含的碳原子数相等。实验测定，$0.012kg\ ^{12}C$ 所含的碳原子数目 N_A（称为阿伏伽德罗常数）约为 $6.022×10^{23}$。因此，若某物质系统所含的基本单元量等于 N_A 时，该系统物质的量即为 1mol。1mol 是 $6.02×10^{23}$ 个基本单元的集合体。

在使用摩尔这个单位时，必须明确基本单元所指的具体内容，例如：

1mol Cl，表示有 N_A 个氯原子；

1mol Cl_2，表示有 N_A 个氯分子，即有 $2N_A$ 个氯原子；

3mol Ca^{2+}，表示有 $3N_A$ 个钙离子。

综上所述，可以认为"物质的量"是以阿伏伽德罗常数为计量单位，用来表示物质中基本单元的物理量。如果某体系中所含基本单元数是阿伏伽德罗常数多少倍，则该体系中物质的量就是多少摩尔；而摩尔则是用来度量物质中基本单元量的单位。

> ❓ **练一练** "1mol 氧"的说法是否正确，为什么？

知识点二　摩尔质量与摩尔体积

一、摩尔质量

1mol 物质的质量叫摩尔质量，用 M 表示，单位是 g/mol 或 kg/mol。摩尔质量（M）可解释为：质量（m）除以物质的量（n）。计算公式如下：

$$M = \frac{m}{n}$$

根据摩尔定义，C 原子的摩尔质量应是 0.012kg/mol，即 12g/mol。任何元素的相对原子质量都是以 ^{12}C 的原子为比较标准的，即规定 C 的相对原子质量为 12。任何元素原子的摩尔质量用 g/mol 单位时，在数值上等于其相对原子质量；任何分子的摩尔质量在数值上等于其相对分子质量（也称分子量）。

例如，氧原子的相对原子质量 Ar(O)=16.00，则氧原子的摩尔质量 $M(O)$=16.0g/mol；同理，氧分子的相对分子质量 Mr(O_2)=32.00，则氧分子摩尔质量 $M(O_2)$=32.00g/mol。

[例 2-2] 计算 1000g 锌原子物质的量是多少。

解： 查元素周期表

已知　　　Ar(Zn)=65.38　　　则 $M(Zn)$=65.38g/mol

又知　　　$m(Zn)$=1000g

所以

$$n(Zn) = \frac{m(Zn)}{M(Zn)} = \frac{1000g}{65.38g/mol} = 15.30(mol)$$

[例 2-3] 试计算 1000mol Na_2SO_4 的质量。

解：　　　Mr(Na_2SO_4)=(2×22.99)+32.06+(4×16.00)=142.04

$m(Na_2SO_4)$=$n(Na_2SO_4)$×$M(Na_2SO_4)$=(1000×142.04)g=142.04kg

二、摩尔体积

单位物质的量的某种物质的体积称为摩尔体积。气体摩尔体积（V_m）可解释为：某气体的体积（V）除以物质的量（n）。气体的摩尔体积计算公式如下：

$$V_m = \frac{V}{n}$$

标准状态（273.15K 及 101.325kPa 下），任何理想气体的摩尔体积都约为 22.4L/mol。

学习检测

1. 写出下列物质的摩尔质量。

$M(\text{Na}) = $ _____　　　　$M(\text{S}) = $ _____　　　　$M(\text{CaCl}_2) = $ _____

2. 请写物质的量、摩尔质量、摩尔体积的符号、国际单位和常用单位。

3. 请写出下列微观粒子中各原子的物质的量、个数及各微观粒子的质量。

① 0.25mol OH^-　　　② 5mol CuSO_4　　　③ 3mol O_2

单元三　分散体系概述

📖 **课前读吧**

牛奶是一种乳浊液，含有丰富的钙、锌、多种维生素及人体所需全部氨基酸。6000年前，古巴比伦一座寺庙的壁画是人类获得有关牛奶的最早历史记录。在19世纪之前，由于没有安全的消毒和保存手段，牛奶是高风险食品。1862年，法国科学家巴斯德发明了巴氏杀菌法，从而延长其保质期。400多年前由欧洲传教士将奶牛带入中国，改革开放后，牛奶消费开始普及，牛奶产业也有了大规模的发展。

✈ **学习目标**

知识目标：① 说出相、分散系的概念；
　　　　　② 明确分散系的分类方法。
技能目标：① 能区分物理性质和化学性质；
　　　　　② 能用分散系分类法对物质进行分类。
素养目标：① 提升归纳整理的能力；
　　　　　② 树立科技创新理念。

🌐 **学习导入**

泥浆和牛奶都能通过滤纸吗？

📑 **知识链接**

在化学领域中，物质是指任何具有完整的化学结构式或特定的分子式的有机物质或无机物质。物质均具有本身的性质，包括物理性质（如颜色、聚集状态、密度、气味、熔点、沸点、折射率等）和化学性质（如可燃性、氧化性、酸碱性、毒性等）。

在通常的温度和压力条件下，物质的聚集状态有气体、液体和固体，且在一定条件下可以相互转化。物质聚集状态的变化虽然是物理变化，但常与化学反应相伴而发生。

▰▰ 知识点一　相 ▰▰

在一个体系中，任何物理性质和化学性质完全相同且与其他部分间有明确界面隔开的均匀部分都称为相。体系中只有一个相，称作单相体系；体系中含有两个或更多个相，称作多相体系，多相体系是不均匀体系。由同一种聚集状态组成的体系可以有多个相，例如，由油和水形成的乳液体系中，就存在着油和水两个相；而在单相体系中却一定只有一种聚集状态；同一种物质形成的体系中可以有多个相，例如，由水、冰和水蒸气组成的体系中只有一种物质，但有三个相。

▰▰ 知识点二　分散系 ▰▰

一、分散系的概念

　　物质除了以气态、液态和固态的形式单独存在以外，还常常以一种（或多种）物质分散于另一种物质中的形式存在，这种形式称分散系。例如，黏土微粒分散在水中成为泥浆；乙醇分子分散在水中成为乙醇水溶液；奶油分散在水中成为牛奶等。其中，被分散的物质叫作分散相，容纳分散相的物质叫作分散介质或分散剂。分散相处于分割成粒子的不连续状态，而分散介质则处于连续的状态。在分散系内，分散相和分散介质可以是固体、液体或气体。按分散相和分散介质的聚集状态分类，分散系可分为九种，见表2-1。

表 2-1　按物质的聚集状态分类的各种分散系

分散相	分散介质	示　　例
气体	气体	空气
液体	气体	云、雾
固体	气体	烟、尘
气体	液体	汽水、泡沫
液体	液体	牛奶、豆浆
固体	液体	泥浆
气体	固体	泡沫塑料、馒头
液体	固体	珍珠、肉冻
固体	固体	合金、有色玻璃

二、分散系分类

　　由于大部分的化学反应和生物体内的各种生理、生化反应都是在液体介质中进行的，因此主要讨论分散介质是液体的液态分散系的一些基本性质。根据分散相粒子的大小，常把液态分散系分为三类：粗分散系、胶体分散系、低分子或离子分散系，见表2-2。

表 2-2　三类分散系的比较

分散系的类型		分散相粒子	粒子直径	分散系主要性质	实例
低分子或离子分散系（真溶液）	溶液	分子或离子	＜1nm	透明，很均匀，很稳定，能透过滤纸和半透膜	食盐水

分散系的类型		分散相粒子	粒子直径	分散系主要性质	实例
胶体分散系（胶体溶液）	溶胶	由许多分子聚集成的胶粒	1～100nm	透明度不一，不均匀，较稳定，不能透过半透膜	氢氧化铁溶胶
	高分子溶液	单个高分子	1～100nm	透明，均匀，很稳定，不能透过半透膜	血液
粗分散系（浊液）	悬浊液	固体粒子	＞100nm	浑浊，不透明，不均匀，不稳定，不能透过半透膜和滤纸	泥浆
	乳浊液	液体小滴			牛奶

 学习检测

1. 根据分散系分类法，写出下列物质的分类。

碘酒、雾、牛奶、豆浆、啤酒、混凝土、淀粉溶液、葡萄糖溶液

2. 胶体溶液与真溶液有什么区别？

单元四　溶液配制及浓度表示法

 课前读吧

酒精在新冠疫情期间广泛发挥了杀菌、消毒作用，但并不是酒精浓度越高，消毒效果越好。95％的酒精能将细菌表面包膜的蛋白质迅速凝固，并形成一层保护膜阻止酒精进入细菌体内，因而不能将细菌彻底杀死。浓度低于70％的酒精，可进入细菌体内但不能将其体内的蛋白质凝固，同样也不能将细菌彻底杀死。只有70％～75％的酒精既能顺利地进入细菌体内，又能有效地将细菌体内的蛋白质凝固，因而可彻底杀死细菌，对新冠病毒和流感病毒都有效。

学习目标

知识目标： ① 写出各浓度表示法的符号及单位；
　　　　　　② 解释各浓度表示法的含义；
　　　　　　③ 明确溶液配制的方法。

技能目标： ① 能够完成各浓度表示法的计算；
　　　　　　② 能够完成各浓度表示法间换算；
　　　　　　③ 能够配制溶液并计算其浓度。

素养目标： ① 养成严谨认真、尊重科学的态度；
　　　　　　② 培养知识之间对比、渗透和综合的能力；
　　　　　　③ 树立责任意识、环保意识、质量意识。

学习导入

1. 浓度表示法都有单位吗？
2. 浓度表示法之间有关系吗？

 知识链接

溶液是由溶质和溶剂两部分组成的高度分散体系，在工农业生产、日常生活和医疗卫生中经常会使用和配制各种浓度的溶液，这里主要介绍溶液配制方法和不同浓度表示法。

知识点一　溶液配制方法

一、标准溶液的配制方法

配制标准溶液通常有直接配制法和间接配制法（标定法）两种。

1. 直接配制法

在分析天平上准确称取一定质量的物质，在烧杯中溶解后，转移到容量瓶中定容，摇匀。由准确的质量和溶液的体积就可以直接求出该溶液的准确浓度。用直接法配制标准溶液的物质，必须具备下列条件：

（1）在空气中要稳定。例如加热干燥时不分解，称量时不吸湿，不吸收空气中的 CO_2，不被空气氧化等。

（2）纯度较高（一般要求纯度在 99.9% 以上），杂质含量少到可以忽略（0.01% ～ 0.02%）。一般选用基准试剂或优级纯试剂。

（3）实际组成应与化学式完全符合。若含结晶水时，如硼砂 $Na_2B_4O_7 \cdot 10H_2O$，其结晶水的含量也应与化学式符合。

（4）试剂最好具有较大的摩尔质量。因为摩尔质量越大，称取的量就越多，称量误差就可相应地减少。

凡是符合上述条件的物质，在分析化学上称为"基准物质"或"基准试剂"。凡是基准试剂，都可以用来直接配成标准溶液，如 Na_2CO_3、$Na_2C_2O_4$、$K_2Cr_2O_7$ 等。

储存标准溶液的容器上应标明配制日期、浓度、配制者姓名及其他注意事项。

基准物质不仅能直接配制成标准滴定溶液，而且更多的是用来标定间接法配制的溶液的准确浓度。

2. 间接配制法

间接配制法也叫标定法。许多化学试剂不符合基准物质的条件，例如：NaOH 很容易吸收空气中的 CO_2 和水分，因此称得的质量不能代表纯净 NaOH 的质量；盐酸（除恒沸溶液外），也很难知道其中 HCl 的准确含量；$KMnO_4$、$Na_2S_2O_3$ 等均不易提纯，且见光易分解，均不宜用直接法配成标准溶液，而要用间接法。

粗略地称取一定量的物质或量取一定体积的溶液，配制成接近于所需要浓度的溶液，这样配成的溶液，其准确浓度还是未知的，必须用基准物质或用另一种物质的标准溶液来测定它的准确浓度。这种利用基准物质（或用已知准确浓度的溶液）来确定溶液浓度的操作过程，称为"标定"或"标化"。

二、一般溶液的配制方法

一般溶液也称为辅助试剂溶液，它包括各种浓度的酸碱溶液、缓冲溶液、指示剂等，这类溶液的浓度不需十分准确，配制时试剂的质量可用托盘天平称量，体积可用量筒或量杯量取。

1. 体积比浓度溶液的配制

体积比浓度主要用于溶质 B 和溶剂 A 都是液体时的场合，用（$V_B + V_A$）表示，其中 V_B 为溶质 B 的体积，V_A 为溶剂 A 的体积。例如，（1+2）的 H_2SO_4 指的是 1 体积浓硫酸和 2 体积水的混合溶液。

2. 质量比浓度溶液的配制

质量比浓度主要用于溶质 B 和溶剂 A 都是固体的场合，用（$m_B + m_A$）表示，其中 m_B 为溶质 B 的质量，m_A 为溶剂 A 的质量。例如，配制（1+100）的钙试剂-NaCl 指示剂，即称取 1g 钙试剂和 100g NaCl 于研钵中研细、混匀即可。

三、溶液的稀释

溶液稀释后，浓度虽然降低了，但稀释前后所含溶质的量没变，所以有下述稀释公式：

$$c_1 V_1 = c_2 V_2$$

式中，c_1、V_1 分别为稀释前溶液的浓度和体积；c_2、V_2 分别为稀释后溶液的浓度和体积。

知识点二　溶液浓度表示法

一、标准溶液浓度表示法

1. 物质的量浓度

滴定分析中标准溶液的组成通常用物质的量浓度表示。物质 B 的物质的量浓度是指单位体积溶液所含溶质 B 的物质的量，以符号 c_B 或 [B] 表示，即：

$$c_B = \frac{n_B}{V}$$

式中，V 是溶液的体积；n_B 是溶液中溶质 B 的物质的量，B 代表溶质的化学式。物质的量浓度（简称为浓度）c_B 的 SI 单位是 mol/m^3。在实际工作中，常习惯采用 mol/L 或 mmol/L。如：$c(HCl) = 0.1003mol/L$ 或 $[HCl] = 0.1003mol/L$。

[例 2-4]　已知 10.0L 硫酸溶液内含纯硫酸（H_2SO_4）98.09g，试计算此溶液中 H_2SO_4 的物质的量浓度。

解：

$$c(H_2SO_4) = \frac{n(H_2SO_4)}{V} = \frac{\frac{m(H_2SO_4)}{M(H_2SO_4)}}{V} = \frac{\frac{98.09g}{98.09g/mol}}{10.0L} = 0.10mol/L$$

2. 滴定度

滴定度是指每毫升标准溶液相当于待测组分的质量（g 或 mg），以符号 $T_{标准滴定溶液/待测组分}$ 表示，单位是 g/mL。

例如，每毫升 H_2SO_4 标准溶液恰能与 0.04gNaOH 反应，则此 H_2SO_4 溶液的滴定度是

$T_{H_2SO_4/NaOH}=0.04\text{g/mL}$。知道了滴定度，再乘以滴定中用去的标准溶液的体积，就可以直接得到待测组分的质量。如用 $T_{H_2SO_4/NaOH}=0.04\text{g/mL}$ 的 H_2SO_4 标准溶液滴定烧碱溶液，设滴定时用去 32.0mL，则此试样中 NaOH 的质量为：

$$V_{H_2SO_4}\times T_{H_2SO_4/NaOH}=32.0\text{mL}\times0.04\text{g/mL}=1.280\text{g}$$

对于工厂等生产单位来讲，由于经常分析同一种样品，所以用这种浓度表示方法能省去很多计算，很快就可以得出分析结果，使用起来非常方便。

二、一般溶液浓度表示法

1. 质量浓度

物质 B 的质量浓度是指单位体积溶液中所含溶质 B 的质量，一般以符号 ρ_B 表示，即：

$$\rho_B=\frac{m_B}{V}$$

式中，V 是指溶液的体积，而不是溶剂的体积。质量浓度的单位为 kg/L，也可以采用 g/L 等。如：$\rho(NaCl)=50\text{g/L}$。

> ❓ **想一想** 将此公式与密度的公式 $\rho=\dfrac{m}{V}$ 对比，说出各个符号不同的物理意义。

[例 2-5] 配制质量浓度为 0.1g/L 的 Cu^{2+} 溶液 1L，应取 $CuSO_4\cdot5H_2O$ 多少克？如何配制？$CuSO_4\cdot5H_2O$ 和 Cu 的摩尔质量 M 分别为 249.68g/mol 和 63.55g/mol。

解：设称取 $CuSO_4\cdot5H_2O$ 的质量为 m，则

$$0.1\times1=m\times\frac{63.55}{249.68}$$

$$m=\frac{0.1\times1\times249.68}{63.55}=0.4(\text{g})$$

答：称取 0.4g $CuSO_4\cdot5H_2O$ 置于烧杯中，用少量水溶解，转移到 1000mL 容量瓶中，用水稀释至 1000mL，摇匀，贴上标签备用。

2. 摩尔分数

物质 B 的摩尔分数是指物质 B 的物质的量与混合物总的物质的量之比，以符号 x_B 表示，即：

$$x_B=\frac{n_B}{n}$$

物质的摩尔分数是无量纲，一般用来表示溶液中溶质、溶剂的相对量。如：在含有 1mol O_2 和 4mol H_2 的混合气体中，O_2 和 H_2 的摩尔分数分别为

$$x(O_2)=\frac{1\text{mol}}{(1+4)\text{mol}}=\frac{1}{5}$$

$$x(H_2)=\frac{4\text{mol}}{(1+4)\text{mol}}=\frac{4}{5}$$

3. 质量分数

物质 B 的质量分数是指物质 B 的质量与混合物总质量之比，一般以符号 w_B 表示，即：

$$w_B = \frac{m_B}{m}$$

式中，m 为混合物的总质量。物质的质量分数是无量纲，也可以采用百分含量（%）表示，这种表示方法在物质组成的测定中应用较多。如：$w(KNO_3) = 10\%$，即表示 100g 该溶液中含有 10g KNO_3。

[例 2-6] 配制质量分数为 20% 的 KI 溶液 100g，应称取 KI 多少克？加多少水？如何配制？

解：已知 $m = 100g$，$w(KI) = 20\%$，则

$$m(KI) = 100 \times 20\% = 20(g)$$

$$m(水) = 100 - 20 = 80(g)$$

答：在托盘天平上称取 KI20g 于烧杯中，用量筒加入 80mL 蒸馏水，搅拌至溶解，即得质量分数为 20% 的 KI 溶液。将溶液转移到棕色试剂瓶中（KI 见光易分解），贴上标签。溶剂水的密度近似为 1g/mL，可直接量取 80mL。如果溶剂的密度不是 1g/mL，需进行换算。

4. 体积分数

物质 B 的体积分数是指物质 B 的体积与混合物总体积之比，一般以符号 φ_B 表示，即：

$$\varphi_B = \frac{V_B}{V}$$

式中，V 为混合物的总体积。物质的体积分数是无量纲，也常用数学符号 % 表示浓度值，常用于溶质为液体的一般溶液，如：$\varphi(乙醇) = 5\%$，即表示 100mL 该溶液中含有无水乙醇 5mL。

[例 2-7] 用无水乙醇配制 500mL 体积分数为 70% 的乙醇溶液，应如何配制？

解：所需无水乙醇体积为

$$500 \times 70\% = 350(mL)$$

答：用量筒量取 350mL 无水乙醇于 500mL 试剂瓶中，用蒸馏水稀释至 500mL，贴上标签。

5. 质量摩尔浓度

溶质 B 的质量摩尔浓度是指溶液中溶质 B 的物质的量除以溶剂的质量。一般以符号 b_B 表示，即：

$$b_B = \frac{n_B}{m_A}$$

式中，b_B 是溶质 B 的质量摩尔浓度，单位为 mol/kg；m_A 是溶剂的质量。

> ❓ **想一想** 哪些浓度表示法没有单位？为什么？

知识点三　溶液浓度之间的换算

1. 物质的量浓度与滴定度间的换算

滴定度为每毫升标准溶液所含溶质的质量，所以 $T_A \times 1000$ 为 1L 标准溶液中所含某溶

质的质量，此值再除以某溶质（B）的摩尔质量（M_B）即得物质的量浓度。即

$$c_B = \frac{T_B \times 1000}{M_B} \quad \text{或} \quad T_B = \frac{c_B M_B}{1000}$$

[例2-8]　设 HCl 标准溶液的浓度为 0.1919mol/L，则此标准溶液的滴定度为多少？

解：

$$T_{HCl} = \frac{c_{HCl} M_{HCl}}{1000} = \frac{0.1919 \times 36.46}{1000} = 0.006997(g/mL)$$

2. 物质的量浓度与质量分数间的换算

$$c_B = \frac{n_B}{V} = \frac{m_B}{M_B V} = \frac{m_B}{M_B m/\rho} = \frac{\rho m_B}{M_B m} = \frac{w_B \rho}{M_B}$$

[例2-9]　已知浓硫酸的密度 $\rho = 1.84g/mL$，含硫酸为 96.0%，如何配制 $c(H_2SO_4) = 0.1mol/L$ 的 H_2SO_4 溶液 500mL？

解：

$$c(H_2SO_4) = \frac{w(H_2SO_4)\rho}{M(H_2SO_4)} = \frac{0.96 \times 1.84g/mL \times 1000}{98g/mol} = 18.0(mol/L)$$

依据稀释公式：$c_1 V_1 = c_2 V_2$，则有

$$V(H_2SO_4) = \frac{0.500L \times 0.1mol/L}{18.0mol/L} = 0.0028L = 2.8(mL)$$

即量取 2.8mL 浓硫酸，将浓硫酸慢慢加入 400mL 左右的蒸馏水中，然后稀释至 500mL。

✐ 学习检测

1. 请归纳出下列各浓度表示法的计算公式及国际单位和常用单位。
①物质的量浓度　②质量浓度　③摩尔分数　④质量分数　⑤体积分数

2. 已知浓盐酸的密度为 1.19g/mL，其中盐酸的质量分数约为 37%，求 $c(HCl)$。

3. 若把 160g NaOH(s) 溶于少量水中，然后将所得溶液稀释至 2.0L，求此溶液的物质的量浓度。

4. 0℃饱和的氯酸钾（$KClO_3$）溶液中氯酸钾的质量分数 $w(KClO_3) = 6.8\%$。请计算此温度下氯酸钾（$KClO_3$）的溶解度。

单元五 误差及有效数字

课前读吧

1丝,只有0.01mm,相当于一根头发丝的十分之一细。中国首个深海载人潜水器"蛟龙号"有十几万个零部件,组装起来最大的难度就是密封性,精密度要求达到"丝"级。钳工顾秋亮即使在摇晃的大海上,纯手工打磨维修的潜水器密封面的平面度也能控制在2丝以内。因此,大国工匠顾秋亮被大家敬称为"顾两丝"。43年来,他埋头苦干、踏实钻研、挑战极限,赢得潜航员托付生命的信任,也见证了中国从海洋大国向海洋强国的迈进。

学习目标

知识目标:① 说出误差的分类;
　　　　　② 归纳误差产生的原因;
　　　　　③ 列举有效数字位数及修约规则。

技能目标:① 能够判断误差来源,并能选取避免方法;
　　　　　② 能够完成有效数字修约和运算。

素养目标:① 增强严谨的科学态度及质量意识;
　　　　　② 提高发现问题、分析问题、解决问题的能力。

学习导入

1. 有经验的实验操作人员得出的实验结论一定准确吗?
2. 有效数字之间的运算按照四则混合运算进行就可以吗?

知识链接

知识点一　误差

计量或测定中的误差是指测定结果与真实结果之间的差值,在化学实验中误差是客观存在的。即使在实际测定过程中采用最可靠的实验方法,使用最精密的仪器,由技术很熟练的分析人员进行实验操作,也不可能得到绝对准确的结果。同一个人在相同条件下对同一个试样进行多次测定,所得结果也不会完全相同。因此,我们有必要先来了解实验过程中误差产生的原因及误差出现的规律,学会采取相应的措施减少误差,以使测定结果更接近真实值。

一、误差的来源

根据误差来源和性质，一般把误差分为系统误差、偶然误差和过失误差三类。

1. 系统误差

系统误差又叫可测误差，是由某些经常性原因引起的误差，使测定结果系统偏高或偏低。其大小、正负也有一定规律；具有重复性和可测性。系统误差包括：

（1）方法误差　由于某一分析方法本身不够完善或有缺陷而造成的。例如，重量分析法中沉淀的溶解、共沉淀现象而产生的误差；滴定分析中反应进行得不完全或指示剂选择不当而造成的误差。

（2）仪器误差　由于仪器本身不够精确或没有调整到最佳状态所造成的误差。例如，砝码重量、容量器皿（滴定管、移液管、容量瓶等）刻度、仪表刻度不准确而引入的误差。

（3）试剂误差　由于试剂不纯或蒸馏水中含有微量杂质而引入的误差。

（4）主观误差　由于操作人员一些生理上或习惯上的原因而造成的。例如，对滴定终点颜色敏感度的不同，有人偏深，有人偏浅；在读取刻度时有的人偏高，有的人偏低。

2. 偶然误差

偶然误差或称随机误差和不可定误差。由于一些无法控制的不可避免的偶然因素造成，其大小、正负不固定。例如，实验温度、压力、湿度的微小波动，仪器工作状态的微小变化，试样处理条件的微小差异，天平或滴定管读数的不确定性等，都可能使测量结果产生波动造成误差。

从表面上看，偶然误差的出现似乎没有规律性，但是，如果进行很多次测量后，就会发现偶然误差的出现还是符合一般的统计规律的。

（1）大小相等的正、负误差出现的概率相等。

（2）小误差出现的概率较大，大误差出现的概率较小，特大误差出现的概率更小。

这一规律可以用误差的标准正态分布曲线表示（见图 2-2）。图中横坐标代表偶然误差大小，以总体标准差 σ 为单位，纵坐标为偶然误差的概率。

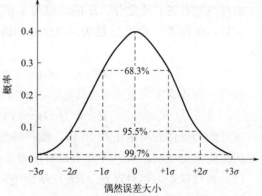

图 2-2　误差的标准正态分布曲线

3. 过失误差

过失误差是由于操作者主观上责任心不强、粗心大意或违反操作规程而造成的。例如，测量过程中样品的丢失、溶液的溅出、加错试剂、看错刻度、记录错误、计算错误以及仪器测量参数设置错误等不应有的失误，都属于过失误差。如果证实操作过程中有过失，则所得结果应予删除。操作者具备严谨的科学作风、细致的工作态度和强烈的责任感，过失误差是可以避免的。

二、误差的避免

（1）系统误差可以采用一些校正的办法或制定标准规程的办法加以校正，使之减少或消除。

例如，在测定物质组成时，选用公认的标准方法与所采用的方法进行比较，可以找出校正数据，消除方法误差。

在实验前对使用的砝码、容量器皿或其他仪器进行校正，可以消除仪器误差。

进行空白试验，即在不加试样的情况下，按照试样测定步骤和分析条件进行分析试验，所得的结果称为空白值，从试样的测定结果中扣除此空白值，就可消除由试剂、蒸馏水及器皿引入的杂质所造成的系统误差。

进行对照试验，即用已知含量的标准试样按所选用的测定方法，用同样的试剂，在同样的条件下进行测定，找出改正数据或直接在试验中纠正可能引起的误差。对照试验是检查测定过程中有无系统误差的最有效的方法。

（2）随着测定次数的增加，偶然误差的平均值将会趋于零。因此，根据偶然误差的这一规律，可以采取适当增加测定次数，取其平均值的办法减小偶然误差。

三、误差的表示方法

1. 误差和准确度

准确度是指多次测定的平均值（分析结果）与真实值的接近程度。分析方法的准确度是由系统误差和偶然误差决定的，可用绝对误差和相对误差表示。误差愈小，准确度愈高。

（1）绝对误差　测量值 x 与真实值 μ 之差称为绝对误差（E）。

$$E = x - \mu$$

绝对误差有正、负之分，E 的单位与 x 的单位相同。

例如，称得某一物质质量为 $1.6380g$，而该物质的真实质量为 $1.6381g$，则其绝对误差为：

$$E = 1.6380g - 1.6381g = -0.0001g$$

若有一物质真实质量为 $0.1638g$，而测得该物质的质量为 $0.1637g$，则其绝对误差为：

$$E = 0.1637g - 0.1638g = -0.0001g$$

可见两个物体的质量相差 10 倍，测得的绝对误差都是 $-0.0001g$，很明显误差在结果中所占的比例未能反映出来，故常用相对误差来表示这种差别。

（2）相对误差　相对误差（RE）是指绝对误差在真实值中所占的分数，用％或‰表示。即

$$RE = \frac{E}{\mu} \times 100\%$$

在上例中，相对误差分别为：

$$RE = \frac{-0.0001g}{1.6381g} \times 100\% = -0.006\%$$

$$RE = \frac{-0.0001g}{0.1638g} \times 100\% = -0.06\%$$

由此可见，称量两物体的绝对误差相等，但它们的相对误差并不相同。显然当称量的物

质质量较大时，相对误差就比较小，测定的准确度就较高。

2. 偏差和精密度

精密度是指在相同条件下多次测量结果相互接近的程度。它说明测定结果的再现性。数值越小，说明测定结果的精密度越高。精密度的高低用偏差来衡量。偏差是指个别测定结果 x_i 与几次测定的结果的平均值 $\overline{x}$ 之间的差值。

（1）偏差（d_i） 若多次测定结果的算术平均值用 $\overline{x}$ 表示，则

$$\overline{x} = \frac{1}{n}\sum_{i=1}^{n} x_i = \frac{x_1 + x_2 + \cdots + x_n}{n}$$

偏差为：
$$d_i = x_i - \overline{x}$$

为度量分析结果的精密度，通常用平均偏差 $\overline{d}$ 来衡量：

$$\overline{d} = \frac{\sum_{i=1}^{n} |x_i - \overline{x}|}{n} = \frac{|d_1| + |d_2| + |d_3| + \cdots + |d_n|}{n}$$

可见平均偏差只有正值，没有负值。

（2）相对偏差 偏差可正可负，也可是零。单次测量的偏差在平均值中所占的百分数称为相对偏差 Rd_i。

$$Rd_i = \frac{d_i}{\overline{x}} \times 100\%$$

相对平均偏差 $\overline{Rd}$ 为：

$$\overline{Rd} = \frac{\overline{d}}{\overline{x}} \times 100\%$$

（3）极差 R 是一组数据中最大值（$x_{\max}$）与最小值（$x_{\min}$）之差，也是精密度的一种表示方法。

$$R = x_{\max} - x_{\min}$$

$$相对极差 = \frac{极差\ R}{平均值\ \overline{x}}$$

3. 准确度和精密度的关系

在分析测定过程中偶然误差既影响精密度也影响准确度，系统误差只影响准确度。

评价分析结果应从精密度和准确度两个方面来衡量，先看精密度，后看准确度。精密度高表示分析测定条件稳定，随机误差得到控制，数据有可比性，是保证准确度高的先决条件。精密度高，准确度高的结果是可靠的。

例如甲、乙、丙、丁四人分析同一试样中某组分含量，每人测定四次，所得结果如图 2-3 所示，可见：甲所得结果精密度和准确度均好，结果可靠；乙的精密度虽很高，但准确度太低，可能测定中存在系统误差；丙的精密度和准确度均很差；丁的平均值虽也接近真实值，但几个数值彼此相差甚远，而仅是由于正

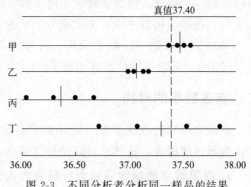

图 2-3 不同分析者分析同一样品的结果

（•表示个别测量值；｜表示平均值）

负误差相互抵消才使结果接近真实值，但这纯属巧合，其结果是不可靠的，不能认为准确度高。

> ❓ **练一练** KMnO₄ 浓度测定时，测得的几个浓度结果分别是 0.0225、0.0224、0.0227、0.0226、0.0224(mol/L)，其极差为_____，相对极差为_____。

知识点二　有效数字

有效数字是可靠数字和可疑数字（或欠准数字）的总称。可靠数字是某个量几次测定的结果，总是固定不变的数字。例如滴定管读数是 25.15mL，有 4 位有效数字，其中前 3 位数字为可靠数字，第 4 位是估计值，可能是 4，也可能是 6，为可疑数字。一般有效数字的最后一位数字有±1 个单位的误差。

一、有效数字的位数

（1）考虑有效数字的位数时，第一要考虑"0"在数字中不同位置的不同作用。

1.0008　　五位有效数字 ⎫
0.0100　　三位有效数字 ⎬ 0 在数字中间和数字后面，均为有效数字
0.1020　　四位有效数字 ⎭

0.0382　　三位有效数字 ⎫
0.0005　　一位有效数字 ⎬ 0 在数字前面，仅起定位作用，不是有效数字
0.0022　　两位有效数字 ⎭

（2）有效数字的获得应与测量仪器的精度有关。

如使用分析天平时，应该精确到小数点后第四位，如记录为 1.6540g，说明后面的"0"是可疑值，表示实际真实的质量是 1.6539～1.6541g，很明显后面的"0"不能省略。如果记录为 1.654g 时，则表示后面的"4"是可疑的，表示实际真实的质量是 1.653～1.655g，这样的记录与分析者所使用的分析天平的精度是不相符合的。

（3）pH、pM、pK 等对数值，其有效数字的位数只取决于小数点后面的位数，其中整数部分起到定位作用。如 pH＝5.30，记录为 2 位有效数字，而不是 3 位有效数字；又如 pH＝12.04，是为 2 位有效数字，而不是 4 位。

（4）在科学记数法中，方次部分不记为有效数字。

3600 中有效数字位数不确定，可写成 $3.6×10^3$（2 位），$3.60×10^3$（3 位），$3.600×10^3$（4 位），有效数字位数就明确了。

二、有效数字的修约

实验中得到的数据多数用于计算实验结果，所以必须用有效数字修约规则对其进行修约，做到合理取舍，这样既可以使计算简化，又不影响计算结果的准确度。

1. 有效数字的修约规则为：四舍六入五留双

被修约数字等于或小于 4 时，该数字舍弃；等于或大于 6 时，应进位；等于 5 时，5 后

面数为 0 时，若进位（舍弃）后尾数为偶数则进位（舍弃）；5 后面数不为 0 的一律进位。

[例 2-10] 将下列数字修约成三位有效数字。

9.2740	修约为	9.27
8.3479		8.35
6.7951		6.80
5.4250		5.42
7.6350		7.64

2. 修约注意事项

数字修约时，只允许对原始数据一次修约到所需要的有效数字，不能分次连续修约。如：7.5476 修约为 2 位有效数字，应为 7.5，而不是 7.548→7.55→7.6。

三、有效数字的运算

1. 加减法

当几个测量值进行相加或相减时，计算结果有效数字的位数取决于小数点后位数最少的那个。如 $0.0578+25.12+5.341=30.52$。

2. 乘除法

当几个测量值进行相乘或相除时，计算结果有效数字的位数取决于有效数字位数最少的那个。如

$$\frac{0.0325\times5.103\times60.060}{139.8}=0.0712$$

在进行有效数字的运算时，要注意以下几个问题：

① 若某个数据第一位有效数字大于或等于 8，则有效数字的位数就可以多算一位，如 8.37 虽然只有三位，但是可以看作四位有效数字。

② 在计算过程中一般可以暂时多保留一位数字，得到最后结果时，再根据"四舍六入五留双"的规则弃去多余的数字。采用计算器进行连续运算，会保留过多的有效数字，注意在最后应把结果修约成适当的位数，以正确表达测定结果的准确度。

③ 涉及化学平衡的计算中，由于化学平衡常数的有效数字多为两位，故结果一般保留两位有效数字。

④ 在物质组成的测定中，组分含量一般保留小数点后两位有效数字，如 0.36%。

⑤ 大多数情况下，表示误差时取一位数字即可，最多取两位。

学习检测

1. 下列情况分别引起什么误差？如果是系统误差，应如何消除？

① 试剂含有被测组分；

② 容量瓶和移液管不配套；

③ 砝码被腐蚀；

④ 天平的零点突然有变化；

⑤ 在称量基准物时吸收了空气中的水分；

⑥ 在滴定时对指示剂的颜色变化观察得不够敏锐；

⑦ 对滴定管读数时，小数点后第二位数字估读不准；

⑧ 以含量为 98% 的 $Na_2C_2O_4$ 为基准物质来标定 $KMnO_4$ 溶液的浓度；

2. 下列数据各包含几位有效数字？将其修约成两位有效数字。

① 3.537　　② $5.13×10^{-6}$　　③ 0.03300　　④ pH＝3.89　　⑤ 30.340%

⑥ 11.3020　　⑦ 6.38　　　　⑧ 7.3976　　　⑨ 0.007051　　⑩ 1.2067

3. 按有效数字运算规则计算。

① $\sqrt{\dfrac{1.6×10^{-8}×6.1×10^{-8}}{3.3×10^{-5}}}$　　② $2.187×0.854＋9.6×10^{-5}－0.0326×0.00814$

③ $0.0425×5.113×60.16÷139.8$　　④ $21.64＋4.4＋0.3244$

4. 尝试分析买菜称重过程中误差的来源及提出改进意见。

✖ **任务实施**

见工作任务一：配制标准溶液

模块三
化学反应速率及化学平衡

情境描述

　　小王工作半年后轮岗到合成氨生产车间工作，由技术员张师傅带领小王熟悉合成氨生产工艺流程，张师傅详细讲解投料量、温度、压力等参数及催化剂对合成氨反应速率及化学平衡的影响，要求小王必须严格遵守车间的操作规程，以控制合成反应速率和化学平衡点，提高产率，满足经济效益要求。

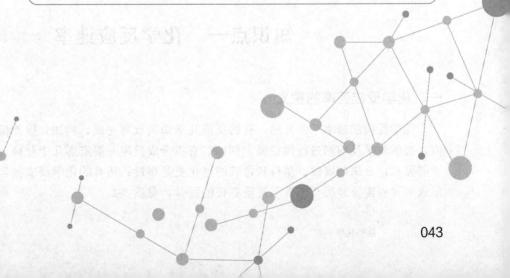

单元一　影响化学反应速率的因素

 课前读吧

范特霍夫（1852—1911 年），荷兰化学家，在科学史上有一段他不畏权威的故事：1875年，他首先提出碳的正四面体构型假说，但却遭到了一些人士的反对和斥责，范特霍夫平心静气、条理清楚地陈述了自己的观点，论证有据，并请权威人士用事实来批评自己的理论，最后得到权威人士赞同，认证了自己理论的正确。同时，他也在化学动力学和化学平衡理论领域建树颇多。1901 年，范特霍夫当之无愧地获得了第一届诺贝尔化学奖。

学习目标

知识目标：① 说出化学反应速率的定义；
　　　　　② 归纳化学反应速率的影响因素；
　　　　　③ 概述反应速率常数的意义。
技能目标：能够模拟生产实际，选择生产条件。
素养目标：① 养成勇挑重担、吃苦耐劳的劳动精神；
　　　　　② 具有理论指导实践的能力。

学习导入

1. 你希望储存的食物能保存更长时间吗？有什么办法实现呢？
2. 人们总是希望反应越快越好吗？

 知识链接

知识点一　化学反应速率

一、化学反应速率的意义

化学反应的速率千差万别，有的反应几乎瞬间就可完成，例如，爆炸反应、酸碱中和反应；有的化学反应则进行得很慢，例如，有机合成反应一般需要几十分钟、几小时甚至几天才能完成；金属的腐蚀、塑料和橡胶的老化更是缓慢；还有的化学反应如岩石的风化、石油形成的过程需要经历几十万年甚至更长的岁月，见图 3-1。

(a) 岩石风化

(b) 爆炸场景

图 3-1　化学反应速率实例

所以必须对反应速率进行理论研究和实际探索，做到主动地控制反应快慢，才能在化工生产中设法加快化学反应速率，尽快生产更多的产品；设法抑制和最大限度地降低有害反应的速率，以减少损失。

二、化学反应速率的定义

化学反应速率是衡量化学反应快慢的物理量，化学上用单位时间内反应物浓度的减小或生成物浓度的增加来表示反应速率。

浓度单位通常用 mol/L，时间单位视反应快慢，可分别用秒（s）、分（min）或小时（h）等表示。这样，化学反应速率的单位可为 mol/(L·s)，mol/(L·min)，mol/(L·h) 等。

1. 平均速率

平均速率是指在 Δt 时间内，用反应物浓度的减小或生成物浓度的增加 Δc 来表示反应速率。

对于下述合成氨反应：

$$N_2 \quad + \quad 3H_2 \quad \Longleftrightarrow \quad 2NH_3$$

起始浓度（mol/L）：　2.0　　　　3.0　　　　　0

2s 末浓度（mol/L）：　1.8　　　　2.4　　　　　0.4

该反应平均速率若根据不同物质的浓度变化可分别表示为

$$\overline{v}(N_2) = -\frac{\Delta c(N_2)}{\Delta t} = -\frac{(2.0-1.8)\text{mol/L}}{(2-0)\text{s}} = 0.1\,\text{mol/(L·s)}$$

$$\overline{v}(H_2) = -\frac{\Delta c(H_2)}{\Delta t} = -\frac{(3.0-2.4)\text{mol/L}}{(2-0)\text{s}} = 0.3\,\text{mol/(L·s)}$$

$$\overline{v}(NH_3) = \frac{\Delta c(NH_3)}{\Delta t} = \frac{(0.4-0)\text{mol/L}}{(2-0)\text{s}} = 0.2\,\text{mol/(L·s)}$$

式中，Δt 表示反应的时间，$\Delta c(N_2)$、$\Delta c(H_2)$、$\Delta c(NH_3)$ 分别表示 Δt 时间内反应物 N_2、H_2 和生成物 NH_3 浓度的变化。

显然，在这里 $\overline{v}(N_2):\overline{v}(H_2):\overline{v}(NH_3)=1:3:2$，它们之间的比值为方程式中相应物质分子式前的系数比。

2. 瞬时速率

瞬时速率是指某反应在某一时刻的真实速率，即 $\Delta t \to 0$ 时的反应速率。对于上述合成氨反应有：

$$v(NH_3) = \lim_{\Delta t \to 0} \frac{\Delta c(NH_3)}{\Delta t} = \frac{dc(NH_3)}{dt}$$

可见，同一反应的反应速率，当以系统中不同物质表示时，其数值可能有所不同。

3. 用反应进度定义的反应速率

按国际纯粹与应用化学联合会（IUPAC）推荐，反应速率的定义为：单位体积内反应进行程度随时间的变化率，即

$$v = \frac{1}{V} \cdot \frac{d\xi}{dt} \tag{3-1}$$

而

$$d\xi = \frac{dn_B}{v_B} \tag{3-2}$$

将式（3-2）代入式（3-1）中，有 $v = \frac{1}{v_B} \cdot \frac{dn_B}{Vdt}$

式中，V 为体系体积，ξ 为反应进度。

对于恒容反应，V 不变，令 $\frac{dn_B}{V} = dc_B$，则得

$$v = \frac{1}{v_B} \cdot \frac{dc_B}{dt}$$

对于上述 $N_2 + 3H_2 \rightleftharpoons 2NH_3$ 反应：

$$v = \frac{1}{V} \cdot \frac{d\xi}{dt} = \frac{1}{v_B} \cdot \frac{dc_B}{dt} = -\frac{1}{1} \times \frac{dc(N_2)}{dt} = -\frac{1}{3} \times \frac{dc(H_2)}{dt} = \frac{1}{2} \times \frac{dc(NH_3)}{dt}$$

显然，用反应进度定义的反应速率的量值与表示速率物质的选择无关，即一个反应就只有一个反应速率值，但与化学计量数有关，所以在表示反应速率时，必须写明相应的化学计量方程式。

> **❓ 练一练** ①$N_2 + 3H_2 \rightleftharpoons 2NH_3$，②$2N_2 + 6H_2 \rightleftharpoons 4NH_3$，两个反应用反应进度定义的反应速率的关系为_____。

知识点二 活化分子、活化能

在气体反应物分子间所发生的千百万次碰撞中，绝大多数碰撞并不能发生反应，是无效的。只有极少数碰撞能够发生反应，把这种能够发生反应的碰撞称为有效碰撞。这些能发生有效碰撞的分子与其他一般分子的显著差别就是它具有较高的能量，碰撞时导致原有的化学键断裂。分子发生有效碰撞时所具备的能量若以 E_0 表示，则具有等于或大于 E_0 能量的分子称为活化分子，能量小于 E_0 的分子称为非活化分子。

在一定温度下，反应物分子具有一定的平均能量 $\overline{E}$。大部分分子的能量接近 $\overline{E}$，能量明

显大于或小于 $\overline{E}$ 的分子只占少数，非活化分子必须吸收足够的能量才能转变为活化分子。所谓活化能 E_a 是指活化分子的平均能量 $\overline{E^*}$ 与反应物分子平均能量 $\overline{E}$ 的差值，即

$$E_a = \overline{E^*} - \overline{E}$$

在一定温度下，活化能愈大，活化分子所占比例愈小，有效碰撞次数少，反应速率就愈慢；反之，活化能愈小，活化分子所占比例愈大，有效碰撞次数多，反应速率就愈快。

知识点三　化学反应速率的影响因素

化学反应速率的大小，主要取决于物质的本性，也就是内因起主要作用。比如无机反应速率较快，而有机反应相对较慢。但一些外部条件，如浓度、压力、温度和催化剂等，对反应速率的影响也是不可忽略的。

一、浓度（分压）对反应速率的影响

1. 质量作用定律

大量实验证明，大多数化学反应，增大反应物浓度（分压）会加快反应速率。例如甲烷在纯氧的燃烧反应比在空气中更激烈，这是由于纯氧中氧气的浓度比空气中的大。

质量作用定律：在恒温下，反应速率与各反应物浓度幂的乘积成正比。其中各浓度的方次为反应方程式中相应组分的化学计量数（取正值），对于一般反应：

$$m\text{A} + n\text{B} \Longrightarrow p\text{C} + q\text{D}$$

其反应速率方程为：

$$v = kc_A^{\alpha} c_B^{\beta}$$

上式称为反应速率方程。式中比例常数 k 称为反应的速率常数，是表示化学反应速率快慢的特征常数。不同的反应 k 值不同，k 值愈大，反应速率愈快；k 值愈小，反应速率愈慢。同一反应不同温度下 k 值也不同，如果温度一定，k 为常数，它不随浓度改变而变化。

k 的单位由反应级数 $n = \alpha + \beta$ 来定，α 和 β 称为反应物 A 和 B 的反应级数，$\alpha + \beta$ 称为总反应级数。反应级数可以是整数，也可以是分数，它表明了反应速率与各反应物浓度之间的关系，即某一反应物浓度的改变对反应速率的影响程度。

2. 反应级数

化学上把反应物分子一步直接转化为产物分子的反应称为基元反应。把由两个或两个以上基元反应组成的反应称为复杂反应。一个化学反应是否是基元反应，与反应进行的具体历程有关，是通过实验确定的。

质量作用定律只适用于基元反应，即 $\alpha = m$、$\beta = n$，基元反应速率方程可以依据反应方程式直接写出，并应用其进行计算，如：

基元反应　$SO_2Cl_2 \longrightarrow SO_2 + Cl_2$　　　$v = kc_{SO_2Cl_2}$　（一级反应）

基元反应　$NO_2 + CO \longrightarrow NO + CO_2$　　　$v = kc_{NO_2}c_{CO}$（二级反应）

基元反应　$2NO_2 \longrightarrow 2NO + O_2$　　　$v = kc_{NO_2}^2$　（二级反应）

对于复杂反应 $\alpha \neq m$、$\beta \neq n$，其速率方程只能由动力学实验测定。但如果知道了复杂反

应的机理，即知道了它是由哪些基元反应组成的，就可以根据质量作用定律写出其速率方程。

需要注意的是，以上的讨论都是基于均相反应，对于有固体或纯液体参与的反应，其反应速率与（纯）固体或（纯）液体的量无关。例如：

$$S(s) + O_2(g) \longrightarrow SO_2(g)$$
$$v = kc_{O_2}$$

结论：当增加反应物的浓度时，化学反应的速率增大（零级反应除外）。此时，除正反应速率增大外，逆反应速率也相应增大。这是因为，随着反应的进行，反应物的一部分转化为生成物，因此，生成物的浓度比原浓度也相应增大，故而逆反应速率也相应增大。但正逆反应速率增大的倍数是不同的。正反应速率增大的倍数要大于逆反应速率增大的倍数。对于零级反应，由于其反应级数为零，所以其反应速率与浓度无关。

还可用分子碰撞观点加以解释：在一定温度下，反应物活化分子的比例是一定的。当增加反应物浓度时，活化分子比例虽未改变，但单位体积中活化分子总数相应增大，在单位时间及单位体积内有效碰撞次数必然增加，所以反应速度加快。

二、温度对化学反应速率的影响

大量事实表明，升高温度都会使化学反应速率加快。例如铁的氧化速率随温度的升高大为增加。在日常生活中，为了使食物熟得更快而使用高压锅，这是因为锅中水温可以达到110℃；为了延缓食物腐败的时间而将其放入冰箱或冰柜，这些都是利用了温度会影响反应速率的知识。

1884年荷兰物理化学家范特霍夫根据大量实验事实总结出一条规则：温度每升高10℃，反应速率常数 k 增加到原来的2~4倍，即

$$\frac{k_{T+10}}{k_T} = 2 \sim 4$$

表3-1列出了反应 $H_2O_2 + 2HI \longrightarrow 2H_2O + I_2$ 在起始浓度相同而温度不同时的相对反应速率值。

表 3-1 $H_2O_2 + 2HI \longrightarrow 2H_2O + I_2$ 的相对反应速率值

温度/K	273	283	293	303	313
相对反应速率	1.00	2.08	4.32	8.38	16.19

温度升高使反应速率迅速加快，主要是因为温度升高，分子运动速度加快，分子间的碰撞次数增加。同时温度升高，分子的能量升高，活化分子比例增大，单位体积内活化分子总数增加，因而有效碰撞次数显著增加，导致了化学反应速率明显加快，如图3-2所示。

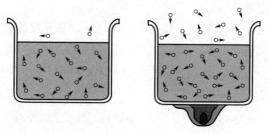

图 3-2 加热情况下分子运动加快示意图

三、催化剂对化学反应速率的影响

催化剂是指那些能够改变化学反应速率而在反应前后自身的组成、质量和化学性质不变的物质。其中，能加快化学反应速率的称为正催化剂；而减慢化学反应速率的称为负催化剂。例如，硫酸工业中制取 SO_3 反应的催化剂 V_2O_5、能促进生物体化学反应的各种酶等均为正催化剂；减慢金属腐蚀的缓蚀剂，防止橡胶、塑料老化的抗老化剂等均为负催化剂。不过通常所说的催化剂一般是指正催化剂。

催化剂之所以能改变化学反应速率，主要是因为催化剂参加了反应，改变了反应途径，降低了反应的活化能，从而使活化分子比例增大，有效碰撞次数增加，导致反应速率加快。

对于催化反应应注意以下几个方面：

（1）催化剂只能通过改变反应途径来改变反应速率，但不能改变反应方向和限度。

（2）催化剂对反应速率的影响体现在反应速率常数 k 值上，在一定温度下，对确定的反应来说，采用不同的催化剂就有不同的 k 值。

（3）对可逆反应来说，正反应的催化剂也必然是逆反应的催化剂。同一种催化剂可以同等程度地影响正、逆反应的速率，即催化剂改变 $k_正$、$k_逆$ 的倍数相同，例如加氢反应的催化剂必然也是脱氢反应的催化剂等。

（4）催化剂除能改变反应速率外，还具有特殊的选择性。一般来说，不同的反应需要选择不同的催化剂，例如，V_2O_5 或 Pt 是硫酸生产中将 SO_2 氧化成 SO_3 的高效催化剂，但对合成氨反应却是无效的。另一方面，对同样的反应物，如果选择不同的催化剂，可以得到不同的产物。

据统计，80％以上的化工生产中的化学反应是在催化剂作用下进行的。硫酸、硝酸、合成氨的生产，尿素的合成，石油加工中的裂解、脱氢、异构化，高分子材料的合成等技术都是随着工业催化剂研制成功后才得到推广和应用的。

四、其他影响化学反应速率的因素

以上讨论的影响化学反应的主要因素，是对于反应系统中只有一相而言的。对于多相反应来说，例如固体与气体或液体之间、液体与气体之间发生的反应，多在相界面上进行，因此扩大反应物面积，加快反应物的流动或"更新"反应界面等，都是常用的加快多相化学反应速率的措施。

因此，化工生产上往往把固态反应物先进行粉碎、拌匀，再进行反应；将液态反应物喷淋、雾化，使其与气态反应物充分混合、接触；对于溶液中进行的多相反应则普遍采用搅拌、振荡的方法，强化扩散作用，增加反应物的碰撞频率并使生成物及时脱离反应界面。

此外，超声波、激光及高能射线的作用，也可能影响某些化学反应的反应速率。

现将上述各种主要因素对化学反应速率的影响列于表 3-2。

表 3-2　浓度、压力、温度、催化剂对化学反应速率的影响

外界条件	单位体积内反应物分子数	活化能	活化分子比例	单位体积内活化分子总数	反应速率	反应速率常数
增大反应物浓度	增多	不变	不变	增多	加快	不变

外界条件	单位体积内反应物分子数	活化能	活化分子比例	单位体积内活化分子总数	反应速率	反应速率常数
增大反应物分压	增多	不变	不变	增多	加快	不变
升高反应温度	不变	基本不变	增大	增多	加快	变大
加入催化剂	不变	降低	增大	增多	加快	变大

学习检测

1. 反应 $2NO + H_2 \longrightarrow N_2 + H_2O$ 的速率方程为：$v = kc^2(NO) \cdot c(H_2)$，说明下列情况对初始速率的影响。

(1) NO 浓度增加一倍；　　(2) 有催化剂参加；

(3) 温度降低；　　(4) 反应容器体积增大一倍。

2. 请归纳分析哪些因素能影响反应速率。

3. 在生活中，你认为哪些情况下加快反应速率有利，哪些情况下减慢反应速率有利。

单元二 影响化学平衡的因素

课前读吧

勒夏特列（1850—1936 年），法国化学家，他中学时代就特别爱好化学，一有空就到实验室做实验，对怎样从化学反应中得到最高的产率等科学和工业之间的关系特别感兴趣，1888 年提出了平衡移动原理，称勒夏特列原理。此原理的应用可以使某些工业生产过程的转化率达到或接近理论值，同时也可以避免一些并无实效的方案，其应用非常广泛。此外，对乙炔气的研究使他发明了氧炔焰发生器，迄今还用于金属的切割和焊接。

学习目标

知识目标： ① 说出化学平衡的定义；
　　　　　　② 归纳化学平衡的影响因素；
　　　　　　③ 概述化学平衡常数的意义。

技能目标： ① 能够模拟生产实际，选择生产条件；
　　　　　　② 能够使用化学平衡常数辨别化学平衡状态。

素养目标： ① 具有诚实守信、崇尚科学、崇尚技能的化工精神；
　　　　　　② 具有理论联系实际的能力。

学习导入

在实际生产中如何才能得到更多的产品？

知识链接

知识点一　化学平衡

一、可逆反应

在化学反应中只有少部分的化学反应在一定条件下几乎能够进行到底。例如：
$$HCl + NaOH \longrightarrow NaCl + H_2O$$
因为这个反应几乎不向相反方向进行，故称为不可逆反应。

然而，对于绝大多数化学反应来说，在同一条件下，既能向某一方向进行，又能向相反方向进行,通常把这类反应称为可逆反应。

例如:

$$N_2(g)+3H_2(g)\Longleftrightarrow 2NH_3(g)$$

$$CO(g)+H_2O(g)\Longleftrightarrow 2CO_2(g)+H_2(g)$$

为了表示反应的可逆性,在方程式中用"$\Longleftrightarrow$"代替"$\longrightarrow$",习惯上把从左向右进行的反应,称为正反应;从右向左进行的反应称为逆反应。

二、化学平衡的建立及特征

在可逆反应中,始终存在着正反应和逆反应这一对矛盾,在一定条件下两者可以相互转化。例如上述合成氨反应和一氧化碳的变换反应。

针对一氧化碳的变换反应,一定温度时,在密闭容器中,反应开始,CO(g)和 H_2O(g)的浓度很大,而 CO_2(g)和 H_2(g)的浓度为零,因此 $v_{正}$ 较大而 $v_{逆}$ 为零,随着反应的进行,反应物 CO(g) 和 H_2O(g) 的浓度逐渐减小而生成物 CO_2(g) 和 H_2(g) 的浓度不断增加,因而 $v_{正}$ 也逐渐减慢,而 $v_{逆}$ 相应加快。经过一段时间后,当 $v_{正}=v_{逆}$ 时,反应物和生成物的浓度不再随时间而改变。即在该反应条件下,反应已经达到了极限。把在一定条件下,密闭容器中,当可逆反应的正、逆反应速率相等,反应物和生成物浓度恒定时,反应系统所处的状态称为化学平衡状态,简称化学平衡。化学平衡的建立过程如图 3-3 所示。

化学平衡的特点:

(1)化学平衡是一种动态平衡。反应平衡后,从表面上看,反应已经"终止",而实际上处于平衡状态的系统内正、逆反应均仍在继续进行,只是 $v_{正}=v_{逆}$。

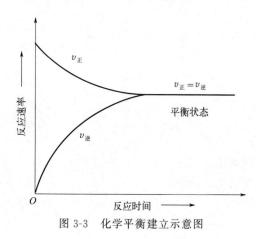

图 3-3　化学平衡建立示意图

此时在单位时间内因正反应使反应物减少的量和因逆反应使反应物增加的量恰好相等,使各物质的浓度不变。因此,这种平衡实际上是一种动态平衡。

(2)可逆反应达平衡后,在一定条件下各物质浓度(或分压)不再随时间变化而变化。

(3)化学平衡是有条件的、相对的。当原平衡条件改变时,则原有的平衡将被破坏,系统将在新的条件下达到新的平衡。

(4)化学平衡是可逆反应在一定条件下所能达到的最终状态。因此,到达平衡的途径,可从正反应开始,也可从逆反应开始。

三、化学平衡常数

1. 平衡常数

可逆反应达平衡后,反应物浓度和生成物浓度之间存在一定的定量关系。现以一氧化碳变换反应为例说明,见表 3-3。

表 3-3　1073K 时 $CO(g)+H_2O(g) \rightleftharpoons CO_2(g)+H_2(g)$ 反应系统组成

实验编号	初始浓度/(mol/L)				平衡浓度/(mol/L)				平衡时
	$[CO]$	$[H_2O]$	$[CO_2]$	$[H_2]$	$[CO]$	$[H_2O]$	$[CO_2]$	$[H_2]$	$\dfrac{[CO_2][H_2]}{[CO][H_2O]}$
1	1.00	3.00	0	0	0.25	2.25	0.75	0.75	1.0
2	0.25	3.00	0.75	0.75	0.21	2.96	0.79	0.79	1.0
3	1.00	5.00	0	0	0.167	4.16	0.83	0.83	1.0

由实验数据可以看出：在一定温度下达平衡时

$$K_c = \frac{[CO_2][H_2]}{[CO][H_2O]} = 1.0（常数）$$

在一定温度下，任何可逆反应达平衡时，生成物浓度系数幂的乘积与反应物浓度系数幂的乘积之比是一个常数，称为浓度平衡常数，用 K_c 表示，单位可不写出。

对于任意可逆反应：

$$a\,A(g)+b\,B(g) \rightleftharpoons c\,C(g)+d\,D(g)$$

$$K_c = \frac{[C]^c[D]^d}{[A]^a[B]^b}$$

式中，a、b、c、d 为各物质的系数，$[A]$、$[B]$、$[C]$、$[D]$ 与 $c(mol/L)$ 一样，都为各物质的量浓度表示法，为 A、B、C、D 的平衡浓度。

对于气体反应，其平衡常数表达式可用各气体分压来表示，则上述反应可表达为：

$$K_p = \frac{p^c(C) \cdot p^d(D)}{p^a(A) \cdot p^b(B)}$$

K_p 称为压力平衡常数，单位可以不列出。式中，p 为各气体物质分压。

2. 平衡常数的物理意义

（1）平衡常数 K 值的大小是衡量反应进行程度的依据。K 值愈大，表示反应进行的程度愈大，即反应进行得愈完全；相反，K 值愈小，反应进行得愈不完全。

$K > 10^5$ 时，基本完成反应；

$K = 10^{-5} \sim 10^5$ 时，可逆反应；

$K < 10^{-5}$ 时，很难反应。

例如，某温度时

$$2SO_2(g)+O_2(g) \rightleftharpoons 2SO_3(g) \quad K_p = 4.38 \times 10^{34}$$

K 值较大，说明该反应在此温度时反应进行得较完全。

（2）平衡常数 K 是反应的特性常数，当条件一定时，每个化学反应都有它自身的平衡常数。不同反应平衡常数不同，其大小取决于反应中物质的性质。

（3）平衡常数 K 与温度有关，但不随浓度变化而变化。

例如，$N_2O_4(g) \rightleftharpoons 2NO_2(g)$ 是一个吸热反应

T/K	273	323	373
K_p	1.1×10^3	5.9×10^4	1.1×10^6

即温度升高，K_p 值愈大，N_2O_4 分解反应进行得愈完全。

3. 书写 K 的注意事项

书写标准平衡常数表达式时，应注意以下几点。

（1）标准平衡常数中，一定是生成物相对浓度（或相对分压）相应幂的乘积作分子，反应物相对浓度（或相对分压）相应幂的乘积作分母。其中的幂为该物质化学计量方程式中的计量系数。

（2）标准平衡常数中，气态物质以相对分压表示，溶液中的溶质以相对浓度表示，而纯固体、纯液体不出现在标准平衡常数表达式中（视为常数）。

例如：
$$CO_2(g)+C(s)\Longrightarrow 2CO(g)$$

$$K_p=\frac{p^2(CO)}{p(CO_2)}$$

（3）标准平衡常数表达式必须与化学方程式相对应，同一化学反应，方程式的书写不同时，其标准平衡常数的数值也不同。例如：

$$H_2(g)+I_2(g)\Longrightarrow 2HI(g)\qquad K_p'=\frac{p^2(HI)}{p(H_2)\cdot p(I_2)}$$

$$\frac{1}{2}H_2(g)+\frac{1}{2}I_2(g)\Longrightarrow HI(g)\qquad K_p''=\frac{p(HI)}{p^{\frac{1}{2}}(H_2)\cdot p^{\frac{1}{2}}(I_2)}$$

$$2HI(g)\Longrightarrow H_2(g)+I_2(g)\qquad K_p'''=\frac{p(H_2)\cdot p(I_2)}{p^2(HI)}$$

三者表达式不同，但存在如下关系：$K_p'=(K_p'')^2=\dfrac{1}{K_p'''}$

> ❓ **练一练**　化学平衡的特点有哪些？

知识点二　化学平衡的影响因素

任何化学平衡状态都是在一定的温度、压力、浓度下出现的一种暂时的稳定状态，这些条件发生变化时，原有的平衡状态就会被破坏，将在新的条件下建立新的平衡。因外界条件的改变，使可逆反应从一种平衡状态转变为另一种平衡状态的过程称为化学平衡的移动。实际生产过程总是处于不平衡状态，这样才能得到更多的产品。

一、浓度对化学平衡的影响

将 $FeCl_3$ 溶液和 $KSCN$ 溶液混合，由于生成了血红色的 $Fe(NCS)_n^{3-n}$（$n=1\sim6$），溶液

图 3-4　$FeCl_3$ 和 $KSCN$ 反应颜色变化

呈红色，反应如下：
$$Fe^{3+}+nSCN^-\Longrightarrow Fe(NCS)_n^{3-n}$$
（血红色）

当这个反应在一定温度下达到平衡时，在溶液中加入少量 $FeCl_3$ 或 $KSCN$ 浓溶液，溶液的血红色加深，说明上述平衡向右移动，颜色变化见图 3-4。

结论：如果系统的温度不变，在平衡混合物中增加反应物（或减少生成物）的浓度，平衡向正反应方向，即向

着增加生成物的方向移动；反之，减少反应物（或增加生成物）的浓度，平衡向逆反应方向，即向着增加反应物的方向移动。

浓度对化学平衡的影响，可以用浓度商 Q_c（或压力商 Q_p）与平衡常数的相对大小加以判断。

对于可逆反应

$$a\,A(g)+b\,B(g)\rightleftharpoons c\,C(g)+d\,D(g)$$

任意条件下，各反应生成物的浓度（或分压）幂的乘积与反应物浓度（或分压）幂的乘积之比称为浓度商（或压力商），用 Q_c（或 Q_p）表示。

$$Q_c=\frac{[C]^c\,[D]^d}{[A]^a\,[B]^b}\quad\text{或}\quad Q_p=\frac{p^c(C)\cdot p^d(D)}{p^a(A)\cdot p^b(B)}$$

$Q<K$　平衡能够正向移动，直到新的平衡。

$Q>K$　平衡能够逆向移动，直到新的平衡。

$Q=K$　处于平衡状态，不移动。

二、压力对化学平衡的影响

对于有气态物质参加的可逆反应，改变平衡系统的压力，有时会引起平衡的移动。例如，N_2O_4 分解反应

$$N_2O_4(g)\rightleftharpoons 2NO_2(g)$$
$$\text{（无色）}\qquad\text{（红棕色）}$$

在室温下达平衡时，N_2O_4 和 NO_2 的混合物是红棕色。如增加压力，气体混合物的颜色逐渐变浅，表明平衡向逆反应方向，即向无色的 $N_2O_4(g)$ 生成方向移动；如减小压力，气体混合物颜色逐渐变深，表明平衡向正反应方向，即向红棕色的 $NO_2(g)$ 生成方向移动，见图 3-5。

结论：在一个有气态物质参与反应的平衡系统中，若增加压力，平衡将向气体分子总数减少的方向移动；若降低压力，平衡将向气体分子总数增加的方向移动。如果反应前后气态物质的分子总数相等，则无论增加或降低压力都不会引起化学平衡的移动。

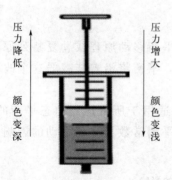

图 3-5　压力对化学平衡的影响

图 3-6　温度对化学平衡的影响

三、温度对化学平衡的影响

N_2O_4 分解反应为一个吸热的可逆反应。

$$N_2O_4(g) \underset{\text{放热}}{\overset{\text{吸热}}{\rightleftharpoons}} 2NO_2(g)$$

$$（无色）\qquad （红棕色）$$

在室温下达平衡时，N_2O_4 和 NO_2 的混合物是红棕色。升高温度时，气体混合物的颜色逐渐变深，表明平衡向正反应方向移动；降低温度时，气体混合物颜色逐渐变浅，表明平衡向逆反应方向移动，见图 3-6。

温度对化学平衡的影响与浓度、压力对化学平衡的影响有着本质的不同。浓度、压力改变时仅能改变各物质的组成而导致平衡的移动，平衡常数保持不变；而温度改变，平衡常数发生改变，从而产生平衡的移动。

对于正向为放热的反应，例如

$$N_2(g)+3H_2(g) \rightleftharpoons 2NH_3(g)$$

T/K	573	673	773	873
K/Pa^{-2}	4.8×10^{-18}	1.9×10^{-14}	1.6×10^{-15}	2.2×10^{-16}

其 K 值随温度的升高而减小，表明平衡逆向（吸热）移动。

对于正向为吸热的反应，例如

$$CaCO_3(s) \rightleftharpoons CaO(s)+CO_2(g)$$

T/K	773	873	973	1073
K/Pa^{-2}	9.7	2.4×10^2	2.9×10^3	2.2×10^4

其 K 值随温度的升高而增大，表明平衡正向（吸热）移动。

结论：升高温度平衡向吸热反应方向移动，降低温度向放热反应方向移动。

四、催化剂与化学平衡的关系

对于任一可逆反应来说，催化剂能同等程度地改变 $K_{正}$、$K_{逆}$ 值，因此能同等程度地加快正、逆反应速率，而使平衡常数保持不变，所以催化剂不影响化学平衡。在尚未达到平衡状态的反应系统中加入催化剂，可以加快反应速率，缩短反应到达平衡状态的时间，这在工业生产上是有重要意义的。

五、平衡移动原理（勒夏特列原理）

法国化学家勒夏特列归纳出一个普遍的规律，即平衡移动原理或勒夏特列原理：若改变平衡系统的条件（如浓度、温度、压力等）之一，平衡将沿着能减弱这个改变的方向移动。

平衡移动原理实际上是一个自然规律。这条规律适用于所有达到动态平衡的体系，但不适用于尚未达到平衡的体系。现将外界诸因素对平衡常数及平衡移动的影响总结于表 3-4 中。

表 3-4　外界条件对化学平衡的影响

条件		平衡常数 K		平衡移动情况
		吸热	放热	
反应物浓度	增大	不变		向反应物浓度减小的方向移动
	减小	不变		向反应物浓度增大的方向移动

条件		平衡常数 K		平衡移动情况
		吸热	放热	
系统总压	增大	不变		向气体分子总数减少的方向移动
	减小	不变		向气体分子总数增多的方向移动
反应温度	升高	变大	变小	向吸热反应方向移动
	降低	变小	变大	向放热反应方向移动
催化剂		不变		无影响,但能缩短达到平衡的时间

 学习检测

1. 在指定条件下，可逆反应达到平衡时（ ）。

A. 各反应物和生成物的浓度相等

B. 各反应物浓度的乘积小于各生成物浓度的乘积

C. 各生成物浓度幂的乘积小于各反应物浓度幂的乘积

D. 各反应物和生成物的浓度均为定值

2. 已知反应 $A(g)+2B(l) \rightleftharpoons 4C(g)$ 的平衡常数 $K=0.123$，则反应 $4C(g) \rightleftharpoons A(g)+2B(l)$ 的平衡常数为（ ）。

A. 0.123   B. -0.123 C. 8.13   D. 6.47

3. 在下列平衡系统中

$$PCl_5(g) \rightleftharpoons PCl_3(g) + Cl_2(g) \quad 吸热$$

欲增大生成物 Cl_2 平衡时的浓度，需采取（ ）措施。

A. 升高温度   B. 降低温度   C. 增大 PCl_3 浓度   D. 增大压力

模块四
无机化合物及酸碱滴定

情境描述

　　为迎接厂级质量检查，小王所在质检部将开展职工职业能力比赛，张部长根据实际工作项目，制定了本次比赛的理论知识和实操范围，包括常见无机化合物（酸、碱、盐、氧化物和水）的相关知识和化学分析操作技能，并对本部门质检员进行培训，希望通过比赛提升专业技能，更好地为企业产品质量把关。

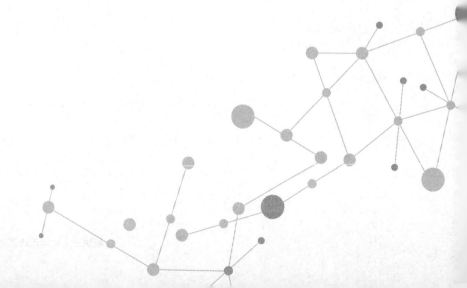

单元一　酸与碱

 课前读吧

　　侯德榜是我国化学工业的奠基人，纯碱工业的创始人。他发明的"侯氏制碱法"使合成氨和制碱两大生产体系有机地结合起来，在人类化学工业史上写下了光辉的一页，在学术界也获得了相当高的评价。侯德榜勇攀高峰、敢为人先的创新精神，打破了欧美对我国长达70年的技术封锁，为我国的工业技术进步做出了卓越的贡献。

学习目标

　　知识目标：① 说出酸碱的定义；
　　　　　　　　② 说出常见指示剂变色范围；
　　　　　　　　③ 归纳酸碱平衡的影响因素；
　　　　　　　　④ 解释缓冲原理和指示剂原理。
　　技能目标：① 制订酸碱滴定工作计划，并按计划准备仪器试剂；
　　　　　　　　② 能够完成酸碱滴定操作，计算溶液浓度。
　　素养目标：① 养成合作、敬业、规范的化工职业品格；
　　　　　　　　② 建立文化自信和中华民族自豪感。

学习导入

　　1. HCO_3^- 是酸还是碱呢？

　　2. 分别在 $HAc\text{-}Ac^-$ 体系和纯水中加入少量强酸或强碱，溶液的 pH 变化情况一样吗？

 知识链接

知识点一　酸碱质子理论

　　随着研究的不断深入，世界上物质的种类不断增加，分类方法也逐渐科学化，特别是酸和碱的内涵及应用都在不断扩大。在化学分析中，酸碱理论是分析的基础，掌握酸碱理论及相关应用是十分必要的。

一、酸碱的定义

根据酸碱质子理论，凡能给出质子（H^+）的物质是酸，能接受质子的物质是碱。当一种酸给出质子后，它的剩余部分就是碱。它们之间的关系可用下式表示：

$$酸 \rightleftharpoons 质子 + 碱$$

酸碱质子理论对酸碱的区分以质子 H^+ 为判据。

二、酸碱反应的实质

1. 共轭酸碱对的定义

以 HAc 与 Ac^- 为例：

$$HAc \rightleftharpoons H^+ + Ac^-$$

HAc 能正向给出质子，是酸；它的剩余部分 Ac^- 由于对质子具有一定的亲和力，能逆向接受质子，是碱；如图 4-1 所示。这种相互依存、相互转化的关系被叫作酸碱的共轭关系。酸失去质子后形成的碱叫作该酸的共轭碱，即 Ac^- 是 HAc 的共轭碱。碱结合质子后形成的酸叫作该碱的共轭酸，即 HAc 是 Ac^- 的共轭酸。酸与它的共轭碱（或碱与它的共轭酸）一起叫作共轭酸碱对。可表示为 HAc/Ac^- 或 $HAc-Ac^-$，又如：

$$H_3PO_4 \rightleftharpoons H^+ + H_2PO_4^-$$
$$H_2PO_4^- \rightleftharpoons H^+ + HPO_4^{2-}$$
$$NH_4^+ \rightleftharpoons H^+ + NH_3$$
$$HCO_3^- \rightleftharpoons H^+ + CO_3^{2-}$$

可见：

（1）酸或碱可以是中性分子，也可以是阳离子或阴离子，酸比它的共轭碱多一个质子，或者说碱比它的共轭酸少一个质子。

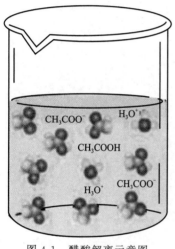

图 4-1　醋酸解离示意图

（2）酸碱是相对的，同一种物质在不同的介质或溶剂中常具有不同的酸碱性，既能显酸性又能显碱性的物质为两性物质，如 $H_2PO_4^-$。

（3）共轭酸碱体系是不能独立存在的。由于质子的半径特别小，电荷密度很大，它只能在水溶液中瞬间出现。因而当溶液中某一种酸给出质子后，必定要有一种碱来接受。

例如 HAc 在水溶液中解离时，溶剂 H_2O 就是接受质子的碱：

$$\underset{酸_1}{HAc(aq)} \rightleftharpoons H^+(aq) + \underset{碱_1}{Ac^-(aq)}$$
$$+ \quad \underset{碱_2}{H_2O(l)} + H^+(aq) \rightleftharpoons \underset{酸_2}{H_3O^+(aq)}$$
$$\overline{\underset{酸_1 \quad 碱_2}{HAc(aq) + H_2O(l)} \rightleftharpoons \underset{酸_2 \quad 碱_1}{H_3O^+(aq) + Ac^-(aq)}}$$

反应式中 H_3O^+ 称为水合质子，上式就是醋酸在水中的解离平衡，书写时可简化为：

$$HAc \rightleftharpoons H^+ + Ac^-$$

2. 酸碱反应的实质

从醋酸在水中解离平衡可以看出，酸碱反应实质为质子的转移，再如 HAc 与 NH_3 的酸碱反应：

$$\overset{\overset{\displaystyle H^+}{\underset{\displaystyle \downarrow}{\rule{3cm}{0.4pt}}}}{HAc\ +\ NH_3} \rightleftharpoons NH_4^+\ +\ Ac^-$$

很明显，反应是由 $HAc\text{-}Ac^-$ 与 $NH_4^+\text{-}NH_3$ 两个共轭酸碱对所组成，同样是一种质子的转移过程。

三、酸碱的解离平衡常数与酸碱强弱

1. 解离平衡常数

大多数酸和碱在水溶液中存在着解离反应，其标准平衡常数叫作解离平衡常数。对应于酸和碱，分别用 $K_a^\ominus$ 和 $K_b^\ominus$ 表示，其数值大小可衡量酸给出质子或碱接受质子能力的大小。

以一元弱酸与一元弱碱为例，如 HAc 在水溶液中的解离平衡：

$$HAc \rightleftharpoons H^+ + Ac^-$$

解离反应的平衡常数为：

$$K_{a(HAc)}^\ominus = \frac{[H^+][Ac^-]}{[HAc]}$$

$K_a^\ominus$ 愈大，表明该弱酸的解离程度愈大，给出质子的能力就愈强，酸性就愈强，反之就愈弱。

又如氨在水中的解离平衡为：$NH_3 + H_2O \rightleftharpoons NH_4^+ + OH^-$

解离反应的平衡常数为：

$$K_{b(NH_3)}^\ominus = \frac{[NH_4^+][OH^-]}{[NH_3]}$$

$K_b^\ominus$ 愈大，表明该弱碱的解离平衡正向进行的程度愈大，接受质子的能力就愈强，碱性就愈强，反之也就愈弱。

例如 25℃时，弱酸碱相对强弱比较见表 4-1。

表 4-1 弱酸碱相对强弱比较

弱酸	$K_a^\ominus$	相对强弱	弱碱	$K_b^\ominus$	相对强弱
HAc	1.74×10^{-5}	较强	NH_3	1.79×10^{-5}	较强
HCN	6.17×10^{-10}	较弱	$C_6H_5NH_2$	3.98×10^{-10}	较弱

2. 酸碱的相对强弱

一般认为，$K^\ominus > 1$ 的酸（或碱）为强酸（或强碱）；$K^\ominus$ 在 $1 \sim 10^{-3}$ 的酸（或碱）为中强酸（或碱）；$K^\ominus$ 在 $10^{-4} \sim 10^{-7}$ 的酸（或碱）为弱酸（或弱碱）；$K^\ominus < 10^{-7}$ 的酸（或碱），则称为极弱酸（或极弱碱）。当然，这种划分也不是绝对的。

对于一定的酸、碱，$K_a^\ominus$ 或 $K_b^\ominus$ 的大小同样与浓度无关，只与温度、溶剂有关。

3. 共轭酸碱对的 $K_a^\ominus$ 与 $K_b^\ominus$ 的关系

在水溶液中共轭酸碱对的 $K_a^\ominus$ 与 $K_b^\ominus$ 之间有确定的关系，以共轭酸碱对 HAc/Ac^- 为例：

$$HAc \Longrightarrow H^+ + Ac^- \qquad K_{a(HAc)}^{\ominus} = \frac{[H^+][Ac^-]}{[HAc]}$$

$$Ac^- + H_2O \Longrightarrow HAc + OH^- \qquad K_{b(Ac^-)}^{\ominus} = \frac{[HAc][OH^-]}{[Ac^-]}$$

将 HAc 与 Ac^- 离子的解离平衡常数表达式相乘：

$$K_{a(HAc)}^{\ominus} K_{b(Ac^-)}^{\ominus} = \frac{[H^+][Ac^-]}{[HAc]} \cdot \frac{[HAc][OH^-]}{[Ac^-]} = [H^+][OH^-]$$

$$= 1.0 \times 10^{-14} (25℃时)$$

即 $K_a^{\ominus}$ 与 $K_b^{\ominus}$ 的关系为：

$$K_a^{\ominus} \times K_b^{\ominus} = K_w^{\ominus}$$

或

$$pK_a^{\ominus} + pK_b^{\ominus} = 14$$

一对共轭酸碱中，若酸的酸性愈强，则其共轭碱的碱性愈弱，即酸 $K_a^{\ominus}$ 愈大，其共轭碱的 $K_b^{\ominus}$ 愈小。

在附录 2 中可以查得中性（不带电荷）酸或碱的 $K_a^{\ominus}$ 或 $K_b^{\ominus}$，其他带电荷酸或碱的 $K_a^{\ominus}$ 或 $K_b^{\ominus}$，利用 $pK_a^{\ominus} + pK_b^{\ominus} = 14$ 可以求出来。

[例 4-1] 从附录中查得 NH_3 的 $K_b^{\ominus} = 1.77 \times 10^{-5}$，求 NH_4^+ 的 $pK_a^{\ominus}$。

解： NH_4^+/NH_3 为共轭酸碱对，且 $K_b^{\ominus} = 1.77 \times 10^{-5}$

由于

$$pK_{b(NH_3)}^{\ominus} = 4.75$$

所以

$$pK_a^{\ominus} = 14 - pK_b^{\ominus} = 14 - 4.75 = 9.25$$

> ❓ **练一练** 写出 HAc 的解离方程式，H^+ 是共轭酸或共轭碱吗？

知识点二　酸碱平衡影响因素

与所有的化学平衡一样，当溶液的浓度、温度等条件改变时，弱酸、弱碱的解离平衡会发生移动，此外影响酸碱平衡的因素还有溶液浓度的变化（稀释）、同离子效应以及盐效应，其中比较重要的是同离子效应。

一、解离度和稀释定律

1. 解离度

解离度 α，是指电解质在水中解离达平衡时已解离的电解质浓度与电解质的原始总浓度之比。即

$$解离度(\alpha) = \frac{解离部分的弱电解质浓度}{未解离前弱电解质原浓度} \times 100\%$$

解离度是表征弱电解质解离程度大小的特征常数，温度、浓度相同的条件下，解离度 α 大的酸（或碱），$K^{\ominus}$ 就大，该酸（或碱）的酸性（或碱性）相对就强。

2. 稀释定律

对于一元弱酸，溶液酸度计算的最简式为：$[H^+]=\sqrt{K_a^\ominus c}$

根据解离度的定义得：

$$\alpha = \frac{[H^+]}{c} = \sqrt{\frac{K_a^\ominus}{c}}$$

[例4-2] 计算25℃时，0.20mol/L和0.020mol/L的HAc水溶液的解离度α_1和α_2。

解： 查附录一知HAc的$K_a^\ominus=1.74\times10^{-5}$，由上式得

$$\alpha_1 = \frac{[H^+]}{c} = \sqrt{\frac{K_a^\ominus}{c}} = \sqrt{\frac{1.74\times10^{-5}}{0.20}} = 0.93\%$$

$$\alpha_2 = \frac{[H^+]}{c} = \sqrt{\frac{K_a^\ominus}{c}} = \sqrt{\frac{1.74\times10^{-5}}{0.020}} = 2.9\%$$

很明显，HAc溶液稀释10倍，解离度从0.93%增大为2.9%。

可见，弱酸的解离度是随着水溶液的稀释而增大的，这一规律称为稀释定律。

二、同离子效应

[例4-3] 在0.20mol/L的HAc水溶液中，加入NaAc固体，使NaAc的浓度为0.10mol/L。计算HAc的解离度，并与例4-2比较。已知$K_a^\ominus=1.74\times10^{-5}$。

解：

$$HAc \rightleftharpoons H^+ + Ac^-$$

平衡浓度/mol·L^{-1} 0.20（1-α）   0.20α 0.10+0.20α

$$K_{a(HAc)}^\ominus = \frac{[H^+][Ac^-]}{[HAc]}$$

$$1.74\times10^{-5} = \frac{0.20\alpha(0.10+0.20\alpha)}{0.20(1-\alpha)}$$

式中，（1-α）≈1；（0.10+0.20α）≈0.10。

解得 $\alpha=0.017\%$

计算结果表明，在0.20mol/L的HAc水溶液中加入NaAc固体，使NaAc的浓度为0.10mol/L时，HAc的解离度由不加NaAc时的0.93%降低到0.017%。

这种含有共同离子的易溶强电解质的存在或加入，使得弱酸（或弱碱）解离度降低的现象，就称为同离子效应。

三、盐效应

弱电解质的解离平衡的影响因素，除了稀释定律和同离子效应以外，盐效应也影响弱电解质的解离平衡。

例如在HAc溶液中，加入NaCl之类的强电解质，就会使HAc的解离度增大，原因就在于H^+与Ac^-碰撞重新结合成HAc的机会减少。这种在弱电解质溶液中，加入易溶强电解质时，使该弱电解质解离度增大的现象就称为盐效应。

盐效应与同离子效应影响结果恰好相反，一般来说，只有在离子强度较大的场合和要求较高的情况下才考虑盐效应，所以多数情况下可以直接使用浓度平衡常数表达式进行有关计算。

知识点三　缓冲溶液

一、缓冲溶液的定义

能够抵抗外加少量强酸、强碱或稍加稀释，其自身 pH 不发生显著变化（指 $\Delta pH \leqslant 0.1$）的作用，称为缓冲作用，具有缓冲作用的溶液称为缓冲溶液，见图4-2、图4-3。

非缓冲溶液：纯水

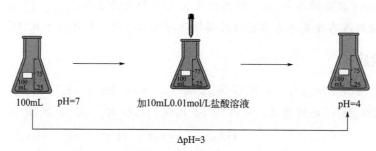

图4-2　非缓冲溶液加盐酸前后 pH 变化示意图

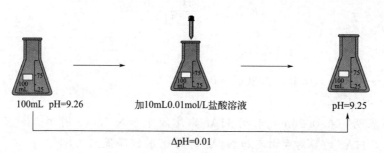

图4-3　缓冲溶液加盐酸前后 pH 变化示意图

缓冲溶液：100mL0.1mol/L NH_4Cl 和 0.1mol/L $NH_3 \cdot H_2O$

缓冲溶液的组成，通常有如下几种：

（1）弱酸及其盐　如 HAc-NaAc 的混合溶液。

（2）弱碱及其盐　如 $NH_3 \cdot H_2O$-NH_4Cl 的混合液。

（3）多元酸的酸式盐及其次级酸盐　如 $NaHCO_3$-Na_2CO_3、NaH_2PO_4-Na_2HPO_4 的混合液。

由弱酸 HA 与其共轭碱 A^- 组成的缓冲溶液，若用 c_{HA}、c_{A^-} 分别表示 HA 与其共轭碱 A^- 的分析浓度，可推出计算此缓冲溶液中 $[H^+]$ 及 pH 值的最简式：

$$[H^+] = K_a^\ominus \frac{c_{HA}}{c_{A^-}} \quad 或 \quad pH = pK_a^\ominus + \lg \frac{c_{A^-}}{c_{HA}}$$

二、缓冲的原理

由共轭酸碱对组成的溶液具有一种很重要的性质，其 pH 能在一定范围内不因稀释或添加的少量酸或碱而发生显著变化。也就是说，对添加的酸和碱具有缓冲的能力。

现以 HAc-NaAc 为例说明产生缓冲作用的原因。

HAc 为弱酸，在溶液中微弱电离：

$$HAc \Longrightarrow H^+ + Ac^-$$

NaAc 是易溶强电解质，可以完全电离：

$$NaAc \longrightarrow Na^+ + Ac^-$$

由于大量 Ac^- 存在，产生了同离子效应；使得 HAc 的电离平衡强烈向左移动，即 H^+ 与 Ac^- 结合成 HAc，抑制了 HAc 的电离。因此，在这个缓冲溶液中存在着大量的 HAc 和 Ac^-，而 H^+ 很少。

当在此缓冲溶液中加入少量强酸（如 HCl）时，溶液中存在的大量 Ac^- 能和 H^+ 结合成弱电解质 HAc，结果使溶液中 $c(H^+)$ 没有明显升高，即溶液的 pH 值没有明显降低。在这里，Ac^- 称为缓冲溶液的"抗酸"成分。

当往此缓冲溶液中加入少量强碱（例如 NaOH），溶液中的 H^+ 即与加入的 OH^- 结合成难电离的水。在溶液中的 $c(H^+)$ 稍有降低的同时，溶液中存在着较多的 HAc，将电离出 H^+ 来补充溶液中减少的 H^+，结果使溶液中 $c(H^+)$ 没有明显降低，即溶液中的 pH 值并没有明显升高。在这里，HAc 称为缓冲溶液的"抗碱"成分。

如果用适量的水稀释缓冲溶液时，由于 $c_{酸}$ 与 $c_{盐}$ 或（$c_{碱}$ 与 $c_{盐}$）等比例减小，（$c_{酸}/c_{盐}$）或（$c_{碱}/c_{盐}$）的比值基本不变，因此，仍可维持溶液的 pH 值基本不变。

三、缓冲溶液能力与缓冲范围

任何缓冲溶液的缓冲能力都是有限的，若向体系中加入过多的酸或碱，或是过分稀释，会使共轭酸碱对的某一方消耗尽而失去缓冲能力，从而使缓冲溶液失去缓冲作用。缓冲容量是衡量溶液缓冲能力大小的尺度，其大小与缓冲溶液的总浓度及组分浓度比有关，具体如下：

（1）缓冲溶液中共轭酸碱的总浓度愈大，缓冲溶液抵抗外加酸碱的能力就愈强，即缓冲容量愈大。

（2）缓冲溶液的共轭酸碱总浓度一定时，缓冲组分的浓度比愈接近1，缓冲容量愈大。

实验证明，缓冲溶液的共轭酸碱浓度比保持在 1:10 到 10:1 之间时，缓冲溶液的 pH 值大概在 $pK_a^{\ominus}$ 两侧各一个 pH 单位之内，即缓冲范围为：

$$pH = pK_a^{\ominus} \pm 1$$

即各种缓冲溶液只能在一定的 pH 值范围内发生作用，见表 4-2。缓冲试剂见图 4-4。

表 4-2　一些常见的酸碱缓冲体系

缓冲体系	$pK_a^{\ominus}$（或 $pK_b^{\ominus}$）	缓冲范围（pH 值）
HAc-NaAc	4.75	3.6～5.6
NH_3-NH_4Cl	（4.75）	8.3～10.3
$NaHCO_3$-Na_2CO_3	10.25	9.2～11.0

缓冲体系	$pK_a^{\ominus}$（或 $pK_b^{\ominus}$）	缓冲范围(pH 值)
KH_2PO_4-K_2HPO_4	7.21	5.9~8.0
H_3BO_3-$Na_2B_4O_7$	9.2	8.0~10.0

图 4-4　缓冲试剂示意图

四、缓冲溶液的分类、作用及选择

酸碱缓冲溶液根据用途的不同可以分成两大类，即普通酸碱缓冲溶液和标准酸碱缓冲溶液。

标准酸碱缓冲溶液简称标准缓冲溶液，主要用于校正酸度计，它们的 pH 一般都是严格通过实验测得。

普通酸碱缓冲溶液主要用于化学反应或生产过程中酸度的控制，在实际工作中应用很广，在生物学上也有重要意义。

例如，在半导体工业中常用 HF 和 NH_4F 混合腐蚀液除去硅表面的氧化物（SiO_2）；电镀液常需用缓冲溶液来调节它的 pH 值；土壤中含有 H_2CO_3-$NaHCO_3$、NaH_2PO_4-Na_2HPO_4、腐植酸及腐植酸盐等缓冲体系，才能让土壤维持一定的 pH 值，从而保证植物的正常生长。

又如，人体血液的 pH 能维持在 7.35~7.45 之间就是靠血液中所含有的 H_2CO_3-$NaHCO_3$、NaH_2PO_4-Na_2HPO_4、血浆蛋白-血浆蛋白盐等缓冲体系，才能保证细胞的正常代谢以及整个机体的生存。

酸碱缓冲溶液选择时主要考虑以下三点：

① 对正常的化学反应或生产过程不构成干扰，也就是说，除维持酸度外，不能发生副反应。

② 应具有较强的缓冲能力。为了达到这一要求，所选择体系中两组分的浓度比应尽量接近1，且浓度适当大些为好。

③ 所需控制的 pH 值应在缓冲溶液的缓冲范围内。若酸碱缓冲溶液是由弱酸及其共轭碱组成，则 $pK_a^{\ominus}$ 应尽量与所需控制的 pH 值一致。

❓ **想一想**　欲配制 pH 为 3.0 的缓冲溶液，选择下列哪一种缓冲溶液比较合适？为什么？

① HCOOH-HCOONa　　② HAc-NaAc　　③ NH_3-NH_4Cl

知识点四　酸碱指示剂与酸度的测定

一、酸碱指示剂的作用原理

酸碱指示剂本身一般都是弱的有机酸或有机碱，当溶液 pH 值改变时，指示剂由于结构的改变而发生颜色的改变。

1. 酚酞

单色指示剂，在水溶液中是一种无色的二元酸，有以下解离平衡存在：

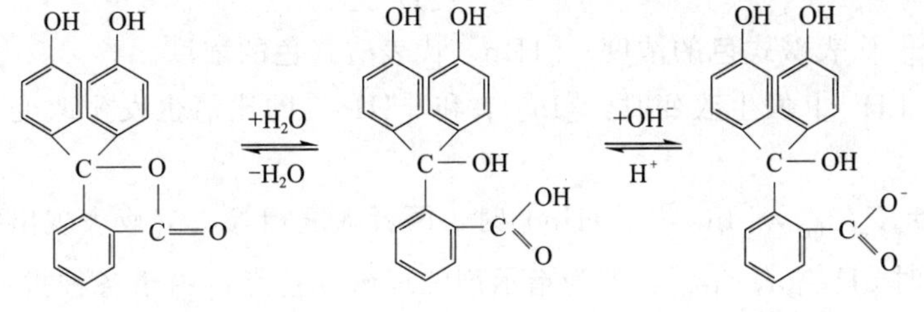

无色分子(内酯式)　　　　无色分子　　　　　　无色离子

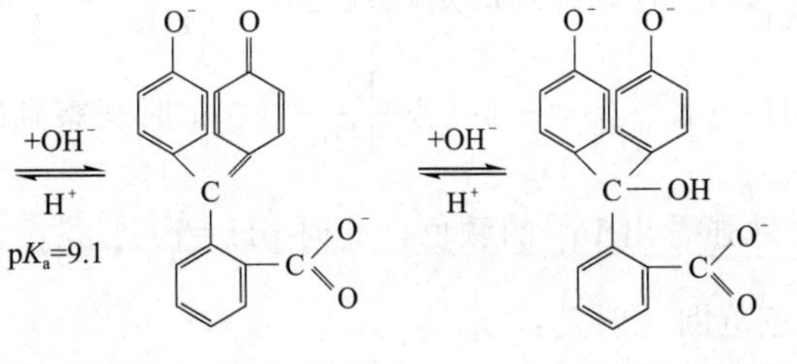

$pK_a=9.1$

红色离子(醌式，碱性溶液中)　　　无色离子(羟酸盐式)

酚酞结构变化的过程也可简单表示为：

$$无色分子 \underset{H^+}{\overset{OH^-}{\rightleftharpoons}} 无色离子 \underset{H^+}{\overset{OH^-}{\rightleftharpoons}} 红色离子 \underset{H^+}{\overset{浓碱}{\rightleftharpoons}} 无色离子$$

上式表明，这个转变过程是可逆的，酚酞在 pH$<$9.1 的溶液中均呈无色，当 pH$>$9.1 时形成红色组分，在浓的强碱溶液中又呈无色。故酚酞指示剂是一种单色指示剂。

2. 甲基橙

甲基橙为双色指示剂，是一种弱的有机碱，在溶液中有如下解离平衡存在：

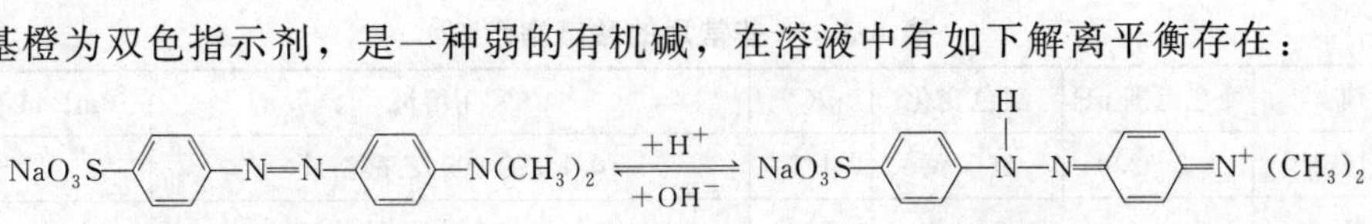

黄色分子（偶氮式）　　　　　　　红色离子（醌式）

显然，甲基橙与酚酞相似，在不同的酸度条件下具有不同的结构及颜色，所不同的是，甲基橙是一种双色指示剂，在 pH$<$3.1 的溶液中均呈红色，当 pH$>$3.4 时呈黄色，从 3.1~4.4 是甲基橙的变色范围。

正由于酸碱指示剂在不同的酸度条件下具有不同的结构和颜色，因而当溶液酸度改变时，平衡将发生移动，使得酸碱指示剂从一种结构变为另一种结构，从而使溶液的颜色发生相应的改变。

二、酸碱指示剂的变色范围及其影响因素

1. 酸碱指示剂变色范围

若以 HIn 表示一种弱酸型指示剂，In^- 为其共轭碱，在水溶液中存在以下平衡：

$$HIn \rightleftharpoons H^+ + In^-$$

相应的平衡常数为：

$$K_{a(HIn)}^{\ominus} = \frac{[H^+][In^-]}{[HIn]}$$

或

$$\frac{[In^-]}{[HIn]} = \frac{K_{a(HIn)}^{\ominus}}{[H^+]}$$

式中，$[In^-]$ 代表碱式色的浓度；$[HIn]$ 代表酸式色的浓度。

当溶液中的 $[H^+]$ 发生改变时，$[In^-]$ 和 $[HIn]$ 的比值也发生改变，溶液的颜色也逐渐改变。

当 $[H^+] = K_{a(HIn)}^{\ominus}$，$[In^-] = [HIn]$ 时，两者浓度相等，溶液表现出酸式色和碱式色的中间颜色，此时 $pH = pK_{a(HIn)}^{\ominus}$，即为指示剂的理论变色点，由于各种指示剂 $pK_{a(HIn)}^{\ominus}$ 不同，呈现中间颜色的 pH 值也不同。

一般来说，若 $\frac{[In^-]}{[HIn]} \geq 10$ 时观察到的是碱式色；当 $\frac{[In^-]}{[HIn]} = \frac{10}{1}$ 时可在 In^- 颜色中勉强看出 HIn 的颜色，此时 $pH = pK_{a(HIn)}^{\ominus} + 1$；若 $\frac{[In^-]}{[HIn]} \leq 0.1$ 时观察到的是酸式色；当 $\frac{[In^-]}{[HIn]} = \frac{1}{10}$ 时可在 HIn 的颜色中勉强看出 In^- 的颜色，此时 $pH = pK_{a(HIn)}^{\ominus} - 1$。

即酸碱指示剂的变色范围一般是：

$$pH \approx pK_{a(HIn)}^{\ominus} \pm 1$$

上述情况可综合表示为

$\frac{[In^-]}{[HIn]}$	$< \frac{1}{10}$	$= \frac{1}{10}$	$= 1$	$= 10$	> 10
	酸式色	略带碱式色	中间色	略带酸式色	碱式色

由此可见，不同的酸碱指示剂，$pK_{a(HIn)}^{\ominus}$ 不同，它们的变色范围就不同，所以不同的酸碱指示剂一般就能指示不同的酸度变化。表 4-3 列出了一些常用的酸碱指示剂的变色范围。

表 4-3 一些常用的酸碱指示剂

指示剂	变色范围 pH	颜色变化	$pK_a^{\ominus}$	常用溶液	10mL 试液用量/滴
百里酚蓝(酸性)	1.2～2.8	红～黄	1.7	0.1%的20%乙醇溶液	1～2
甲基黄	2.9～4.0	红～黄	3.3	0.1%的90%乙醇溶液	1
甲基橙	3.1～4.4	红～黄	3.4	0.05%的水溶液	1
溴酚蓝	3.0～4.6	黄～紫	4.1	0.1%的20%乙醇溶液或其钠盐水溶液	1
溴甲酚绿	4.0～5.6	黄～蓝	4.9	0.1%的20%乙醇溶液或其钠盐水溶液	1～3
甲基红	4.4～6.2	红～黄	5.2	0.1%的60%乙醇溶液或其钠盐水溶液	1

指示剂	变色范围 pH	颜色变化	$pK_a^\ominus$	常用溶液	10mL 试液用量/滴
溴百里酚蓝	6.2~7.6	黄~蓝	7.3	0.1%的20%乙醇溶液或其钠盐水溶液	1
中性红	6.8~8.0	红~黄橙	7.4	0.1%的60%乙醇溶液	1
苯酚红	6.8~8.4	黄~红	8.0	0.1%的60%乙醇溶液或其钠盐水溶液	1
酚酞	8.0~10.0	无~红	9.1	0.5%的90%乙醇溶液	1~3
百里酚蓝(碱性)	8.0~9.6	黄~蓝	8.9	0.1%的20%乙醇溶液	1~4
百里酚酞	9.4~10.6	无~蓝	10.0	0.1%的90%乙醇溶液	1~2

2. 影响因素

（1）酸碱指示剂的变色范围是靠人的眼睛观察出来的，人眼对不同颜色的敏感程度不同，不同人员对同一种颜色的敏感程度不同，以及酸碱指示剂两种颜色之间的相互掩盖作用，会导致变色范围的不同。例如，甲基橙的 $pK^\ominus=3.4$，但变色范围却不是 pH=2.4～4.4，而是 pH=3.1～4.4，这就是由于人眼对红色比对黄色敏感，使得酸式一边的变色范围相对较窄。

（2）温度、溶剂以及一些强电解质的存在也会改变酸碱指示剂的变色范围，主要在于这些因素会影响指示剂的解离常数 $K_{a(HIn)}^\ominus$ 的大小。例如，甲基橙指示剂在 18℃ 时的变色范围为 pH=3.1～4.4，而 100℃ 时为 pH=2.5～3.7。

（3）对于单色指示剂，例如酚酞，指示剂用量的不同也会影响变色范围，用量过多将会使变色范围向 pH 值低的一方移动。另外，用量过多还会影响酸碱指示剂变色的敏锐程度。

三、混合指示剂与 pH 试纸

1. 混合指示剂

在酸碱滴定中，有时需要将滴定终点控制在很窄的 pH 范围内，此时可采用混合指示剂，它是利用颜色的互补作用来提高变色的敏锐性，可分为以下两类。

（1）由两种或两种以上的酸碱指示剂按一定比例混合而成，使指示剂变色范围变窄，有利于判断终点，减少终点误差，提高分析的准确度。

例如，溴甲酚绿（$pK_a^\ominus=4.9$，酸色为黄色；碱色为蓝色）和甲基红（$pK_a^\ominus=5.2$，酸色为红色，碱色为黄色）两者按 3:1 比例混合后，在 pH<5.1 的溶液中呈酒红色，而在 pH>5.1 的溶液中呈绿色，在 pH≈5.1 时，溴甲酚绿的碱性成分较多，显绿色，而甲基红的酸性成分较多，显橙红色，两种颜色互补得到灰色，变色很敏锐。如图 4-5 所示。

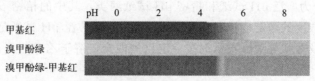

图 4-5　混合指示剂变色对比图（见彩插）

（2）由某种酸碱指示剂与一种惰性染料按一定的比例配成。在指示溶液酸度变化的过程中，惰性染料本身并不发生颜色的改变，只是起衬托作用，通过颜色的互补来提高变色的敏锐性。

例如，采用中性红与次甲基蓝混合而配制的指示剂，当配比为 1:1 时，在 pH=7.0 时呈现蓝紫色，其酸色为蓝紫色，碱色为绿色，变色范围只有 0.2 个 pH 单位左右，比单独的中性红的变色范围窄很多。

常用的混合指示剂见表 4-4。

表 4-4　几种常用的混合指示剂

指示剂溶液的组成	变色时 pH 值	颜色		备注
		酸式色	碱式色	
1 份 0.1%甲基橙乙醇溶液 1 份 0.1%次甲基蓝乙醇溶液	3.25	蓝紫	绿	pH=3.2,蓝紫色 pH=3.4,绿色
1 份 0.1%甲基橙水溶液 1 份 0.25%靛蓝二磺酸水溶液	4.1	紫	黄绿	pH=4.1,灰色
1 份 0.1%溴甲酚绿钠盐水溶液 1 份 0.2%甲基橙水溶液	4.3	橙	蓝绿	pH=3.5,黄色 pH=4.05,绿色 pH=4.3,浅绿
3 份 0.1%溴甲酚绿乙醇溶液 1 份 0.2%甲基红乙醇溶液	5.1	酒红	绿	pH=5.1,灰色
1 份 0.1%溴甲酚绿钠盐水溶液 1 份 0.1%氯酚红钠盐水溶液	6.1	黄绿	蓝紫	pH=5.4,蓝绿色 pH=5.8,蓝色 pH=6.0,蓝带紫 pH=6.2,蓝紫
1 份 0.1%中性红乙醇溶液 1 份 0.1%次甲基蓝乙醇溶液	7.0	紫蓝	绿	pH=7.0,紫蓝
1 份 0.1%甲酚红钠盐水溶液 3 份 0.1%百里酚蓝钠盐水溶液	8.3	黄	紫	pH=8.2,玫瑰红 pH=8.4,清晰的紫色
1 份 0.1%百里酚蓝 50%乙醇溶液 3 份 0.1%酚酞 50%乙醇溶液	9.0	黄	紫	从黄到绿,再到紫
1 份 0.1%酚酞乙醇溶液 1 份 0.1%百里酚酞乙醇溶液	9.9	无	紫	pH=9.6,玫瑰红 pH=10,紫色
2 份 0.1%百里酚酞乙醇溶液 1 份 0.1%茜素黄 R 乙醇溶液	10.2	黄	紫	

2. pH 试纸

常用的 pH 试纸就是将多种酸碱指示剂按一定比例混合浸透后晾干而成，能在不同的 pH 值时显示不同的颜色，从而较为准确地确定溶液的酸度。

pH 试纸可以分为广泛 pH 试纸和精密 pH 试纸两类：其中的精密 pH 试纸就是利用混合指示剂的原理使酸度的确定能控制在较窄的范围内；而广泛 pH 试纸是由甲基红、溴百里酚蓝、百里酚蓝以及酚酞等酸碱指示剂按一定比例混合，溶于乙醇，浸泡滤纸而制成。pH 试纸如图 4-6 所示。

四、酸度的测定

在实际工作中除了用酸碱指示剂、pH 试纸测试溶液的酸度外，还可以用酸度计（pH 计）测量。酸度计是采用电势比较法进行溶液酸度测定的，测量时采用的是 pH 复合电极，

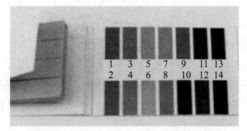

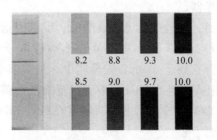

(a) 广泛pH试纸　　　　　　　　　　(b) 精密pH试纸(8.2~10.0)

图 4-6　pH 试纸（见彩插）

这种电极是将 pH 玻璃电极和 Ag-AgCl 参比电极复合在一起。常用的酸度计是 pHS-3C 型，可更方便、快捷、准确、灵敏地测定溶液酸度。

> ❓ **练一练**　甲基橙和酚酞的变色范围及对应的颜色分别是什么？

知识点五　酸碱滴定的应用

根据化学反应类型的不同，滴定分析方法可以分为酸碱滴定法、沉淀滴定法、氧化还原滴定法和配位滴定法。其中酸碱滴定法应用非常广泛，凡涉及酸度、碱度项目的，多数都采用此法，包括直接法和间接法。

一、直接法

利用直接法可以进行食用醋中总酸度的测定、工业纯碱中总碱度的测定、盐酸溶液的标定、混合碱的分析等，下面简要介绍盐酸溶液的标定及混合碱的分析。

1. 盐酸溶液的标定

（1）实验原理　市售盐酸为无色透明的氯化氢水溶液，HCl 的质量分数为 $36\% \sim 38\%$，物质的量浓度约为 12mol/L，密度为 1.18g/mL。浓盐酸易挥发，不能直接配制准确浓度的标准溶液，因此通常用间接法，先配制成近似浓度，再由基准物标定，确定准确浓度。

标定盐酸的基准物质很多，当采用无水 Na_2CO_3 为基准物时，由于 Na_2CO_3 易吸收空气中的水分，使用前应在 $270 \sim 300℃$ 条件下干燥至恒重，密封保存在干燥器中。称量时应迅速，防止再吸水而产生误差。用 Na_2CO_3 标定时滴定反应（用盐酸滴入碱溶液中）为：

$$Na_2CO_3 + 2HCl \longrightarrow 2NaCl + H_2O + CO_2\uparrow$$

终点产物为 H_2CO_3 溶液，化学计量点的 pH 为 3.89，以甲基橙作指示剂，滴定至溶液由黄色变为橙色为滴定终点。

根据 Na_2CO_3 的质量和消耗的 HCl 的体积，可计算出 HCl 标准溶液的浓度。

$$c(HCl) = \frac{2m(Na_2CO_3) \times 1000}{V(HCl)M(Na_2CO_3)}$$

（2）仪器与药品

仪器：酸式滴定管、锥形瓶、量筒（25mL，100mL）、烧杯、试剂瓶、分析天平、称量瓶、干燥器。

药品：浓盐酸、无水碳酸钠、甲基橙指示剂（0.05%）。

（3）实验步骤　用减量法准确称取干燥过的基准物质无水碳酸钠3份，每份0.1～0.2g，分别置于250mL锥形瓶中，加蒸馏水50mL，使其完全溶解后，加甲基橙指示剂2～3滴，用待标定的HCl溶液滴定至溶液由黄色变为橙色即为终点（近终点时，将溶液加热煮沸除去CO_2，冷却后继续滴定至终点），滴定管读数记录于记录表中（见表4-5）。平行滴定三次。

表 4-5　数据记录及处理示例与说明

记录项目	1	2	3	说明
m［称量瓶＋药品(倾样前)］/g	80.1234	79.9234	79.7234	质量记录 小数点后留4位
m［称量瓶＋药品(倾样后)］/g	79.9234	79.7234	79.5234	
$m(Na_2CO_3)$/g	0.2000	0.2000	0.2000	
滴定管初读数/mL	0.00	0.00	0.00	体积记录 小数点后留2位
滴定管终读数/mL	25.00	25.00	25.00	
滴定消耗 HCl 体积/mL	25.00	25.00	25.00	
体积校正值/mL	0.00	0.00	0.00	
溶液温度/℃	22	22	22	记录整数
温度补正值/(mL/L)	−0.38	−0.38	−0.38	填写实际查询值
溶液温度校正值/mL	−0.0095	−0.0095	−0.0095	填写折算后数据
实际消耗 HCl 体积/mL	24.99	24.99	24.99	滴定消耗体积＋体积校正值＋温度校正值,小数点后留2位
$c(HCl)$/(mol/L)	0.15102	0.15102	0.15102	五位有效数字
$\bar{c}(HCl)$/(mol/L)		0.1510		四位有效数字
极差/(mol/L)		0.00000		小数点后留5位
相对极差/%		0.00		小数点后留2位

2. 混合碱的分析

混合碱的组成可能是 Na_2CO_3 或 $NaOH＋Na_2CO_3$ 或 $Na_2CO_3＋NaHCO_3$。

（1）双指示剂法测定　称取试样质量为 m（单位 g），溶解于水，用 HCl 标准溶液滴定，先用酚酞为指示剂，滴定至溶液由红色变为无色则到达第一化学计量点。此时 NaOH 全部被中和，而 Na_2CO_3 被中和为 $NaHCO_3$，所消耗 HCl 的体积记为 V_1。然后加入甲基橙，继续用 HCl 标准溶液滴定，使溶液由黄色恰变为橙色，到达第二化学计量点。溶液中 $NaHCO_3$ 被完全中和，所消耗的 HCl 量记为 V_2。

反应的化学方程式计量点时的 pH 分别为：

$$NaOH＋HCl \!=\!=\! NaCl＋H_2O \qquad 计量点时的 pH＝7.0$$
$$Na_2CO_3＋HCl \!=\!=\! NaCl＋NaHCO_3 \qquad 计量点时的 pH＝8.34 \Big\} V_1$$
$$NaHCO_3＋HCl \!=\!=\! NaCl＋H_2CO_3 \qquad 计量点时的 pH＝3.89 \qquad V_2$$

若 $V_1＞V_2$，则组分为 $NaOH＋Na_2CO_3$，因 Na_2CO_3 被中和先生成 $NaHCO_3$，继续用 HCl 滴定 $NaHCO_3$ 使其又转化为 H_2CO_3，二者所需 HCl 量相等，故 $V_1－V_2$ 为中和 NaOH

所消耗的体积，$2V_2$ 为滴定 Na_2CO_3 所需 HCl 的体积，分析结果计算公式为：

$$w(Na_2CO_3) = \frac{c(HCl)V_2M(Na_2CO_3)}{m} \times 100\%$$

$$w(NaOH) = \frac{c(HCl)(V_1-V_2)M(NaOH)}{m} \times 100\%$$

若 $V_1 < V_2$，则组分为 $NaHCO_3 + Na_2CO_3$，此时滴定 Na_2CO_3 所消耗 HCl 的体积为 $2V_1$，而滴定组分中的 $NaHCO_3$ 所消耗 HCl 的体积为 $V_2 - V_1$，分析结果计算式为：

$$w(Na_2CO_3) = \frac{c(HCl)V_1M(Na_2CO_3)}{m} \times 100\%$$

$$w(NaHCO_3) = \frac{c(HCl)(V_2-V_1)M(NaHCO_3)}{m} \times 100\%$$

若 $V_1 = V_2$，则组分为只有 Na_2CO_3，分析结果计算式为：

$$w(Na_2CO_3) = \frac{c(HCl)V_1M(Na_2CO_3)}{m} \times 100\%$$

此例就是混合碱测定中的双指示剂法。

（2）仪器与药品

仪器：酸式滴定管、锥形瓶、量筒、烧杯、分析天平、称量瓶、干燥器、洗瓶。

药品：0.1mol/L 盐酸、混合碱、甲基橙指示剂（0.05%）、酚酞指示剂（0.5%）、凡士林。

（3）实验步骤　用减量法准确称取混合碱试样 1.5～2.0g 于 250mL 烧杯中，加蒸馏水使其完全溶解后，定量转入 250mL 容量瓶中，用水稀释至刻度线，充分摇匀。

用移液管移取 25.00mL 试液于锥形瓶中，加 2 滴酚酞指示剂，用 0.1mol/L 盐酸标准溶液滴定，边滴加边充分摇动，滴定至溶液由红色变为无色则到达第一化学计量点，所消耗 HCl 的体积记为 V_1。然后加入 2 滴甲基橙指示剂，将滴定管用上述 HCl 标准溶液调整至零刻度后，继续滴定至溶液由黄色恰变为橙色，到达第二化学计量点，所消耗的 HCl 量记为 V_2。平行测定三次。

根据 V_1、V_2 判断混合碱组成，并计算各组分的含量。

注意：当滴定接近第一终点时，要充分摇动锥形瓶，滴定的速度不能太快，防止盐酸局部过浓，导致 Na_2CO_3 直接被滴定成 CO_2。

此外，还可以采用 $BaCl_2$ 法测定。例如含 $NaOH + Na_2CO_3$ 的试样，可以取两等份试液分别作如下测定。第一份试液，以甲基橙为指示剂，用 HCl 溶液滴定混合碱的总量；第二份试液，加入过量 $BaCl_2$ 溶液，使 Na_2CO_3 形成难解离的 $BaCO_3$，然后以酚酞为指示剂，用 HCl 溶液滴定 NaOH，这样就能求得 NaOH 和 Na_2CO_3 的相对含量。

二、间接法

许多不能满足直接滴定条件的酸、碱物质，如 NH_3、ZnO、$Al_2(SO_4)_3$ 以及许多有机物质，都可以考虑采用间接法滴定。

如硫酸铵化肥中含氮量的测定。由于铵盐（NH_4^+）作为酸，其 $pK^{\ominus} = 9.25$，是一种很弱的酸，不能直接用碱标准溶液滴定，但可以用间接法。

试样用浓硫酸消化分解。有时加入硒粉或硫酸铜等催化剂使之加速反应，等试样完全分解后，其中氮元素都转化为 NH_3，并与 H_2SO_4 结合为（NH_4）$_2SO_4$。然后加浓碱 NaOH，将析出的 NH_3 蒸馏出来，用 H_3BO_3 溶液吸收，加入甲基红和溴甲酚绿混合指示剂，用 HCl 标准溶液滴定吸收 NH_3 时所生成的 $H_2BO_3^-$，当溶液颜色呈淡粉红色时为终点。

测定过程的反应式如下：

$$NH_3 + H_3BO_3 \Longrightarrow NH_4^+ + H_2BO_3^-$$

$$HCl + H_2BO_3^- \Longrightarrow H_3BO_3 + Cl^-$$

由于 H_3BO_3 的 $K_a^\ominus \approx 10^{-10}$，是极弱的酸，不能用碱溶液直接滴定，但 $H_2BO_3^-$ 是 H_3BO_3 的共轭碱，其 $K_b^\ominus \approx 10^{-4}$，属较强的碱，能满足 $cK_b^\ominus > 10^{-8}$ 的要求，因此可用标准强酸溶液直接目视滴定，也可以用其他的方法进行分析。

 学习检测

1. 写出合适的方程式说明下列物质既是酸又是碱。

HCO_3^-、$H_2PO_4^-$、H_2O、NH_3、$HC_2O_4^-$

2. 写出下列碱的共轭酸：H_2O，$H_2PO_4^-$，HSO_3^-，NH_3，$HC_2O_4^-$，HCO_3^-，CH_3NH_2。

3. 写出下列酸的共轭碱：HCN，H_2S，HS^-，$H_2PO_4^-$，HCO_3^-，H_2O，C_6H_5OH。

4. 已知下列各种弱酸的 $K_a^\ominus$ 值，求它们的共轭碱的 $K_b^\ominus$ 值，并将各碱按照碱性强弱排序：

① HClO（$K_a^\ominus = 5.8 \times 10^{-10}$）；　　② HNO_2（$K_a^\ominus = 4.6 \times 10^{-4}$）；

③ HCOOH（$K_a^\ominus = 1.77 \times 10^{-4}$）；　　④ NH_4^+（$K_a^\ominus = 5.6 \times 10^{-10}$）。

5. 有一碱溶液，可能为 NaOH、Na_2CO_3 或 $NaHCO_3$，或者其中两者的混合物。今用 HCl 溶液滴定，以酚酞为指示剂时，消耗 HCl 体积为 V_1；继续加入甲基橙指示剂，再用 HCl 溶液滴定，又消耗 HCl 体积为 V_2。在下列情况时，溶液各由哪些物质组成？

① $V_1 > V_2$，$V_2 > 0$　　　② $V_1 < V_2$，$V_1 > 0$　　　③ $V_1 = V_2$

④ $V_1 = 0$，$V_2 > 0$　　　⑤ $V_2 = 0$，$V_1 > 0$

6. 称取混合碱试样 0.8983g，加酚酞指示剂，用 0.2896mol/L HCl 溶液滴定至终点，共计耗去酸溶液 31.45mL。再加甲基橙指示剂，滴定至终点，又耗去酸 24.10mL。求试样中各组分的质量分数。

单元二　盐

课前读吧

我国古时的盐是用海水煮出来的。20 世纪 50 年代福建有文物出土，其中有煎盐器具，证明了仰韶时期（公元前 5000 年～前 3000 年）古人已学会煎煮海盐。根据以上资料和实物佐证，盐起源的时间远在五千年前的炎黄时代，发明人夙沙氏是海水制盐用火煎煮之鼻祖，后世尊崇其为"盐宗"。

学习目标

知识目标：① 说出盐的定义；
　　　　　② 说出盐的溶解性规律；
　　　　　③ 归纳盐类水解的实质；
　　　　　④ 解释盐导电原理。

技能目标：① 能够判断盐的溶解性；
　　　　　② 能够判断盐溶液的酸碱性。

素养目标：① 养成尊重科学、热爱科学的思想；
　　　　　② 提升归纳整理的能力；
　　　　　③ 具有交流、分享成果的意识。

学习导入

1. Na_2CO_3 的俗称是什么？是哪类物质？
2. 盐的水溶液都是中性吗？

知识链接

知识点一　盐

一、盐的定义

盐是由金属离子（或铵根）和酸根通过离子键结合而成的，是由酸碱反应得到的。如氯化钾 KCl、硫酸镁 $MgSO_4$、碳酸氢钠 $NaHCO_3$、碱式碳酸铜 $Cu_2(OH)_2CO_3$ 等。

二、盐的分类

（1）根据所含的酸根，可分为碳酸盐、硫酸盐、硝酸盐等。

（2）根据所含的金属元素，可分为钾盐、钠盐、镁盐等。

（3）根据盐的组成，可分为正盐，如 $NaCl$；酸式盐，如 $NaHSO_4$；碱式盐，如 $Cu_2(OH)_2CO_3$。

（4）根据盐的组成中是否含有氧元素，可以分为含氧酸盐，如 KNO_3，非含氧酸盐，如 KCl。

三、盐的溶解性

盐在水中的溶解性不同。在每 100g 水中溶解可超过 1g 的盐为易溶，在每 100g 水中溶解小于 0.1g 的盐为难溶。

无机盐的水溶解性遵循下列特殊的规则：

（1）所有 Na^+、K^+、NH_4^+ 盐易溶于水。

（2）所有硝酸盐、乙酸盐、高氯酸盐都易溶于水。

（3）所有 Ag^+、Pb^{2+}、Hg_2^{2+} 盐都难溶于水。

（4）所有氯化物、溴化物、碘化物都易溶于水。

（5）所有的碳酸盐、磷酸盐、硫化物、氧化物和氢氧化物都难溶于水。

（6）除 $CaSO_4$、$SrSO_4$、$BaSO_4$ 外，所有硫酸盐都易溶于水。

在做判断时，必须按照以上的顺序应用这些规律，（1）的规则优先于（2）的规则，依次类推。

四、盐的导电性

经实验测得：

（1）干燥的硝酸钾固体、氯化钠固体、氢氧化钠固体、蔗糖固体都不导电；

（2）乙醇、蒸馏水也不导电；

（3）蔗糖、乙醇的水溶液都不导电；

（4）硝酸钾、氯化钠、氢氧化钠、硫酸的水溶液却能导电。

溶液导电的原因：溶液里存在自由移动的离子，自由移动的离子定向移动形成电流。

如：$NaCl \longrightarrow Na^+ + Cl^-$　　或　　$KNO_3 \longrightarrow K^+ + NO_3^-$

在氯化钠溶液中解离出了自由移动的 Na^+ 和 Cl^-（在硝酸钾溶液中解离出 K^+ 和 NO_3^-），离子在外加电场的作用下做定向移动形成电流（如图 4-7 所示），从而表现出导电性，而在氯化钠固体（或硝酸钾固体、乙醇、蔗糖）中却不能解离出自由移动离子，因此不能导电。

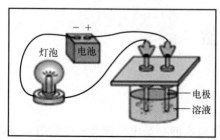

图 4-7　溶液导电性示意图

> ❓ **想一想**　进行 $Ba(OH)_2$ 溶液的导电实验时，向 $Ba(OH)_2$ 溶液中逐滴加入 Na_2SO_4 溶液，能观察到灯光明暗变化过程吗？请说明原因。

知识点二　盐类的水解

一、盐类水解简介

盐类水解作用的实质可认为是盐类的离子与水所电离出来的 H^+ 或 OH^- 作用生成弱酸或弱碱，破坏了水的电离平衡，使溶液中 $c(H^+)$ 和 $c(OH^-)$ 发生相对的改变而呈酸性或碱性。这种盐类的离子与水的复分解反应，叫作盐类的水解。因盐类不同，有下列四类情况。

1. 强碱弱酸盐

溶液呈碱性，pH>7。

例如，氰化钠 NaCN 是强碱 NaOH 和弱酸 HCN 所生成的盐，其在水溶液中的水解过程可表示如下：

$$NaCN \longrightarrow Na^+ + CN^-$$
$$+$$
$$H_2O \Longleftrightarrow OH^- + H^+$$
$$\Updownarrow$$
$$HCN$$

其离子方程式为：　　　$CN^- + H_2O \Longleftrightarrow OH^- + HCN$

可以推论，强碱弱酸盐（如 NaCN）的水解实际上只是其阴离子（如 CN^-）发生水解，使溶液呈碱性。

2. 强酸弱碱盐

溶液呈酸性，pH<7。

例如，氯化铵 NH_4Cl 是强酸 HCl 和弱碱 $NH_3 \cdot H_2O$ 所生成的盐，其在水溶液中的水解过程可表示如下：

$$NH_4Cl \longrightarrow NH_4^+ + Cl^-$$
$$+$$
$$H_2O \Longleftrightarrow OH^- + H^+$$
$$\Updownarrow$$
$$NH_3 \cdot H_2O$$

其离子方程式为：　　　$NH_4^+ + H_2O \Longleftrightarrow H^+ + NH_3 \cdot H_2O$

可以推论，强酸弱碱盐（如 NH_4Cl）的水解实际上只是其阳离子（如 NH_4^+）发生水解，使溶液呈酸性。

3. 弱酸弱碱盐

弱酸弱碱盐水解溶液的酸碱性取决于生成的弱酸与弱碱的相对强弱，溶液可呈酸性、碱性或中性。

例如：

(1) NH_4F $\quad NH_4^+ + F^- + H_2O \Longrightarrow HF + NH_3 \cdot H_2O$

$\qquad\qquad K_a^{\ominus}(HF) > K_b^{\ominus}(NH_3 \cdot H_2O) \qquad$ 显酸性

(2) NH_4AC $\quad NH_4^+ + AC^- + H_2O \Longrightarrow HAC + NH_3 \cdot H_2O$

$\qquad\qquad K_a^{\ominus}(HAC) \approx K_b^{\ominus}(NH_3 \cdot H_2O) \qquad$ 基本显中性

(3) NH_4CN $\quad NH_4^+ + CN^- + H_2O \Longrightarrow HCN + NH_3 \cdot H_2O$

$\qquad\qquad K_a^{\ominus}(HCN) < K_b^{\ominus}(NH_3 \cdot H_2O) \qquad$ 显碱性

4. 强酸强碱盐

溶液呈酸性，pH＝7。

例如：$NaNO_3$ 溶液不发生水解，溶液显中性。

综上所述可看出，盐类水解的实质就是盐类的组成离子（阴或阳离子）与水所电离出来 H^+ 或 OH^- 作用生成了弱酸或弱碱（或两者兼有）从而影响了水的电离平衡，使溶液呈酸性、碱性或中性。

二、影响盐类水解的因素

盐类水解度的大小主要取决于水解离子的性质，水解产物弱酸或弱碱越弱，即 $K_a^{\ominus}$ 或 $K_b^{\ominus}$ 越小，其水解度越大。另外，水解产物的难溶性亦是增大水解度的重要因素之一。如果水解产物是很弱的电解质又是溶解度很小的难溶物质或挥发性气体，则水解度极大，甚至可达完全水解。

此外，根据平衡移动原理，盐溶液的浓度、温度和酸度也是影响盐类水解的重要因素。一般来说，盐溶液浓度越小，温度越高，盐的水解度越大；降低（或升高）溶液的 pH，可增大阴离子（或阳离子）的水解度。

三、盐类水解的应用

抑制或利用盐类水解服务于生产和科研的实际例子很多，举例如下：

（1）在实验室中，配制一些易水解盐〔如 Na_2S、$SnCl_2$、$SbCl_3$、$Bi(NO_3)_3$ 等〕的溶液时，为抑制其水解，必须先将它们溶解在相应的碱或酸溶液中。如配制 $SnCl_2$、$SbCl_3$ 溶液时，必须先加入适量的 HCl，以免因水解产生碱式盐〔如 $Sn(OH)Cl$〕、酰基化合物或挥发性酸。

（2）在生产中，例如用 NaOH 和 Na_2CO_3 的混合液作为化学除油液，就是利用了 Na_2CO_3 的水解性。从除油机理来看，主要是利用 NaOH 与油脂发生皂化反应，生成可溶性的肥皂而将油脂除去，表面看只需用 NaOH 除油就可以了，由于皂化反应的进行，OH^- 因不断消耗而减少，但是若有 Na_2CO_3 存在，由于 Na_2CO_3 的水解，会不断地补充 OH^-，从而保证皂化反应的进行。

✐ **学习检测**

请写出下列物质的化学式，并判断其溶解性及水溶液的酸碱性。

氯化钠、碳酸钙、碘化钾、氯化银、五水硫酸铜、硫酸钡、硝酸铵、氯化铁、硝酸镁、氧化钙

单元三　氧化物和水

课前读吧

2021 年 12 月 9 日下午"天宫课堂"开讲，这也是我国空间站时代的第一课。航天员翟志刚、王亚平和叶光富在太空中进行水膜实验，王亚平把金属圈轻轻地放入水袋，然后再慢慢地抽出，在金属圈上形成一个大大的水膜，这是由于在太空中水的张力起主要作用，然后将花朵放到水膜上，花朵在水膜的张力下旋转着慢慢打开，得到了一朵在太空中绽开的花。"天宫课堂"向全球展示的中国空间站凝聚了中国诸多科研力量，是我国科研实力的有力体现。

学习目标

知识目标：① 说出氧化物的定义；
　　　　　　② 说出水的离子积；
　　　　　　③ 归纳水的结构特点。
技能目标：① 能完成溶液 pH 计算；
　　　　　　② 能利用 pH 判断溶液的酸碱性。
素养目标：① 养成尊重科学，热爱科学的思想；
　　　　　　② 提升理论指导实践的能力；
　　　　　　③ 提升归纳、表达能力。

学习导入

1. H_2CO_3 和 H_2O 是氧化物吗？
2. 水为什么会在荷叶上聚集成水珠？

知识链接

知识点一　氧化物

一、氧化物的定义

由两种元素组成，其中一种元素是氧元素的化合物，就叫氧化物。如氧化铁 Fe_2O_3、氧化钙 CaO、二氧化碳 CO_2、水 H_2O 等。

二、氧化物的分类

氧化物可按如下方法分类：

1. 按与氧化合的另一种元素的类型分

（1）金属氧化物　如氧化镁 MgO、氧化铜 CuO、氧化钠 Na_2O 等；

（2）非金属氧化物　如二氧化硫 SO_2、一氧化碳 CO、二氧化氮 NO_2 等。

2. 按成键类型或组成粒子类型分

（1）离子型氧化物　部分活泼金属元素形成的氧化物，如 Na_2O、CaO 等；

（2）共价型氧化物　部分金属元素和所有非金属元素的氧化物，如 MnO_2、HgO、SO_2、ClO_2 等。

3. 按照氧的氧化态分

（1）普通氧化物（氧的氧化态为 -2）　如 Na_2O、CO_2、H_2O 等；

（2）过氧化物（氧的氧化态为 -1）　如 Na_2O_2、H_2O_2 等；

（3）超氧化物（氧的氧化态为 $-1/2$）　如 KO_2 等；

（4）臭氧化物（氧的氧化态为 $-1/3$）　如 KO_3、RbO_3 等。

4. 按照酸碱性及是否与水生成盐，以及生成的盐分

（1）酸性氧化物　能跟碱反应生成盐和水的氧化物。如 CO_2、SO_3、Cr_2O_3 和 Mn_2O_7 等。

（2）碱性氧化物　能跟酸反应生成盐和水的氧化物。如 Na_2O、CaO、CrO 和 MnO 等。

（3）两性氧化物　既能跟酸反应，又能跟碱反应，并都生成盐和水的氧化物。如 ZnO、Al_2O_3 等。

（4）不成盐氧化物（还有很多复杂氧化物）　氧化物中有极少数氧化物在一般条件下既不与水反应，又不与酸或碱反应的氧化物（H_2O 除外），我们称之为不成盐氧化物。如 NO、N_2O、CO 等。

三、氧化物的溶解性

金属氧化物一般都不溶解，如 CuO、Fe_2O_3、MgO 等；非金属氧化物一般也不溶解，如 SiO_2 等。

但有的氧化物能与水反应，如 CaO、NO_2 等。

❓ **想一想**　H_2CO_3 和 H_2O 是氧化物吗？为什么？

━━ 知识点二　水 ━━

水是化学中最常用的试剂和溶剂，所有的生理活动和生化反应都需要水的参与，人体一半以上是水，成人每日生理需水量 $2.5\sim3L$，人体缺水 5％ 将导致低烧，人体缺水 20％ 将导

致皮肤开裂和死亡。

一、水的解离反应

用精密的电导仪测量，发现纯水有极微弱的导电能力。其原因是水有微弱的解离，使纯水中存在极微量的 H_3O^+ 和 OH^-。经实验测知，298.15K 时纯水中 $c(H^+)$ 和 $c(OH^-)$ 均为 $1.0 \times 10^{-7} mol/L$。研究揭示，在纯水或稀溶液中，存在着水的解离平衡：

$$H_2O + H_2O \rightleftharpoons OH^- + H_3O^+$$

可简写为：

$$H_2O \rightleftharpoons OH^- + H^+$$

其平衡常数为：

$$K_w^\ominus = \frac{c_{H_3O^+}^{eq}}{c^\ominus} \cdot \frac{c_{OH^-}^{eq}}{c^\ominus}$$

式中，$c_{H_3O^+}^{eq}$、$c_{OH^-}^{eq}$ 分别表示上述解离达平衡时 H_3O^+、OH^- 的浓度；$c^\ominus$ 为标准态浓度，即 $c^\ominus = 1mol/L$。

上式通常简写为：

$$K_w^\ominus = [H_3O^+][OH^-]$$

或

$$K_w^\ominus = [H^+][OH^-]$$

25℃时，$K_w^\ominus = 1.0 \times 10^{-14}$。

上式表明，在一定温度下，水中的氢离子浓度和氢氧根离子浓度的乘积为一定值。这个常数 $K_w^\ominus$ 称为水的离子积。$K_w^\ominus$ 与其他平衡常数一样，是温度的函数。不同温度下水的离子积见表 4-6。

表 4-6 不同温度下水的离子积

$t/℃$	5	10	20	25	50	100
$K_w^\ominus/10^{-14}$	0.185	0.292	0.681	1.007	5.47	55.1

二、水的表面张力与反常性质

（一）表面张力

在日常生活中，都见过雨后水滴在枝头悬而不落、水珠散落在荷叶上的美景，也见过水黾轻松地站在水面上的现象，这些都是表面张力作用的结果，见图 4-8。

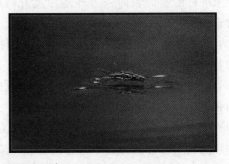

图 4-8 水的表面张力现象

1. 定义

在与液面相切的方向上，垂直作用于单位长度线段上的紧缩力，称为液体表面张力。

2. 产生原因

表面张力产生的原因是液体跟气体接触的表面存在一个薄层，叫作表面层，表面层内的分子与处于相本体内的分子所受力是不同的，见图4-9。

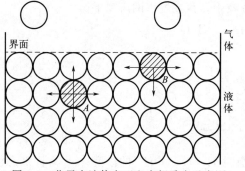

图4-9 分子在液体表面和内部受力示意图

在水内部的一个水分子受到周围水分子的作用力的合力为零，故在液体内部分子的运动，可视为不消耗系统的能量。但在表面的一个水分子却不如此，因上层空间气相分子对它的吸引力小于内部液相分子对它的吸引力，所以该分子所受合力不等于零，其合力方向垂直指向液体内部，它力图把表面层的分子拉入液体内部而缩小表面积。因此，液体表面上如同存在着一层富有弹性的、紧绷了的橡皮膜。这种导致液体表面具有自动缩小趋势的力就是表面张力。

对于水平液面，表面张力的方向与液面平行；对于弯液面，其方向与液面相切。

3. 影响因素

表面张力与物质的种类、同它接触的另一相物质的性质及温度等因素有关。

（1）表面张力与物质的种类有关　表面张力是物质的特性之一，是由物质分子间的作用力引起的。作用力愈大，则表面张力愈大。一般来讲，极性物质如水的表面张力较大，20℃时为72.88mN/m（$1J/m^2=1N/m$），而非极性物质的表面张力则较小。纯液体的表面张力通常是对液体与被本身蒸气饱和了的空气相接触的界面而言。高温下熔融状态的金属或金属氧化物往往具有很高的表面张力。

（2）温度的影响　一般情况下，温度越高，表面张力就越小，这是因为温度升高，液体的体积膨胀，分子间距离增加，使表面层分子受到相内部分子的引力减弱，导致表面张力减小，大多数物质确是如此。而且在相当大的温度范围内，表面张力和温度呈线性关系（见图4-10）。达到临界温度（t_c）时，气-液界面消失，表面张力为零。但也有少数物质如Ca、Fe、Cu及其合金以及某些硅酸盐的表面张力却随温度升高而增加；对这种反常现象，目前尚无一致的解释。

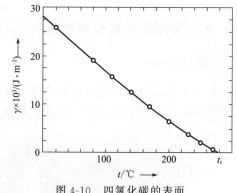

图4-10 四氯化碳的表面
张力与温度的关系曲线

（3）与接触相的性质有关　在一定条件下，同一种物质与不同性质的其他物质接触时，表面分子所处的力场不同，故表面张力（确切说应称为界面张力）出现明显的差异。

（4）杂质也会明显地改变液体的表面张力　比如洁净的水有很大的表面张力，而沾有肥皂液的水的表面张力就比较小，也就是说，洁净水表面具有更大的收缩趋势。

正是由于表面张力的存在，才形成了一系列日常生活中可以观察到的特殊现象。

（二）反常性质

水是大家熟悉的无机溶剂，但它与乙醇能以任意比例混溶，而且自身的沸点比同主族其他元素氢化物的沸点异常高出很多，这些反常的性质都与氢键有关。

水分子空间构型是 H\O/H ，常说为"V"形，电负性较大。

1. 熔、沸点反常

氧族元素氢化物随着分子量的增大，分子间力也随之增大，沸点应随之升高，但其中水的沸点出奇的高。如以下数据：

物质　　H_2O　　H_2S　　H_2Se　　H_2Te

沸点/℃　100.0　　−60.7　　−41.5　　−2.2

在 H_2O 分子中除了一般的分子间力外，还存在一种特殊的作用力——氢键（O—H⋯O 中氢键键能为 18.8kJ/mol），能使简单的 H_2O 分子形成缔合分子，见图 4-11。当固体 H_2O 液化或液态 H_2O 汽化时，必须为破坏氢键而附加消耗更多的能量，所以熔、沸点偏高。而在同主族的其他氢化物中没有氢键，只需克服分子间力，因此熔、沸点较低。

2. 溶解度反常

如果溶质分子与溶剂分子间能形成氢键，将有利于溶质的溶解。乙醇与 H_2O 能以任意比例混溶，就和乙醇与 H_2O 分子之间形成氢键密切相关，见图 4-12。

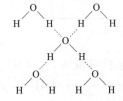

图 4-11　水分子间的氢键

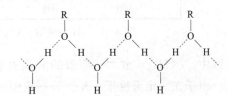

图 4-12　乙醇和水分子间的氢键

3. 密度反常

水结成冰时，几乎使 H_2O 分子全部缔合成一个大的分子基团。由于冰中水分子之间氢键的形成，使水中每个氧原子周围有四个氢原子，其中两个氢原子共价结合离氧原子较近，两个氢原子氢键结合离氧原子较远，形成一种四面体的骨架。这样，导致冰的空间结构有许多孔隙，因而使冰的密度小于水而浮在水面上。

寒冬季节江河湖面冰封，覆盖了下面的水，从而也保护了水中生物免遭冻死之灾，这种自然现象应归功于氢键，见图 4-13。

图 4-13　冰骨架示意图

💡 **练一练** "水面稍高出杯口而不外溢"是因为：_____。

知识点三　pH 值计算

根据水的电离平衡

$$H_2O \Longrightarrow OH^- + H^+$$

凡是水溶液，包括中性溶液、酸性溶液、碱性溶液都同时存在着 OH^- 和 H^+，只不过它们的相对浓度有所不同。溶液的酸碱性取决于溶液中 $c(H^+)$ 和 $c(OH^-)$ 的相对大小，如图 4-14 所示。

中性溶液　$c(H^+) = c(OH^-) = 10^{-7} \text{mol/L}$　　　　pH = 7

酸性溶液　$c(H^+) > 10^{-7} \text{mol/L} > c(OH^-)$　　　　pH < 7

碱性溶液　$c(H^+) < 10^{-7} \text{mol/L} < c(OH^-)$　　　　pH > 7

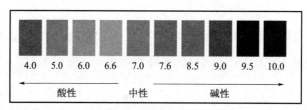

图 4-14　pH 与酸碱性示意图（见彩插）

在酸性溶液中，$c(H^+)$ 愈大，溶液的酸性愈强。在碱性溶液中，$c(OH^-)$ 愈大，溶液的碱性越强。由于在一定温度下，$K_w^\ominus$ 为一定值，所以 $c(H^+) \cdot c(OH^-)$ 为一定值，因此 $c(H^+)$ 数值既可表示溶液酸性的强弱程度，也可表示溶液碱性的强弱程度。

当溶液中 $c(H^+)$ 或 $c(OH^-)$ 小于 1mol/L 时，其数值常常是 10 的负若干次方，很不方便，故常采用另一种简便方法——pH 值（p 为 $-\lg$）表示溶液的酸碱性。把 pH 值定义为：

$$pH = -\lg c(H^+)$$

同样，$c(OH^-)$ 亦可用 pOH 值表示：

$$pOH = -\lg c(OH^-)$$

室温下，水溶液中 $c(H^+) \cdot c(OH^-) = 1.0 \times 10^{-14} = K_w^\ominus$

两边取负对数，得

$$[-\lg c(H^+)] \times [-\lg c(OH^-)] = -\lg 1.0 \times 10^{-14} = -\lg K_w^\ominus$$

$$pH + pOH = pK_w^\ominus = 14$$

例如：

① 纯水的 $c(H^+) = 1.0 \times 10^{-7} \text{mol/L}$，则 $pH = -\lg c(H^+) = -\lg(1.0 \times 10^{-7}) = 7.0$。

② 0.0010mol/L HCl 溶液中，$c(H^+) = 1.0 \times 10^{-3} \text{mol/L}$，则 $pH = -\lg c(H^+) = -\lg(1.0 \times 10^{-3}) = 3.0$。

③ NaOH 溶液中，$c(OH^-) = 1.0 \times 10^{-2} \text{mol/L}$，$c(H^+) = 1.0 \times 10^{-12} \text{mol/L}$，则

pH＝12.0。

总之，测定并控制溶液的酸碱性十分重要。例如正常情况下，人体血液的 pH 值为 7.35～7.45，如不在此范围内，将会引起酸中毒或碱中毒而生病，如果 pH＞7.8 或 pH＜7.0，则人将死亡；又如不少化学反应或化工生产过程必须控制在一定 pH 值范围才能进行或完成。在精制硫酸铜除铁杂质过程中，必须控制 pH 值在 4 左右才能收到良好的效果。此外，各种农作物的生长发育都要求一定的最适宜的 pH 值范围，水稻为 6～7、小麦为 6.3～7.5、玉米为 6～7、大豆为 6～7、棉花为 6～8、马铃薯为 4.8～5.5 等。

学习检测

1. 请分别写出三种金属氧化物和非金属氧化物。

2. 25℃时，水的离子积常数的符号为＿＿＿＿＿，数值为＿＿＿＿＿＿＿。

3. 已知下列溶液的 $c(H^+)$ 或 $c(OH^-)$，试求其 pH 值并判断酸碱性。

① $c(H^+)=0.1mol/L$ ② $c(H^+)=1mol/L$

③ $c(OH^-)=0.001mol/L$ ④ $c(OH^-)=1mol/L$

4. 下列事实不能用氢键知识解释的是（   ）。

A. 水比硫化氢稳定   B. 水和乙醇可以完全互溶

C. 冰的密度比液态水的密度小   D. 水的沸点高于硫化氢

任务实施

见工作任务二：盐酸溶液的标定

见工作任务三：混合碱的测定

见工作任务四：酸度测定

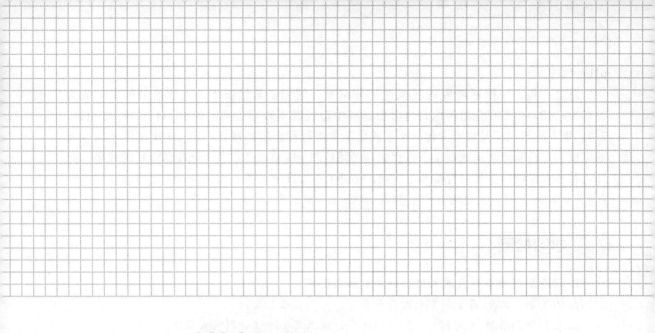

模块五
沉淀反应及沉淀滴定

情境描述

　　化工企业水处理车间出现锅炉结垢和管道压力过高等问题，车间张主任安排技术员小王查找原因并提出解决方案，为此小王查阅相关资料，提出锅炉和管道需要进行定期除垢和阻垢等维护措施，解决了工艺中垢堵的问题，减少了生产的安全隐患，为企业生产增加经济效益。

单元一　溶度积和溶度积规则

课前读吧

化学沉淀法是一种传统的水处理方法，操作简单，沉淀效率高，广泛用于水质软化过程和工业废水的综合处理，去除水中的重金属离子及氰化物等。化学沉淀法处理废水是向废水中投加可溶性化学药剂，使之与废水中呈离子状态的无机污染物发生化学反应，生成不溶于或难溶于水的化合物沉淀析出，从而可达到使废水净化的目的。

学习目标

知识目标：① 说出溶度积的表示法；
　　　　　② 归纳溶度积规则；
　　　　　③ 归纳影响难溶物质溶解度的因素。
技能目标：能够判断沉淀溶解平衡的移动方向。
素养目标：① 具有尊重科学、崇尚科学的态度；
　　　　　② 具有化工审美的能力。

学习导入

1. 有完全不溶解的物质吗？溶解度就是溶度积吗？
2. 你家的烧水壶时间长了为什么会有水垢？

知识链接

知识点一　溶度积

将难溶物质 $BaCO_3$ 溶于水中，构成沉淀的组分 Ba^{2+} 和 CO_3^{2-} 就称为构晶离子。在一定温度下将 $BaCO_3$ 投入水中，在水分子的作用下 $BaCO_3$ 表面部分 Ba^{2+} 和 CO_3^{2-} 会以水合离子的形式进入水中，此过程为难溶物质的溶解过程；与此同时，水合离子在溶液中做无序运动碰到 $BaCO_3$ 表面时，受到异号构晶离子的吸引，又可以沉积到固体表面，此过程为难溶物质的沉淀过程。如图 5-1 所示。

在一定温度下，当溶解过程与沉淀过程速率相等时，溶液中的 $BaCO_3$ 与其水合构晶离子之间就达到沉淀溶解平衡。

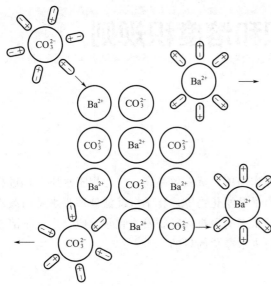

$$BaCO_3 \underset{沉淀}{\overset{溶解}{\rightleftharpoons}} Ba^{2+} + CO_3^{2-}$$

对于难溶物质来说，在水中溶解能力的大小通常用溶解度来表示。在一定温度下，溶解度是一定值，其溶解所形成的离子浓度也是一定值，这时溶液中离子浓度乘积就是一个常数，此常数称为溶度积，用 $K_{sp}^{\ominus}$ 表示。溶度积常数也是一种标准平衡常数，只是针对的平衡是难溶物质的沉淀与溶解平衡。例如，在上述碳酸钡的沉淀溶解平衡中，溶度积常数为：

$$K_{sp}^{\ominus} = [Ba^{2+}][CO_3^{2-}]$$

对于平衡 $A_m B_n \underset{沉淀}{\overset{溶解}{\rightleftharpoons}} mA^{n+} + nB^{m-}$

图 5-1 碳酸钡的溶解与沉淀过程

一般溶度积常数可表示为：

$$K_{sp}^{\ominus} = [A^{n+}]^m [B^{m-}]^n$$

对于相同类型的难溶物质，可以用溶度积常数比较溶解度的大小。$K_{sp}^{\ominus}$ 越大，表示该难溶物质溶解度越大；$K_{sp}^{\ominus}$ 越小，表示该难溶物质溶解度越小。例如同是 AB 型的 $BaSO_4$ 和 $AgCl$，$K_{sp}^{\ominus}$ 越大，其溶解度就越大。

> ❓ **练一练** 请写出碳酸钙、氢氧化铁的沉淀溶解平衡及溶度积表达式。

知识点二 溶解度与溶度积的关系

难溶物质的溶解度可用物质的量浓度来表示，即是指 1L 难溶物质的饱和溶液中所含有溶质的物质的量，单位是 mol/L。

[例 5-1] 已知 25℃ 时，AgCl 的溶度积是 1.77×10^{-10}，求 AgCl 的溶解度（mol/L）。

解：设 AgCl 在纯水中的溶解度为 S（mol/L），则 Ag^+ 和 Cl^- 浓度均为 S，

对于
$$AgCl \rightleftharpoons Ag^+ + Cl^-$$
$$\qquad\qquad S \quad\ \ S$$

则
$$K_{sp}^{\ominus} = [Ag^+][Cl^-] = S \times S = S^2$$

$$S(AgCl) = \sqrt{K_{sp}^{\ominus}} = \sqrt{1.77 \times 10^{-10}} = 1.33 \times 10^{-5} (mol/L)$$

[例 5-2] 已知 25℃ 时，Ag_2CrO_4 的溶度积常数 $K_{sp}^{\ominus} = 1.12 \times 10^{-12}$，求 Ag_2CrO_4 在纯水中的溶解度（mol/L）。

解：设 Ag_2CrO_4 的溶解度为 S，则 Ag^+ 浓度为 $2S$，CrO_4^{2-} 浓度为 S，

对于
$$Ag_2CrO_4 \rightleftharpoons 2Ag^+ + CrO_4^{2-}$$
$$\qquad\qquad 2S \quad\ \ S$$

则
$$K_{sp}^{\ominus} = [Ag^+]^2 [CrO_4^{2-}] = (2S)^2 \times S = 4S^3$$

$$S(Ag_2CrO_4) = \sqrt[3]{\frac{K_{sp}^{\ominus}}{4}} = \sqrt[3]{\frac{1.12 \times 10^{-12}}{4}} = 6.54 \times 10^{-5}\,(mol/L)$$

由例 5-1 和例 5-2 可以看出，$K_{sp}^{\ominus}(AgCl) > K_{sp}^{\ominus}(Ag_2CrO_4)$，但同温度下，$Ag_2CrO_4$ 的溶解度较 AgCl 的大。故不同类型的难溶电解质不能简单地根据 $K_{sp}^{\ominus}$ 大小来判断它们溶解度的相对大小。

知识点三　溶度积规则

对任一沉淀反应：

$$A_mB_n \rightleftharpoons mA^{n+} + nB^{m-}$$

混合物中任一时刻，A^{n+} 和 B^{m-} 浓度分别为 $c_{A^{n+}}$、$c_{B^{m-}}$，则此时溶液的离子积：

$$Q_i = c_{A^{n+}}^m c_{B^{m-}}^n$$

根据平衡移动原理，比较 Q_i 与 $K_{sp}^{\ominus}$，即能判断反应方向：

当 $Q_i > K_{sp}^{\ominus}$ 时，反应向左进行，溶液为过饱和溶液，即有沉淀生成；

当 $Q_i = K_{sp}^{\ominus}$ 时，达到沉淀溶解的动态平衡，溶液为饱和溶液；

当 $Q_i < K_{sp}^{\ominus}$ 时，反应向右进行，溶液为不饱和溶液，即没有沉淀生成，如溶液中含有难溶盐，则难溶盐发生溶解。

这一规律称为难溶物质的溶度积规则，可判断沉淀溶解平衡的移动方向。

[例 5-3]　若将 10mL 0.010mol/L $BaCl_2$ 溶液和 30mL 0.0050mol/L Na_2SO_4 溶液等体积混合，是否会产生 $BaSO_4$ 沉淀？$K_{sp}^{\ominus}(BaSO_4) = 1.08 \times 10^{-10}$。

解：两溶液混合，可认为总体积为 40mL，则各离子浓度分别为：

$$c(Ba^{2+}) = \frac{0.010 \times 10}{40} = 2.5 \times 10^{-3}\,(mol/L)$$

$$c(SO_4^{2-}) = \frac{0.005 \times 30}{40} = 3.8 \times 10^{-3}\,(mol/L)$$

$$Q_i = (2.5 \times 10^{-3}) \times (3.8 \times 10^{-3}) = 9.5 \times 10^{-6} > K_{sp}^{\ominus}(BaSO_4)$$

所以会产生 $BaSO_4$ 沉淀。

知识点四　影响难溶物质溶解度的因素

一、同离子效应

同离子效应即在沉淀溶解平衡中，加入含有该难溶物质相同离子的强电解质，使沉淀的溶解度降低的现象。

[例 5-4]　25℃ 时，求 Ag_2CrO_4 在 0.01mol/L K_2CrO_4 溶液中的溶解度。已知 Ag_2CrO_4 的 $K_{sp}^{\ominus} = 1.12 \times 10^{-12}$。

解：设 Ag_2CrO_4 在 0.01mol/L K_2CrO_4 溶液中的溶解度为 S，则

对于
$$Ag_2CrO_4 \rightleftharpoons 2Ag^+ + CrO_4^{2-}$$
$$\quad 2S \qquad (0.01+S)$$

则
$$K_{sp}^{\ominus} = [Ag^+]^2[CrO_4^{2-}] = (2S)^2 \times (0.01+S) = 4S^2(0.01+S)$$

因为 $K_{sp}^{\ominus}(Ag_2CrO_4)$ 很小，S 比 0.01 小得多，故
$$0.01+S \approx 0.01$$

解得
$$S(Ag_2CrO_4) = 5.3 \times 10^{-6} (mol/L)$$

与例 5-2 比较可知，Ag_2CrO_4 在 0.01mol/L K_2CrO_4 溶液中的溶解度比在纯水中的小。

在水中绝对沉淀完全的物质是不存在的。一般来说，当沉淀反应后溶液中沉淀离子的浓度小于或等于 10^{-5}mol/L 时，在定性分析中就认为被测离子完全析出，但在重量分析中有时被测离子的浓度达 10^{-6}mol/L 时，才被认为完全析出。

二、盐效应

根据同离子效应，添加过量沉淀剂，对于沉淀的形成完全是有利的。但是沉淀剂过量太多，减少了被沉淀离子与沉淀剂相遇的机会，使沉淀溶解度增大，这种现象称为盐效应。可见同离子效应和盐效应是同时存在的，只不过盐效应的影响一般比同离子效应小得多，这一点可通过表 5-1 加以说明。

表 5-1 $PbSO_4$ 在 Na_2SO_4 溶液中的溶解度（实验值）

Na_2SO_4 浓度/(mol/L)	0	0.01	0.04	0.10	0.20
$PbSO_4$ 溶解度/(mol/L)	1.5×10^{-4}	1.6×10^{-5}	1.3×10^{-5}	1.6×10^{-5}	2.3×10^{-5}

由表 5-1 可见，当 Na_2SO_4 浓度在 0.01~0.04mol/L 时，同离子效应占主导作用，$PbSO_4$ 溶解度较在水中的溶解度低；当 Na_2SO_4 浓度大于 0.04mol/L 后，盐效应的作用开始抵消同离子效应，占一定的主导地位，溶解度反而增大。

一般只有当强电解质浓度>0.05mol/L 时，盐效应才会较为显著。

三、酸效应

溶液的酸度对沉淀溶解度的影响称为酸效应。通过控制溶液的 pH 值可使其沉淀或溶解，例如 $CaCO_3$ 可溶于 HCl 中，就是酸效应作用的结果。

对于难溶金属氢氧化物，溶液的酸度增大会使其溶解度增大，甚至溶解。要生成难溶金属氢氧化物，需要达到一定的 $c(OH^-)$，pH 过低，就不能生成沉淀或沉淀不完全。

大部分金属离子可以与 S^{2-} 生成硫化物沉淀。可根据金属硫化物的 $K_{sp}^{\ominus}$，调节控制溶液的 pH，使某些金属硫化物沉淀出来，另一些金属离子仍留在溶液中，从而达到分离的目的。

四、生成配合物效应

如果溶液中有能与被沉淀的离子形成配合物的配位剂存在，可以增大沉淀的溶解度，甚至不产生沉淀，这种现象称为配位效应。例如，在 AgCl 固体中加入过量的氨水，其中的 Ag^+ 和 NH_3 形成配离子而使沉淀逐渐溶解。显然，形成的配合物越稳定，配位剂的浓度越大，沉淀的溶解度越大，其配位效应就越显著。

$$AgCl(s) \Longrightarrow Ag^+ + Cl^-$$
$$Ag^+ + 2NH_3 \Longrightarrow [Ag(NH_3)_2]^+$$

五、氧化还原效应

由于氧化还原反应的发生使沉淀溶解度发生改变的现象就称为沉淀反应的氧化还原效应。

例如，CuS 难溶于非氧化性稀酸，却易溶于具有氧化性的硝酸中。

$$CuS(s) \Longrightarrow Cu^{2+}(aq) + S^{2-}(aq)$$
$$3S^{2-} + 2NO_3^- + 8H^+ \Longrightarrow 3S\downarrow + 2NO\uparrow + 4H_2O$$

六、其他因素

除了以上主要因素外，温度、溶剂、沉淀颗粒的大小及结构的不同，也会影响沉淀溶解度的大小。利用这些因素同样可以实现物质的分离、提纯。

一般无机物沉淀在有机溶剂中的溶解度要比在水中的溶解度小。如 $CaSO_4$ 在水中的溶解度较大，只有在 Ca^{2+} 浓度很大时才能沉淀，一般情况下难以析出沉淀。但是，若加入乙醇，沉淀便会产生了。

对于同一种沉淀，一般来说，颗粒越小，溶解度越大。例如，大颗粒的 $SrSO_4$ 在水中的溶解度为 $6.2 \times 10^{-4} \, mol/L$，$0.01\mu m$ 的 $SrSO_4$ 在水中的溶解度为 $9.3 \times 10^{-4} \, mol/L$。

对于有些沉淀，刚生成的亚稳态晶型沉淀放置一段时间后转变成稳定晶型，溶解度往往会大大降低。

学习检测

1. 已知室温时下列各难溶物质的溶解度，试求它们的溶度积（不考虑水解）：

(1) AgBr， $7.1 \times 10^{-7} \, mol/L$

(2) BaF_2， $6.3 \times 10^{-3} \, mol/L$

2. 已知室温时以下各难溶物质的溶度积，试求它们的溶解度（以 mol/L 表示）：

(1) Ag_2SO_4 $K_{sp}^{\ominus} = 1.20 \times 10^{-5}$

(2) $Ca(OH)_2$ $K_{sp}^{\ominus} = 5.02 \times 10^{-6}$

3. 请归纳分析哪些因素能影响难溶物质的溶解度，影响的结果是什么。

4. 已知 25℃时，$CaSO_4$ 的溶度积是 4.93×10^{-5}，$BaSO_4$ 的溶度积是 1.08×10^{-10}，通过计算说明哪一种硫酸盐在水中的溶解度大。

5. 若将 $0.010 \, mol/L \, BaCl_2$ 溶液和 $0.0050 \, mol/L \, Na_2SO_4$ 溶液等体积混合，是否会产生 $BaSO_4$ 沉淀？$K_{sp}^{\ominus}(BaSO_4) = 1.08 \times 10^{-10}$。

单元二　沉淀的转化

课前读吧

　　鬼斧神工的溶洞已成为受人欢迎的旅游资源，其形成是 $CaCO_3$ 遇到溶有 CO_2 的水时就会变成可溶性的 $Ca(HCO_3)_2$，溶有碳酸氢钙的水如果受热或遇压强突然变小时，溶在水中的碳酸氢钙就会分解，重新变成碳酸钙沉积下来，同时放出二氧化碳。在自然界中不断发生上述碳酸钙的沉淀溶解平衡作用便形成了溶洞中的各种景观，这些大自然的美妙源于化学之美。

学习目标

知识目标：① 了解分步沉淀的原因；
　　　　　② 了解沉淀转化的原因；
　　　　　③ 明确沉淀反应的应用。
技能目标：能够利用沉淀的转化解决生活中的问题。
素养目标：① 养成尊重科学的工匠精神；
　　　　　② 具有理论联系实际的能力。

学习导入

　　在实际生产生活中，生成沉淀越多越好吗？

知识链接

知识点一　分步沉淀与沉淀转化

一、分步沉淀

　　分步沉淀是指混合溶液中离子发生先后沉淀的现象。在多组分体系中，若各组分都能与沉淀剂形成沉淀，通常是离子积 Q_i 首先超过溶度积的难溶物质先沉淀出来。

　　[例5-5]　向 Cl^- 和 Br^- 浓度均为 $0.010mol/L$ 的溶液中，逐滴加入 $AgNO_3$ 溶液，问哪一种离子先沉淀？第二种离子开始沉淀时，溶液中第一种离子的浓度是多少？两者有无分离的可能？（不考虑体积变化）

已知：$K_{sp}^{\ominus}(AgCl)=1.77\times10^{-10}$　　　$K_{sp}^{\ominus}(AgBr)=5.35\times10^{-13}$

解：根据溶度积规则，首先计算 AgCl 和 AgBr 开始沉淀所需的 Ag^{+} 浓度分别为：

$$[Ag^{+}]=\frac{K_{sp}^{\ominus}(AgCl)}{[Cl^{-}]}=\frac{1.77\times10^{-10}}{0.010}=1.77\times10^{-8}(mol/L)$$

$$[Ag^{+}]=\frac{K_{sp}^{\ominus}(AgBr)}{[Br^{-}]}=\frac{5.35\times10^{-13}}{0.010}=5.35\times10^{-11}(mol/L)$$

AgBr 开始沉淀时，需要的 Ag^{+} 浓度低，故 Br^{-} 首先沉淀出来。当 Cl^{-} 开始沉淀时，溶液对 AgCl 来说也已达到饱和，这时 Ag^{+} 浓度必须同时满足这两个沉淀溶解平衡，所以：

$$[Ag^{+}]=\frac{K_{sp}^{\ominus}(AgCl)}{[Cl^{-}]}=\frac{K_{sp}^{\ominus}(AgBr)}{[Br^{-}]}$$

$$\frac{[Br^{-}]}{[Cl^{-}]}=\frac{K_{sp}^{\ominus}(AgBr)}{K_{sp}^{\ominus}(AgCl)}=\frac{5.35\times10^{-13}}{1.77\times10^{-10}}=3.02\times10^{-3}$$

当 AgCl 开始沉淀时，Cl^{-} 的浓度为 $0.010mol/L$，此时溶液中剩余的 Br^{-} 浓度为：

$$[Br^{-}]=\frac{K_{sp}^{\ominus}(AgBr)[Cl^{-}]}{K_{sp}^{\ominus}(AgCl)}=3.02\times10^{-3}\times0.010=3.02\times10^{-5}(mol/L)$$

可见，当 Cl^{-} 开始沉淀时，Br^{-} 的浓度接近于 $10^{-5}mol/L$，故两者在要求不高时可以定性分离。

一般来说，当溶液中存在几种离子时，若是同型的难溶物质，则它们的溶度积相差越大，混合离子就越易实现分离。

对于金属离子的分离，由于金属氢氧化物大多是难溶于水的，所以常常通过控制溶液的 pH 值来实现。

二、沉淀转化

通过一种试剂将一种沉淀转化为另一种沉淀的现象称为沉淀的转化。

例如，要除去锅炉内壁锅垢的主要成分 $CaSO_4$，可以加入 Na_2CO_3 溶液，使 $CaSO_4$ 转变为溶解度更小的 $CaCO_3$，再通过流体的冲击以及适当摩擦剂的作用，使锅垢被除去。转化反应为：

$$CaSO_4+CO_3^{2-}\rightleftharpoons CaCO_3+SO_4^{2-}$$

转化反应的完全程度可以用标准平衡常数来衡量：

$$K^{\ominus}=\frac{[SO_4^{2-}]}{[CO_3^{2-}]}=\frac{K_{sp}^{\ominus}(CaSO_4)}{K_{sp}^{\ominus}(CaCO_3)}=\frac{4.93\times10^{-5}}{3.36\times10^{-9}}=1.47\times10^{4}$$

可见这一转化反应向右进行的趋势很大。

一般来说，溶度积较大的难溶物质容易转化为溶度积较小的难溶物质，两种物质的溶度积相差越大，沉淀转化得越完全。若要反向转化较为困难，但在一定条件下也能实现。

知识点二　沉淀反应的应用

一、制备难溶化合物

例如，生产 $PbSO_4$、$MnCO_3$、$Cu(OH)_2$ 试剂的主要反应分别如下：

$$Pb(NO_3)_2 + H_2SO_4 \longrightarrow PbSO_4\downarrow + 2HNO_3$$
$$Mn(NO_3)_2 + 2NH_4HCO_3 \longrightarrow MnCO_3\downarrow + 2NH_4NO_3 + CO_2\uparrow + H_2O$$
$$CuSO_4 + 2NaOH \longrightarrow Cu(OH)_2\downarrow + Na_2SO_4$$

二、除去溶液中的杂质

例如，氯碱工业中饱和食盐水的精制一般采用 Na_2CO_3-$NaOH$-$BaCl_2$ 精制法，以除去食盐中可溶性杂质 Ca^{2+}、Mg^{2+}、SO_4^{2-}：

$$Ca^{2+} + CO_3^{2-} \longrightarrow CaCO_3\downarrow$$
$$Mg^{2+} + 2OH^- \longrightarrow Mg(OH)_2\downarrow$$
$$Ba^{2+} + SO_4^{2-} \longrightarrow BaSO_4\downarrow$$

英国、日本、巴基斯坦等国家采用 $BaCO_3$ 代替 Na_2CO_3 和 $BaCl_2$ 的方法，收到很好的效果：

$$Ca^{2+} + SO_4^{2-} + BaCO_3(s) \longrightarrow CaCO_3\downarrow + BaSO_4\downarrow$$

三、离子鉴定

Ag^+、Cu^{2+}、Ni^{2+}、Ba^{2+}、Mg^{2+} 可通过沉淀反应分别鉴定，如：

1. Ag^+ 的鉴定

$$Ag^+ + Cl^- \longrightarrow AgCl\downarrow$$

$$AgCl(s) + 2NH_3 \cdot H_2O \longrightarrow [Ag(NH_3)_2]^+ + Cl^- + 2H_2O$$

$$[Ag(NH_3)_2]^+ + Cl^- + 2H^+ \longrightarrow AgCl\downarrow + 2NH_4^+$$

（白色）

2. Ba^{2+} 的鉴定

$$Ba^{2+} + CrO_4^{2-} \xrightarrow{\text{中性或弱碱性}} BaCrO_4\downarrow$$

（黄色）

Sr^{2+}、Pb^{2+}、Cu^{2+}、Ni^{2+}、Ag^+、Zn^{2+}、Bi^{2+} 等离子与 CrO_4^{2-} 亦可发生反应，会干扰对 Ba^{2+} 的鉴定。

除以上应用外，利用沉淀反应还可以进行混合液中离子的分离。

1. 溶液中含有 Ag^+、Pb^{2+}、Ba^{2+}，它们的浓度均为 1.0×10^{-2} mol/L。加入 K_2CrO_4 溶液，试通过计算说明上述离子开始沉淀的先后顺序。

2. 某溶液中含有 Fe^{3+} 和 Fe^{2+}，浓度均为 0.050mol/L，若要使 $Fe(OH)_3$ 沉淀完全，而 Fe^{2+} 不沉淀，问溶液所需控制的 pH 范围是多少？

单元三　沉淀测定法

　课前读吧

卡尔·弗雷德里契·莫尔，出生于德国，大学期间学习药学，工作后用业余时间从事各方面的科学试验。在现代化学实验室里，有一些仪器（例如滴定管、冷凝管、软木塞钻孔器）是莫尔发明的，他是一位分析化学家。以他的名字命名的东西还有很多，例如莫尔弹簧、莫尔滴定法、莫尔天平等。

学习目标

知识目标： ① 说出重量分析法的基本过程；
② 归纳三种沉淀滴定法的不同点；
③ 概述三种沉淀滴定法的原理。

技能目标： ① 能够结合实际选择沉淀滴定法测定物质含量；
② 能够控制反应条件完成测定。

素养目标： ① 养成攻坚克难、勇于探索的精神；
② 具有诚实守信、崇尚技能的化工精神。

学习导入

每种沉淀滴定法的适用范围都一样吗？

知识链接

知识点一　重量分析法的基本过程

重量分析法的基本过程一般是将试样通过一定的试剂转化为溶液，加入适当的沉淀剂，可以析出难溶物质（沉淀形式），将难溶物质过滤、洗涤，再进行烘干或灼烧达恒重后得干物质（称量形式），通过称量此物质的质量，再经过计算将其转化为被测组分的质量，就能求出被测组分的含量。

一、沉淀形式

沉淀形式是在溶液中将被测离子转化为难溶物质的存在形式。在重量分析法中，对沉淀形式有如下的要求：

（1）所形成沉淀的溶解度要小，使被测离子完全析出，析出沉淀后溶液中存留的被测离子浓度小于 $10^{-5}\,mol/L$。

（2）沉淀要纯净，容易洗涤和过滤。

（3）进行烘干或灼烧，使其容易转化为称量形式。

二、称量形式

称量形式是用分析天平进行称量的物质的存在形式，其质量必须通过恒重来确定。恒重是指两次干燥处理后，两次称量的质量差不得超过一定的允许误差，一般以不超过分析天平的称量误差（0.2mg）为准。在重量分析法中，对称量形式有如下的要求：

（1）称量形式必须有固定的化学组成，便于进行组分含量的计算。

（2）在空气中稳定，不与空气中的氧气或二氧化碳等反应。

（3）摩尔质量尽量大一些，以减小称量误差。

在沉淀法中，称量形式与沉淀形式可以相同，也可以不同，例如 $BaCO_3$ 重量法测定中：

$Ba^{2+} \rightarrow$ 稀 $H_2SO_4 \rightarrow BaSO_4$（沉淀形式）$\rightarrow$ 过滤 $\rightarrow$ 洗涤 $\rightarrow$ 烘干、灼烧 $\rightarrow BaSO_4$（称量形式）

可见，在测定中沉淀形式与称量形式相同。

再如，$CaCO_3$ 重量法测定中：

$Ca^{2+} \rightarrow H_2C_2O_4 \rightarrow CaC_2O_4$（沉淀形式）$\rightarrow$ 过滤 $\rightarrow$ 洗涤 $\rightarrow$ 烘干、灼烧 $\rightarrow CaO$（称量形式）

可见，在测定中沉淀形式与称量形式是不同的。

> ❓ **想一想**　称量形式的恒重要求是什么？

知识点二　沉淀滴定法

以沉淀反应为基础的滴定分析方法称为沉淀滴定法。目前常用的沉淀滴定法有莫尔法、佛尔哈德法、法扬斯法等。

一、莫尔法

以 K_2CrO_4 作指示剂，在中性或弱碱性溶液中（pH 为 6.5～10.5），用 $AgNO_3$ 标准溶液直接滴定 Cl^-、Br^- 等离子。以测定 Cl^- 为例进行介绍。

1. 水中 Cl^- 含量的测定原理

滴定反应为：　　$Ag^+ + Cl^- \Longrightarrow AgCl \downarrow$（白色）　$K_{sp}^{\ominus} = 1.77 \times 10^{-10}$

指示剂反应为：$2Ag^+ + CrO_4^{2-} \Longrightarrow Ag_2CrO_4 \downarrow$（砖红色）　$K_{sp}^{\ominus} = 1.12 \times 10^{-12}$

根据分步沉淀原理，由于氯化银的溶解度（$8.72 \times 10^{-8}\,mol/L$）小于铬酸银的溶解度（$3.94 \times 10^{-7}\,mol/L$），滴定过程中首先析出 AgCl 沉淀，到达化学计量点后，稍过量的滴定剂 $AgNO_3$ 与指示剂 K_2CrO_4 反应，生成砖红色的 Ag_2CrO_4 沉淀，指示滴定终点到达。

2. 滴定条件

（1）指示剂用量　指示剂 K_2CrO_4 的用量适当，一般常用 CrO_4^{2-} 的浓度为 $5.0 \times$

10^{-3} mol/L，加得太多或太少都会造成较大误差。

（2）溶液的酸度　所需的适宜酸度条件为中性或弱碱性，pH 值控制在 6.5～10.5 为宜。酸性太强，使 Ag_2CrO_4 沉淀出现过迟，甚至不生成沉淀；碱性过强，会有 Ag_2O 沉淀生成。另外，滴定时溶液中不能含有氨分子或 CN^- 等与 Ag^+ 形成配合物的配位体存在，以免生成配合物使 AgCl 沉淀溶解度增大。

（3）滴定时应剧烈摇动　减少生成 AgCl 沉淀对溶液中 Cl^- 的吸附，避免造成终点提前。

（4）干扰离子　凡能与 Ag^+ 生成沉淀或配合物的阴离子，如 PO_4^{3-}、AsO_4^{3-}、SO_3^{2-}、S^{2-}、CO_3^{2-}、$C_2O_4^{2-}$ 等，或能与 CrO_4^{2-} 生成沉淀的阳离子，如 Ba^{2+}、Pb^{2+} 等，都干扰滴定。应将它们预先进行分离，防止干扰测定或影响滴定终点观察。

3. 操作内容

（1）$c(AgNO_3)=0.1$ mol/L 的 $AgNO_3$ 标准溶液的配制与标定　非基准试剂 $AgNO_3$ 中常含有杂质，需先配成近似浓度溶液后，用基准物质 NaCl 标定。

称取 8.5g $AgNO_3$，溶于 500mL 不含 Cl^- 的蒸馏水中，贮存于带玻璃塞的棕色试剂瓶中，摇匀，置于暗处，待标定。

准确称取基准试剂 NaCl 0.12～0.15g，放于锥形瓶中，加 50mL 不含 Cl^- 的蒸馏水溶解，加 K_2CrO_4 指示液（5% K_2CrO_4 溶液：称取 5g 铬酸钾溶于少量水中，滴加 $AgNO_3$ 至有红色沉淀生成，混匀，放置过夜后过滤，将滤液定容于 100mL 容量瓶中）1mL，在充分摇动下，用配好的 $AgNO_3$ 标准滴定溶液滴定至溶液呈微红色即为终点。记录消耗 $AgNO_3$ 标准滴定溶液的体积，平行测定三次。

$$c(AgNO_3)=\frac{m(NaCl)}{M(NaCl)V(AgNO_3)}$$

（2）水中 Cl^- 的测定　准确吸取水试样 100.00mL，放于锥形瓶中，加入 K_2CrO_4 指示液 2mL，在充分摇动下，以 $c(AgNO_3)=0.1$ mol/L 的 $AgNO_3$ 标准滴定溶液滴定至溶液呈微红色即为终点。记录消耗 $AgNO_3$ 标准滴定溶液的体积。平行测定三次。

$$\rho(Cl^-)=\frac{c(AgNO_3)V(AgNO_3)M(Cl^-)}{V_{水样}}\times 1000$$

式中，$\rho(Cl^-)$ 为水样中氯的质量浓度，mg/L。

4. 注意事项

（1）配制 $AgNO_3$ 标准滴定溶液的蒸馏水应无 Cl^-，否则配成 $AgNO_3$ 溶液会出现白色沉淀，不能使用。

（2）实验完毕后，盛装 $AgNO_3$ 溶液的滴定管应先用蒸馏水洗涤 2～3 次后，再用自来水洗净，以免 AgCl 沉淀残留于滴定管内壁。

二、佛尔哈德法

在酸性介质中，以铁铵矾 $[NH_4Fe(SO_4)_2 \cdot 12H_2O]$ 作指示剂，用 KSCN 或 NH_4SCN 为标准溶液滴定 Ag^+。根据滴定方式不同，佛尔哈德法可分为直接滴定法和返滴定法。

1. 直接滴定法测定 Ag^+

以硝酸为介质，以铁铵矾作指示剂，用 NH_4SCN 标准溶液滴定 Ag^+，产生 AgSCN 沉淀。在化学计量点时，稍微过量的 SCN^- 便与指示剂 Fe^{3+} 生成 $[Fe(SCN)]^{2+}$ 红色配离子，指示滴定终点。其反应为：

滴定反应为：$Ag^+ + SCN^- \Longrightarrow AgSCN\downarrow$　　　$K_{sp}^{\ominus} = 1.0 \times 10^{-12}$

（白色）

指示剂反应为：$Fe^{3+} + SCN^- \Longrightarrow [Fe(SCN)]^{2+}$　　　$K_{稳}^{\ominus} = 1.4 \times 10^2$

（红色）

指示剂的用量为 $[SCN^-] = 6.0 \times 10^{-5} \text{mol/L}$，溶液中 $[H^+]$ 一般控制在 $0.1 \sim 1 \text{mol/L}$。

AgSCN 要吸附溶液中的 Ag^+，所以在滴定时必须剧烈振荡，避免指示剂过早显色，增大测定误差。若酸性太低，Fe^{3+} 将水解，生成棕色的 $Fe(OH)_3$ 沉淀，影响终点的观察并引入滴定误差。

2. 返滴定法测定卤素离子和 SCN$^-$

在含有卤素离子的硝酸溶液中，加入一定量过量的 $AgNO_3$，以铁铵矾为指示剂，用 NH_4SCN 标准溶液回滴剩余的 $AgNO_3$。例如，滴定 Cl^- 时的主要反应：

$$Ag^+（过量）+ Cl^- \Longrightarrow AgCl\downarrow　　　K_{sp}^{\ominus} = 1.77 \times 10^{-10}$$

$$Ag^+（剩余）+ SCN^- \Longrightarrow AgSCN\downarrow　　　K_{sp}^{\ominus} = 1.0 \times 10^{-12}$$

$$Fe^{3+} + SCN^- \Longrightarrow [Fe(SCN)]^{2+}　　　K = 200$$

（红色）

当过量一滴 SCN^- 溶液时，Fe^{3+} 便与 SCN^- 反应生成红色的 $[Fe(SCN)]^{2+}$ 指示滴定终点。由于 AgSCN 的溶解度小于 AgCl，加入过量 SCN^- 时，会将 AgCl 沉淀转化为 AgSCN 沉淀使分析结果产生较大误差。

$$AgCl + SCN^- \Longrightarrow AgSCN + Cl^-$$

为了避免上述情况的发生，通常采用下列措施：

（1）当加入过量 $AgNO_3$ 溶液后，立即加热煮沸试液，使 AgCl 沉淀凝聚，以减少对 Ag^+ 的吸附。过滤后，再用稀 HNO_3 溶液洗涤沉淀，并将洗涤液并入滤液中，用 NH_4SCN 标准溶液返滴定滤液中过的 $AgNO_3$。

（2）在滴定前，先加入硝基苯（有毒！），使 AgCl 进入硝基苯层而与滴定溶液隔离。由于 AgBr、AgI 的溶度积均比 AgSCN 的小，不会发生沉淀转化反应，所以用返滴定法测定溴化物、碘化物时，可在 AgBr 或 AgI 沉淀存在下进行返滴定。但要注意，Fe^{3+} 能将 I^- 氧化成 I_2。因此在测定 I^- 时，必须先加 $AgNO_3$ 溶液后再加指示剂，否则会发生如下反应影响测定结果的准确度。

$$2Fe^{3+} + 2I^- \Longrightarrow 2Fe^{2+} + I_2$$

佛尔哈德法的滴定是在 HNO_3 介质中进行，因此有些弱酸阴离子如 PO_4^{3-}、AsO_4^{3-}、$C_2O_4^{2-}$ 等不会干扰卤素离子的测定。

三、法扬斯法

1. 测定原理

法扬斯法是一种用硝酸银作标准滴定溶液，以吸附指示剂确定滴定终点的银量法。吸附指示剂是一类有机染料，其阴离子在溶液中易被带正电荷的胶状沉淀吸附，吸附后其结构改变，从而引起颜色的变化，指示滴定终点的到达。

现以 $AgNO_3$ 标准溶液滴定 Cl^- 为例，说明指示剂荧光黄的作用原理。

荧光黄是一种有机弱酸，用 HFI 表示，在水溶液中可离解为荧光黄阴离子 FI^-，呈黄绿色：

$$HFI \rightleftharpoons FI^- + H^+$$

在化学计量点前，生成的 AgCl 沉淀在过量的 Cl^- 溶液中吸附 Cl^- 而带负电荷，形成的 $(AgCl) \cdot Cl^-$ 不吸附指示剂阴离子 FI^-，溶液呈黄绿色。到达化学计量点时，微过量的 $AgNO_3$ 可使 AgCl 沉淀吸附 Ag^+ 形成 $(AgCl) \cdot Ag^+$ 而带正电荷，此带正电荷的 $(AgCl) \cdot Ag^+$ 吸附荧光黄阴离子 FI^-，其结构发生变化呈粉红色，整个溶液由黄绿色变成粉红色，指示终点的到达。

$$(AgCl) \cdot Ag^+ + FI^- \rightleftharpoons (AgCl) \cdot Ag \cdot FI$$
$$\text{（黄绿色）} \qquad \text{（粉红色）}$$

2. 吸附指示剂使用的注意事项

为了使终点变色敏锐，应用吸附指示剂时需要注意以下几点。

（1）保持沉淀呈胶体状态 由于吸附指示剂的颜色变化发生在沉淀微粒表面上，因此，应尽可能使卤化银沉淀呈胶体状态，具有较大的表面积。为此，在滴定前应将溶液稀释，并加入糊精或淀粉等高分子化合物作为保护剂，防止卤化银沉淀、凝聚。

（2）控制溶液酸度 常用的吸附指示剂大多是有机弱酸，起指示作用的是其阴离子。溶液酸度大时，H^+ 与阴离子结合成不被吸附的指示剂分子，无法指示终点。溶液酸度的大小与指示剂的解离常数有关，指示剂解离常数大，溶液酸度大。例如，荧光黄的 $pK_a \approx 7$，适于在 pH＝7～10 的条件下进行滴定；若 pH＜7，荧光黄主要以 HFI 形式存在，不被吸附。

（3）避免强光照射 卤化银沉淀对光敏感，易分解析出银使沉淀为灰黑色，影响滴定终点的观察，因此在滴定过程中应避免强光照射。

（4）选择适合的吸附指示剂 沉淀胶体微粒对指示剂离子的吸附能力，应略小于对待测离子的吸附能力，否则指示剂在化学计量点前变色；但不能太小，否则终点出现过迟。卤化银对卤化物和几种吸附指示剂吸附能力的次序如下：

$$I^- > SCN^- > Br^- > 曙红 > Cl^- > 荧光黄$$

因此，滴定 Cl^- 不能选曙红作指示剂，而应选荧光黄。

在沉淀滴定的三种方法中，莫尔法比较简单、常用，现将三种滴定分析方法列表比较，见表 5-2。

表 5-2 莫尔法、佛尔哈德法和法扬斯法的比较

项目	莫尔法	佛尔哈德法	法扬斯法
指示剂	K_2CrO_4	Fe^{3+}	吸附指示剂
滴定剂	$AgNO_3$	SCN^-	Cl^- 或 $AgNO_3$
滴定反应	$Ag^+ + Cl^- \rightleftharpoons AgCl \downarrow$	$Ag^+ + SCN^- \rightleftharpoons AgSCN \downarrow$	$Ag^+ + Cl^- \rightleftharpoons AgCl \downarrow$
指示反应	$2Ag^+ + CrO_4^{2-} \rightleftharpoons Ag_2CrO_4 \downarrow$ （砖红色）	$Fe^{3+} + SCN^- \rightleftharpoons [Fe(SCN)]^{2+}$ （红色）	$(AgCl) \cdot Ag^+ + FI^- \rightleftharpoons (AgCl) \cdot Ag \cdot FI$ （黄绿色）　　　　　（粉红色）

项目	莫尔法	佛尔哈德法	法扬斯法
酸度	pH＝6.5～10.5	0.1～1mol/L HNO₃ 介质	与指示剂的 pK_a 大小有关,使其以 FI⁻型体存在
滴定对象	Cl^-、CN^-、Br^-	直接滴定法测 Ag^+;返滴定法测 Cl^-、Br^-、I^-、SCN^-、PO_4^{3-} 和 AsO_4^{3-} 等	Cl^-、Br^-、SCN^-、SO_4^{2-} 和 Ag^+ 等

✎ 学习检测

1. 用莫尔法测定生理盐水中 NaCl 含量。准确量取生理盐水 10.00mL,加入 K_2CrO_4 指示剂 0.5～1mL,以 0.1045mol/L $AgNO_3$ 标准溶液滴定至砖红色,共用去 14.58mL。计算生理盐水中 NaCl 的含量(g/mL)。

2. 将 40.00mL 0.1020mol/L 的 $AgNO_3$ 溶液加到 25.00mL $BaCl_2$ 溶液中,剩余的 $AgNO_3$ 溶液,需用 15.00mL 0.09800mol/L 的 NH_4SCN 溶液返滴定,问 25.00mL $BaCl_2$ 溶液中 $BaCl_2$ 的质量为多少?

✖ 任务实施

1. 见工作任务五:水中 Cl^- 含量的测定。

2. 设计方案并实施:将实验室中水壶里的水垢除去。

模块六
氧化还原反应及氧化还原滴定

情境描述

　　近期某工业园区的污水处理厂处理后的废水直排指标COD不达标，经过车间技术人员检查发现为二次处理工艺中用的预氧化液氧化效果变差，现委派技术员小王解决该项问题。为了顺利完成任务，小王对氧化还原反应相关的知识进行学习，并进行实验分析对比，寻找合适的预氧化液。

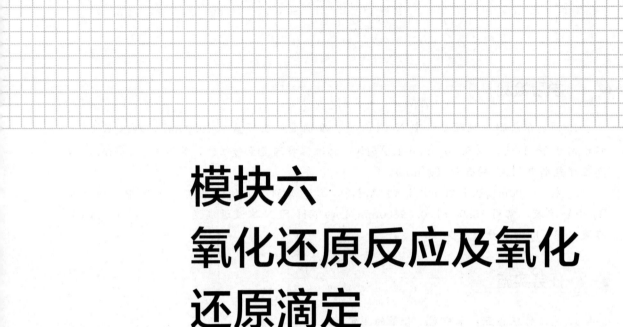

单元一　氧化还原反应

 课前读吧

著名科学家法拉第出生在一个很贫苦的铁匠家庭里，他只读过两年书，然而他却凭借着自己坚韧不拔的毅力，一边给英国著名化学家戴维当学徒，一边利用所有的空闲时间读大量的科学著作。通过他自己的不断努力，提出了著名的法拉第电解定律，奠定了电解、电镀等化学工业的理论基础，成为联系物理学和化学的桥梁。

学习目标

知识目标：① 说出氧化还原反应的定义及判断依据；
　　　　　　② 说出氧化数、氧化剂、还原剂的定义；
　　　　　　③ 解释氧化还原反应方程式配平方法。
技能目标：① 能够判断氧化剂、还原剂；
　　　　　　② 能够完成氧化还原反应方程式的配平。
素养目标：① 养成科学严谨、实事求是的态度；
　　　　　　② 具有交流、合作的意识。

学习导入

1. $CaO+CO_2 = CaCO_3$，$2H_2+O_2 = 2H_2O$，这两个反应有什么区别呢？
2. 化学方程式的化学计量数都是1吗？方程式的化学计量数是如何确定的呢？

知识链接

知识点一　氧化剂与还原剂

一、氧化还原反应

（1）氧化数　又称氧化值，在单质或化合物中，假设把每个化学键中的电子指定给所连接的两原子中电负性较大的一个原子，这样所得的某元素一个原子的电荷数就是该元素的氧化数。单质氧化数为0。

（2）氧化还原反应　化学反应前后，元素的氧化数有变化的一类反应称作氧化还原反应。

氧化还原反应实质：电子的转移（或偏移）。

[例 6-1] 计算 $K_2Cr_2O_7$ 中 Cr 的氧化数。

解： 设在 $K_2Cr_2O_7$ 中 Cr 氧化数为 x，已知氧的氧化数为 -2，K 的氧化数为 $+1$，则

$$(+1)\times 2 + 2x + (-2)\times 7 = 0$$

解得：$x = +6$

> ❓ **练一练** 计算 NH_4NO_3 中 N 的氧化数。

二、氧化剂与还原剂

氧化还原反应是电子转移的反应，在反应过程中伴有电子的得与失，得电子从而使元素氧化数降低的过程称为还原，失电子从而使元素氧化数升高的过程称为氧化。

（1）氧化剂　氧化还原反应中得到电子的物质称为氧化剂。

（2）还原剂　氧化还原反应中失去电子的物质称为还原剂。

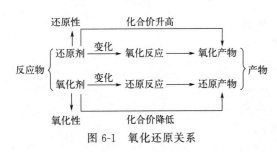

图 6-1　氧化还原关系

例如：在 $Fe + Cu^{2+} \longequal Fe^{2+} + Cu$ 中，金属 Fe 失去 2 个电子，Fe 元素的氧化数从 0 升高到 $+2$，故金属 Fe 发生氧化反应，作为还原剂，具有还原性；Cu^{2+} 得到 2 个电子，Cu 元素的氧化数从 $+2$ 降低到 0，故金属 Cu^{2+} 发生还原反应，作为氧化剂，具有氧化性。这种氧化还原关系如图 6-1 所示。

知识点二　氧化还原反应方程式的配平

氧化还原反应方程式一般比较复杂，用直观法往往不易配平，最常用的方法有氧化数法和离子-电子法。

一、氧化数法

配平原则：根据氧化剂中元素氧化数降低的总值与还原剂中元素氧化数升高的总值相等的原则，确定氧化剂和还原剂的系数，以配平氧化数有变化的元素的原子，再根据原子守恒配平氧化数没有变化的元素的原子，最后配平氢原子，并确定参加反应水的分子数，如果是离子反应需要配电荷守恒。

以 Zn 与稀 HNO_3 反应为例，配平的步骤如下：

（1）写出反应物和生成物的化学式。

$$Zn + HNO_3 \longrightarrow Zn(NO_3)_2 + NO\uparrow + H_2O$$

（2）标出氧化数有变化的元素，并求出反应前后氧化剂中元素氧化数降低值和还原剂中元素氧化数升高值。

$$\overset{(-3)}{\overbrace{Zn+HNO_3 \longrightarrow Zn(NO_3)_2+NO\uparrow+H_2O}}$$

（3）得失电子守恒，调整系数，使氧化数升高和降低的数值相等。

根据氧化数升高和降低的数值必须相等的原则，在有关化学式的前面各乘以相应的系数。

$$\overset{(-3)\times2}{\overbrace{Zn+HNO_3 \longrightarrow Zn(NO_3)_2+NO\uparrow+H_2O}}$$

即：
$$3Zn+2HNO_3 \longrightarrow 3Zn(NO_3)_2+2NO\uparrow+H_2O$$

（4）利用原子守恒配平反应前后氧化数未发生变化的原子数，一般用观察法。

生成物中除 2 个 NO 分子外，尚有 6 个 NO_3^- 离子，需在左边再加上 6 个 HNO_3 分子。这样方程左边有 8 个 H 原子，右边可生成 $4H_2O$ 分子，得到方程式：

$$3Zn+8HNO_3 \Longrightarrow 3Zn(NO_3)_2+2NO\uparrow+4H_2O$$

（5）检查。核对方程式两边的氧原子数都是 24，各原子数反应前后相同，此时方程式已配平。

❓ 练一练 配平方程式：$Cl_2+KOH \longrightarrow KCl+KClO_3+H_2O$

二、离子-电子法

离子-电子法配平氧化还原反应方程式的原则：

（1）还原半反应和氧化半反应得失电子总数必须相等；

（2）反应前后各元素的原子总数必须相等。

下面以 MnO_4^- 在酸性介质中氧化 $C_2O_4^{2-}$ 的反应为例，说明离子-电子法配平的具体步骤：

第一步 根据客观事实或反应规律，写出没有配平的离子反应式：
$$MnO_4^- +C_2O_4^{2-} \longrightarrow Mn^{2+}+CO_2\uparrow$$

第二步 将离子反应式拆为两个半反应式：
$$C_2O_4^{2-} \longrightarrow CO_2\uparrow \quad 氧化反应$$
$$MnO_4^- \longrightarrow Mn^{2+} \quad 还原反应$$

第三步 使每个半反应式左右两边的原子数相等。

对于 $C_2O_4^{2-}$ 被氧化的半反应式，必须有 $C_2O_4^{2-}$ 被氧化为 $2CO_2$。
$$C_2O_4^{2-} \longrightarrow 2CO_2\uparrow$$

对于 MnO_4^- 被还原的半反应式，左边多 4 个 O 原子。由于反应是在酸性介质中进行的，为此可在半反应式的左边加上 8 个 H^+，生成 $4H_2O$。
$$MnO_4^- +8H^+ \longrightarrow Mn^{2+}+4H_2O$$

第四步 根据反应式两边不但原子数要相等，而且电荷数也要相等的原则，在半反应式左边或右边加减若干个电子，使两边的电荷数相等。

$$MnO_4^- + 8H^+ + 5e \Longrightarrow Mn^{2+} + 4H_2O$$

$$C_2O_4^{2-} - 2e \Longrightarrow 2CO_2 \uparrow$$

第五步　根据得失电子总数必须相等的原则，将两式分别乘以适当系数；再将两个半反应式相加，整理并核对方程式两边的原子数和电荷数，就得到配平的离子反应方程式：

$$2\times \quad MnO_4^- + 8H^+ + 5e \Longrightarrow Mn^{2+} + 4H_2O$$

$$+ \quad 5\times \quad C_2O_4^{2-} - 2e \Longrightarrow 2CO_2 \uparrow$$

$$\overline{2MnO_4^- + 16H^+ + 5C_2O_4^{2-} \Longrightarrow 2Mn^{2+} + 8H_2O + 10CO_2 \uparrow}$$

最后，也可根据要求将离子反应方程式改写为化学反应方程式。

$$2KMnO_4 + 8H_2SO_4 + 5Na_2C_2O_4 \Longrightarrow 2MnSO_4 + 8H_2O + 10CO_2 \uparrow + K_2SO_4 + 5Na_2SO_4$$

可见，在离子-电子法配平离子方程式时，如果半反应式两边的氧原子数目不等，可以根据反应进行的介质酸碱性条件，分别在两边添加适当数目的 H^+、OH^- 或 H_2O，使反应式两边的 O 原子数目相等。但是要注意，在酸性介质条件下，方程式两边不应出现 OH^-；在碱性介质条件下，方程式两边不应出现 H^+。

 学习检测

1. 判断下列化学反应中的氧化剂和还原剂。

① $Fe + CuSO_4 \Longrightarrow Cu + FeSO_4$

② $MnO_2 + 4HCl \Longrightarrow MnCl_2 + 2H_2O + Cl_2 \uparrow$

③ $3Cl_2 + 6NaOH \Longrightarrow 5NaCl + NaClO_3 + 3H_2O$

④ $2Na_2O_2 + 2H_2O \Longrightarrow 4NaOH + O_2 \uparrow$

⑤ $2H_2S + SO_2 \Longrightarrow 3S + 2H_2O$

2. 配平化学反应方程式。

① $KMnO_4 + HCl \longrightarrow MnCl_2 + Cl_2 \uparrow + KCl + H_2O$

② $Zn + ClO^- + OH^- \longrightarrow [Zn(OH)_4]^{2-} + Cl^-$

③ $S + KOH \longrightarrow K_2S + K_2SO_3 + H_2O$

④ $ClO^- + Cl^- + H^+ \longrightarrow Cl_2 \uparrow + H_2O$

⑤ $Cr_2O_7^{2-} + Fe^{2+} + (\quad\quad) \longrightarrow Cr^{3+} + Fe^{3+} + H_2O$

单元二　电极电势

课前读吧

能斯特是德国卓越的物理学家和化学家。他在大学主要研究物理学的同时接触到了当时新兴的学科——物理化学，并对该学科产生浓厚兴趣。在朋友的介绍下他认识了物理化学学科的奥斯特瓦尔德教授，他非常珍惜此次机会，特别是在教授建立实验室遇到繁重的任务时，能斯特不畏困难，忘我工作，帮着完成了有关物理化学的这部分工作内容。他专心研究，于 1889 年研究出了著名的能斯特方程并沿用至今。

学习目标

知识目标：① 明确原电池的形成条件及反应原理；
　　　　　② 归纳电池的表示方法；
　　　　　③ 说出原电池的电动势和电极电势的概念。
技能目标：① 能够书写电极反应式；
　　　　　② 能够书写电池表达式；
　　　　　③ 能够计算原电池的标准电动势 $E^{\ominus}$。
素养目标：① 养成尊重科学，实事求是的思想；
　　　　　② 提升理论联系实际的能力。

学习导入

1. 什么是原电池？生活中有哪些你知道的原电池？
2. 原电池组成部分有哪些？

知识链接

知识点一　原电池及其表示方法

一、原电池

（1）定义　能将化学能转变为电能的装置，称为原电池（简称电池）。
（2）形成条件　①活泼性不同的两个电极；②电解质溶液；③形成闭合回路。

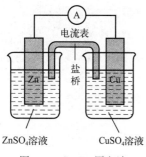

电流表

盐桥

Zn

Cu

ZnSO₄溶液　　　　CuSO₄溶液

图 6-2　Cu-Zn 原电池

（3）原理　如图 6-2 所示，在两个分别装有 $ZnSO_4$ 和 $CuSO_4$ 溶液的烧杯中，分别插入金属 Zn 和金属 Cu，并用一个盐桥（常用琼脂与 KCl 饱和溶液制成胶冻的 U 形管）连通起来。用一个电流计（A）将两个金属连接起来后可以观察到：电流计指针发生了偏移，说明有电流产生。Cu 片上有 Cu 不断沉积，Zn 片不断溶解。

反应中，Zn 失去电子为还原剂，而 Cu^{2+} 得到电子为氧化剂。

$$Zn(s)-2e\!=\!=\!Zn^{2+}(aq)（氧化反应）$$
$$Cu^{2+}(aq)+2e\!=\!=\!Cu(s)（还原反应）$$

在原电池中，电子流出的电极称为负极，负极上发生氧化反应；电子流入的电极称为正极，正极上发生还原反应。电极上发生的反应称为电极反应，两个电极反应的和为电池反应。

以 Cu-Zn 原电池为例：

	负极（Zn）：	$Zn(s)-2e\!=\!=\!Zn^{2+}(aq)$	氧化反应
＋	正极（Cu）：	$Cu^{2+}(aq)+2e\!=\!=\!Cu(s)$	还原反应
电池反应		$Zn(s)+Cu^{2+}(aq)\!=\!=\!Zn^{2+}(aq)+Cu(s)$	

二、原电池的表示方法

为了方便书写原电池，常常简写。简写的顺序为：（－）负极电极—负极电解质溶液—盐桥—正极电解质溶液—正极电极（＋）。当参加电极反应的物质不能传导电子时，需用惰性电极，一般用铂电极或石墨电极。两相接触界面用"｜"表示，用"‖"表示盐桥，c 表示溶液的浓度，当浓度为 $c^{\ominus}=1mol/L$ 时，可不必写出。如有气体物质，则应标出其分压 p。

这样，Cu-Zn 原电池就可以表示为：

$$(-)Zn\,|\,ZnSO_4(c_1)\,\|\,CuSO_4(c_2)\,|\,Cu(+)$$

[例 6-2]　将下列氧化还原反应设计成原电池，并写出它的原电池符号。

$$Fe+2H^+(c^{\ominus})=Fe^{2+}(0.10mol/L)+H_2(p^{\ominus})$$

解：负极：$Fe-2e\!=\!=\!Fe^{2+}(0.10mol/L)$

正极：$2H^+(c^{\ominus})+2e\!=\!=\!H_2(g)$

原电池符号为：$(-)Fe\,|\,Fe^{2+}(0.10mol/L)\,\|\,H^+(c^{\ominus})\,|\,H_2(p^{\ominus})\,|\,Pt(+)$

❓ **练一练**　银锌电池：（负极 Zn，正极 Ag_2O，电解液 NaOH），总反应化学方程式：$Zn+Ag_2O\!=\!=\!ZnO+2Ag$，分别写出负极、正极和它的原电池符号。

知识点二　电极电势和电动势

一、电极电势

1. 标准电极电势的确定

电极电势可以用来衡量氧化剂和还原剂的相对强弱，判断氧化还原反应自发进行的方向、程度，因此，它是一个非常重要的物理量。但是，迄今为止，人们尚无法测定或从理论上计算出单个电极的电极电势的绝对值，而只能测得由两个电极组成电池的电动势。如果规定某一种电极作为标准电极，其他电极都同它作比较，就可测得电极电势的相对大小。

标准电极电势是指在一定温度下（通常为298.15K），氧化还原半反应中各组分都处于标准状态时的电极电势。

（1）标准氢电极　将镀有铂黑的铂片（镀铂黑的目的是增加电极表面积，促进对气体的吸附，有利于与溶液达到平衡）浸入酸溶液中$[c(H^+)=1mol/L]$，在298.15K时，通入纯净H_2并不断拍打铂片，保持$p(H_2)$为101.3kPa，使铂黑电极上吸附氢气达到饱和，如图6-3所示。此时，反应$H_2(g)-2e \rightleftharpoons 2H^+(aq)$处于平衡状态。若以$\varphi^\ominus$表示标准电极电势，规定标准氢电极的电极电势为零，即$\varphi^\ominus_{H^+/H_2}=0$。将标准氢电极与其他各种标准状态下的电极组成原电池，规定标准氢电极在左边。$E^\ominus=\varphi^\ominus_正-\varphi^\ominus_负=\varphi^\ominus_右-\varphi^\ominus_左=\varphi^\ominus_右$，因此，在标准状态下测得的上述电池的标准电动势就是给定电极的标准电极电势$\varphi^\ominus$。由于此给定电极发生还原反应，所以又称为该电极的还原电极电势。若给定电极实际发生氧化反应，则$\varphi^\ominus$为负值，说明该电极发生还原反应的趋势小于标准氢电极。例如，铜半电池与标准氢电极组成原电池：

$$(-)Pt|H_2(p)|H^+(c=1mol/L)\|Cu^{2+}(c)|Cu(+)$$

实际测得该电池的标准电动势$E^\ominus$为0.345V，故$\varphi^\ominus_{Cu^{2+}/Cu}=0.345V$。

当标准锌电极与标准氢电极组成电池时，实测标准电动势为0.762V，但实际上标准氢电极为正极，标准锌电极为负极，故$\varphi^\ominus_{Zn^{2+}/Zn}=-0.762V$。

优点：氢电极的电极电势随温度变化小；缺点：标准氢电极要求H_2纯度高、压力稳定，而铂在溶液中易吸附其他组分而中毒失去活性。

（2）参比电极　在实际工作中常用制备容易、使用方便、电极电势稳定的甘汞电极、银-氯化银电极等代替标准氢电极作为参比标准进行测定，这类电极称为参比电极。

① 甘汞电极。甘汞电极的构造如图6-4所示，内玻璃管中封接一根铂丝作导体，铂丝插入厚度为0.5~1cm的纯Hg中，下置一层Hg_2Cl_2（甘汞）和Hg的混合糊状物，外玻璃管中装入KCl溶液，电极下端与待测溶液接触的部分是熔结陶瓷芯或玻璃砂芯类多孔物质。

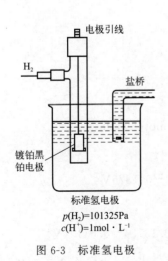

图6-3　标准氢电极

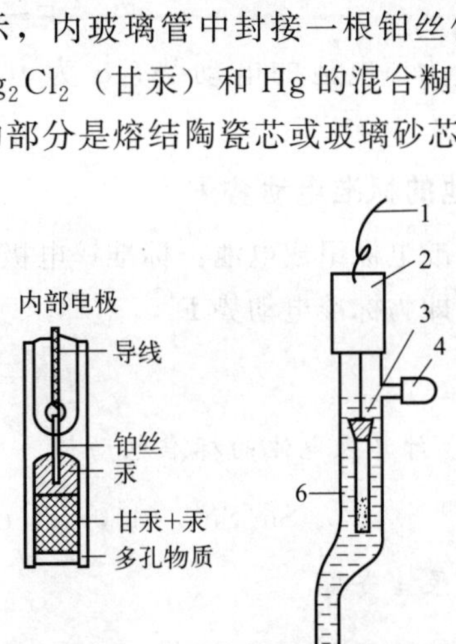

$p(H_2)=101325Pa$
$c(H^+)=1mol\cdot L^{-1}$

图6-4　甘汞电极

1—导线；2—绝缘体；3—内部电极；
4—橡胶帽；5—多孔物质；6—饱和 KCl

甘汞电极的电极符号可以写为：$Hg | Hg_2Cl_2(s) | KCl(aq)$

其电极反应：$Hg_2Cl_2(s) + 2e \Longrightarrow 2Hg(l) + 2Cl^-(aq)$

常用饱和甘汞电极（KCl溶液为饱和溶液）或者 Cl^- 浓度分别为 $1mol/L$、$0.1mol/L$ 的甘汞电极作参比电极。在 $298.15K$ 时，它们的电极电势分别为 $+0.2445V$、$+0.2830V$ 和 $+0.3356V$。

② 银-氯化银电极。在银丝表面镀上一层 $AgCl$，浸在一定浓度的 KCl 溶液中，即构成银-氯化银电极，其电极符号可以写为：$Ag | AgCl(s) | KCl(aq)$。

其电极反应为：$\qquad AgCl(s) + e \Longrightarrow Ag(s) + Cl^-(aq)$

与甘汞电极相似，银-氯化银电极的电极电势也取决于内参比 KCl 溶液的浓度。在 $298.15K$ 时，KCl 溶液为饱和溶液或 Cl^- 浓度为 $1mol/L$ 的银-氯化银电极的电极电势分别为 $+0.2000V$ 和 $+0.2223V$。

2. 条件电极电势

条件电极电势（$\varphi_{In}^{\ominus\prime}$）是在特定条件下，氧化态与还原态的分析浓度均为 $1mol/L$ 时，校正了各种外界因素影响后的实际电极电位，条件一定时为一常数。

从条件电极电位的定义式可以看出，条件电极电位的大小不仅与标准电极电位有关，还与活度系数和副反应系数有关，因而条件电极电位除受温度的影响外，还要受到溶液中离子强度、酸度和配位剂浓度等其他因素的影响，只有在条件一定时才是常数。

二、电动势

1. 原电池的电动势 E

电池的电动势是表明电池的两电极之间的电势差，所以电池电动势为：

$$E = \varphi_{正} - \varphi_{负}$$

式中，E 为原电池的电动势；φ 为电极电势。电池电动势可以通过精密电位差计测定。

2. 原电池的标准电动势 $E^{\ominus}$

将两个标准电极组成电池：标准锌电极 $\parallel$ 标准铜电极。

其电动势即为标准电动势 $E^{\ominus}$：

$$E^{\ominus} = \varphi_{正}^{\ominus} - \varphi_{负}^{\ominus}$$

[**例 6-3**] 计算原电池的标准电动势。

$$Sn | Sn^{2+}(1.0mol/L) \parallel Pb^{2+}(1.0mol/L) | Pb$$

解： 由附录 4 查得

$$\varphi_{Pb^{2+}/Pb}^{\ominus} = -0.1262V, \varphi_{Sn^{2+}/Sn}^{\ominus} = -0.1375V$$

原电池的电动势：

$$E^{\ominus} = \varphi_{Pb^{2+}/Pb}^{\ominus} - \varphi_{Sn^{2+}/Sn}^{\ominus} = -0.1262 - (-0.1375) = 0.0113(V)$$

标准电动势 $E^{\ominus}$ 可以通过精密电位差计测定，如果 $\varphi_{正}^{\ominus}$ 或 $\varphi_{负}^{\ominus}$ 中一个是已知的，另一个也可求。

1. 对于下列氧化还原反应：写出相应的半反应；以这些氧化还原反应设计构成原电池，写出电池符号。

① $Ag^+ + Cu \longrightarrow Cu^{2+} + Ag$

② $Pb^{2+} + Cu + S^{2-} \longrightarrow Pb + CuS\downarrow$

2. 计算 298K 时，计算下列原电池的标准电动势，并写出正、负极。

① $Ag \mid Ag^+(1.0mol/L) \parallel Cu^{2+}(1.0mol/L) \mid Cu$

② $Cu \mid Cu^{2+}(1.0mol/L) \parallel Zn^{2+}(1.0mol/L) \mid Zn$

③ $Zn \mid Zn^{2+}(1.0mol/L) \parallel HAc(1.0mol/L) \mid H_2(100kPa) \mid Pt$

单元三　氧化还原滴定

课前读吧

金耀光是著名的消毒专家，只读了三年小学，他自知根底浅，文化水平低，所以他抓住一切机会学习业务、文化知识。他经常把"笨鸟就要不停地飞"挂在嘴边。他热爱科研工作，在北京第二传染病医院工作期间，他发现消毒工作的重要性，通过不断思考、学习、求教，他研制成功了含氯消毒剂（后来被命名为84消毒液），利用次氯酸根氧化还原作用杀死细菌和病毒。在新型冠状病毒感染的大环境下，84消毒液几乎成了每个家庭必备的清洁用品。

学习目标

知识目标： ① 说出氧化还原滴定的定义；
② 归纳氧化还原滴定法及氧化还原反应指示剂的种类；
③ 明确化学需氧量的测定原理。

技能目标： ① 能够理解氧化还原滴定法和氧化还原滴定应用；
② 能够完成氧化还原滴定操作，计算化学需氧量。

素养目标： ① 养成科学严谨的学习态度；
② 提升解决实际问题的能力；
③ 具有交流、合作的意识。

学习导入

1. 什么是氧化还原反应？说出你知道的常见的氧化剂和还原剂。
2. 什么是氧化还原滴定？与中和滴定有区别吗？

知识链接

知识点一　氧化还原滴定概述

一、氧化还原滴定的定义

氧化还原滴定法是以氧化还原反应为基础的滴定分析法。它的应用范围非常广泛，可以直接或间接测定许多无机物和有机物。

依据所用的标准溶液不同，可将其分为高锰酸钾法、重铬酸钾法、碘法等。

二、氧化还原滴定的指示剂

氧化还原滴定中常用的指示剂有以下三类。

1. 自身指示剂

在氧化还原滴定中，有些标准溶液或被测的物质本身有颜色，则滴定时就无须另加指示剂。例如，以 $KMnO_4$ 标准溶液滴定 Fe^{2+}：

$$MnO_4^- + 5Fe^{2+} + 8H^+ =\!=\!= Mn^{2+} + 5Fe^{3+} + 4H_2O$$

由于 $KMnO_4$ 本身是紫红色，而 Mn^{2+} 几乎无色，所以，当滴定到化学计量点时，稍微过量的 $KMnO_4$ 就使被测溶液出现粉红色，表示到达滴定终点。实验证明，$KMnO_4$ 的浓度约为 $2\times10^{-6}\,mol/L$ 时，就可以观察到溶液的粉红色，所以滴定时无须另加指示剂。

2. 专属指示剂

有的物质本身不具有氧化性或还原性，但它能与氧化剂或还原剂作用产生特殊的颜色，从而指示滴定终点。例如可溶性淀粉与游离碘溶液反应生成蓝色配合物。当 I_2 被还原为 I^- 时蓝色消失，反应极为灵敏，当 I_2 的浓度为 $2\times10^{-6}\,mol/L$ 时即能看到蓝色，因而淀粉是碘量法的专属指示剂。

3. 氧化还原指示剂

这类指示剂是本身具有氧化还原性的有机化合物，在氧化还原滴定过程中能发生氧化还原反应，它的氧化态和还原态具有不同的颜色，因而可指示氧化还原滴定终点。

必须注意，在选择指示剂时，应使氧化还原指示剂的条件电极电位尽量与反应的化学计量点的电位相一致，以减小滴定终点的误差。指示剂不同，其 $\varphi_{In}^{\ominus\prime}$ 不同，同一种指示剂在不同的介质中，其 $\varphi_{In}^{\ominus\prime}$ 也不同。表 6-1 列出一些氧化还原指示剂的条件电极电位。

表 6-1　一些氧化还原指示剂的 $\varphi_{In}^{\ominus\prime}$ 及颜色变化

指示剂	$\varphi_{In}^{\ominus\prime}/V$ $[H^+]=1mol/L$	颜色变化	
		氧化态	还原态
次甲基蓝	0.36	蓝色	无色
二苯胺	0.76	紫色	无色
二苯胺磺酸钠	0.84	紫红色	无色
邻苯氨基苯甲酸	0.89	紫红色	无色
邻二氮菲-亚铁	1.06	浅蓝色	红色
硝基邻二氮菲-亚铁	1.25	浅蓝色	紫红色

例如，用 K_2CrO_7 溶液滴定 Fe^{2+}，以二苯胺磺酸钠为指示剂，则滴定到化学计量点时，稍微过量的 K_2CrO_7 溶液就可以使二苯胺磺酸钠由无色的还原态氧化为紫红色的氧化态，以指示滴定终点。

知识点二　氧化还原滴定法

一、高锰酸钾法

1. 滴定方法

本法以 $KMnO_4$ 标准溶液作滴定剂，$KMnO_4$ 是一种强氧化剂，它的氧化能力和还原产物与溶液的酸度有关。

① 在强酸性溶液中，$KMnO_4$ 被还原为 Mn^{2+}：

$$MnO_4^- + 8H^+ + 5e \Longrightarrow Mn^{2+} + 4H_2O \qquad \varphi_{MnO_4^-/Mn^{2+}}^{\ominus} = 151V$$

② 在弱酸性、中性或弱碱性溶液中，$KMnO_4$ 被还原为 MnO_2：

$$MnO_4^- + 2H_2O + 3e \Longrightarrow MnO_2 + 4OH^- \qquad \varphi_{MnO_4^-/MnO_2}^{\ominus} = 0.595V$$

③ 在强碱性溶液中，MnO_4^- 被还原成 MnO_4^{2-}：

$$MnO_4^- + e \Longrightarrow MnO_4^{2-} \qquad \varphi_{MnO_4^-/MnO_4^{2-}}^{\ominus} = 0.56V$$

可见，$KMnO_4$ 在强酸性溶液、中性或碱性条件下都可使用，测定无机物一般都在强酸性条件下使用。但是，碱性条件下高锰酸钾氧化有机物的反应速率比在酸性条件下快，所以用高锰酸钾法测定有机物时，大都在碱性溶液中进行。

2. 应用实例

高锰酸钾法可直接滴定许多还原性物质，如 Fe^{2+}、Sb^{3+}、W^{3+}、H_2O_2、$C_2O_4^{2-}$、NO_2^- 等；也可以通过 MnO_4^- 与 $C_2O_4^{2-}$ 的反应间接测定一些非氧化还原物质，如 Ca^{2+}、Th^{4+} 等；还可以用返滴定法测定 MnO_2 的含量等。下面主要介绍直接法测定 H_2O_2 的含量。

在酸性介质中 H_2O_2 能定量地还原 MnO_4^-，其反应式为：

$$2MnO_4^- + 5H_2O_2 + 6H^+ = 2Mn^{2+} + 5O_2\uparrow + 8H_2O$$

室温下在 H_2SO_4 介质中进行滴定，开始时反应较慢，随着 Mn^{2+} 生成，也可以先加入少量 Mn^{2+} 作催化剂，使反应速度加快。

二、重铬酸钾法

1. 滴定方法

重铬酸钾法是以重铬酸钾作为滴定剂的氧化还原滴定法。重铬酸钾在酸性溶液中具有较强的氧化性，与还原剂作用时 $K_2Cr_2O_7$ 被还原为 Cr^{3+}，其半反应和标准电极电位为：

$$Cr_2O_7^{2-} + 14H^+ + 6e \Longrightarrow 2Cr^{3+} + 7H_2O \qquad \varphi_{Cr_2O_7^{2-}/Cr^{3+}}^{\ominus} = 1.33V$$

可见 $K_2Cr_2O_7$ 是一种较强氧化剂，能测定许多具有还原性的无机物和有机物。虽然 $K_2Cr_2O_7$ 在酸性溶液中的氧化能力不如 $KMnO_4$ 强，但 $K_2Cr_2O_7$ 法与 $KMnO_4$ 法相比却具有许多优点：

① 易于提纯，可用直接法配制 $K_2Cr_2O_7$ 标准溶液；

② $K_2Cr_2O_7$ 溶液稳定，可长期保存在密闭容器中，且浓度不变；

③ $K_2Cr_2O_7$ 的氧化能力不如 $KMnO_4$ 强，所以用 $K_2Cr_2O_7$ 滴定时，可在盐酸溶液中进行，不受 Cl^- 还原作用的影响。

采用重铬酸钾法滴定，需用氧化还原指示剂（如二苯胺磺酸钠）确定终点。

2. 应用实例

化学需氧量（COD）的测定：在一定条件下用强氧化剂氧化废水试样（有机物）所消耗氧化剂的量，称为化学需氧量，它是衡量水体被还原性物质污染的主要指标之一，目前已成为环境监测分析的重要项目。

在酸性溶液中以硫酸银为催化剂，加入已知量的 $K_2Cr_2O_7$ 标准溶液（过量），经沸腾回流后，以试亚铁灵为指示剂，用硫酸亚铁铵滴定水样中未被还原的重铬酸钾，由消耗的重铬酸钾的量计算出消耗氧的质量浓度，O_2 的量以 mg/L 表示。实验方法可参见 HJ 828—2017。

3. $K_2Cr_2O_7$ 标准溶液的配制和标定

（1）直接配制法　重铬酸钾稳定，易提纯，将其基准试剂在 140～150℃下烘干 1～2h，冷却后准确称取一定质量，加水溶解后定容转移至容量瓶，根据称取 $K_2Cr_2O_7$ 的质量和定容的体积，计算 $K_2Cr_2O_7$ 标准溶液的浓度。

（2）间接配制法　称取一定质量的 $K_2Cr_2O_7$ 固体，配制成一定体积且接近所需浓度的溶液。移取一定体积的 $K_2Cr_2O_7$ 溶液，在酸性条件下与过量 KI 反应，产生定量的 I_2，然后用 $Na_2S_2O_3$ 标准滴定溶液滴定，根据 $Na_2S_2O_3$ 消耗的体积求得 $K_2Cr_2O_7$ 溶液的浓度。

$$Cr_2O_7^{2-}+6I^-+14H^+ \rightleftharpoons 2Cr^{3+}+3I_2+7H_2O$$
$$I_2+2S_2O_3^{2-} \rightleftharpoons 2I^-+S_4O_6^{2-}$$

三、碘量法

1. 滴定方法

以 I_2 作为氧化剂或以 I^- 作为还原剂进行测定的分析方法称为碘量法。

由于固体 I_2 在水中的溶解度很小（0.0013mol/L）且易挥发，应用时常将 I_2 溶解在 KI 溶液中形成 I_3^-，为方便和明确化学计量关系，一般仍简写为 I^-，其半反应式为：

$$I_2+2e \rightleftharpoons 2I^- \qquad \varphi_{I_2/I^-}^\ominus=0.535V$$

由电极电势数值可知，I_2 氧化性较弱，可与较强的还原剂作用；而 I^- 则是中等强度的还原剂，能与许多氧化剂作用，因此，碘量法测定可用直接和间接的两种方式进行。

（1）直接碘量法　电极电势比 $\varphi_{I_2/I^-}^\ominus$ 小的还原性物质，可以直接用 I_2 的标准溶液滴定，这种方法称为直接碘量法。

例如，SO_2 用水吸收后，可用 I_2 标准溶液直接滴定，其反应式为：

$$I_2+SO_2+2H_2O \longrightarrow 2I^-+SO_4^{2-}+4H^+$$

还可以用于 S^{2-}、SO_3^{2-}、Sn^{2+}、$S_2O_3^{2-}$、维生素 C、亚砷酸化合物等，该方法只限于

较强的还原剂滴定。

（2）间接碘量法　电极电势比 $\varphi_{I_2/I^-}^{\ominus}$ 大的氧化性物质，一定条件下用 I^- 还原，定量析出的 I_2，可用 $Na_2S_2O_3$ 标准溶液进行滴定，这种方法称为间接碘量法。

间接碘量法还可用于测定 $K_2Cr_2O_7$、K_2CrO_4、AsO_4^{3-}、SbO_4^{3-}、H_2O_2、ClO_4^-、NO_2^-、IO_3^-、BrO_3^- 等氧化性物质。

间接碘量法的操作中应注意以下几点。

第一：控制溶液的酸度。I_2 和 $S_2O_3^{2-}$ 之间的反应必须在中性或弱酸性溶液中进行，如果在碱性溶液中，I_2 和 $S_2O_3^{2-}$ 会发生如下副反应：

$$S_2O_3^{2-}+4I_2+10OH^- \rule[0.5ex]{2em}{0.4pt} 2SO_4^{2-}+8I^-+5H_2O$$

在碱性溶液中 I_2 还会发生歧化反应。

若在强酸性溶液中，$Na_2S_2O_3$ 溶液会发生分解。其反应为：

$$S_2O_3^{2-}+2H^+ \rule[0.5ex]{2em}{0.4pt} SO_2\uparrow+S\downarrow+H_2O$$

第二：为防止碘的挥发和空气中的 O_2 氧化 I^-，必须加入过量的 KI（一般比理论用量大 2～3 倍）形成 I_3^-，增大碘的溶解度，降低 I_2 的挥发性。滴定一般在室温下进行，操作要迅速，不宜过分振荡溶液，以减少 I^- 与空气的接触。酸度较高和阳光直射，都可加快空气中的 O_2 对 I^- 的氧化速率。

第三：注意淀粉指示剂的使用。淀粉溶液应新鲜配制。若放置过久，则在滴定过程中与 I_2 形成的配合物不呈蓝色而呈紫色或红色，在用硫代硫酸钠滴定时该配合物褪色慢，终点不敏锐。

间接碘量法滴定过程中，一般在滴定接近终点前加入淀粉指示剂。若是加入太早，则会有部分 I_2 与淀粉结合生成蓝色物质，这一部分 I_2 就不易与 $Na_2S_2O_3$ 溶液反应，将给滴定带来负误差。

2. 应用实例

（1）维生素 C 含量的测定　维生素 C($C_6H_8O_6$) 又称抗坏血酸，为白色或略带黄色的结晶或粉末，溶于水呈酸性。维生素 C 中的烯二醇基具有较强的还原性，可被 I_2 定量氧化，因而可用 I_2 标准滴定溶液直接滴定，反应为

$$C_6H_8O_6+I_2 \longrightarrow C_6H_6O_6+2HI$$

因此直接碘量法可测定药片、注射液、饮料、蔬菜、水果等中的维生素 C 含量。测定时准确取含维生素 C 试样，溶解在新煮沸且冷却的蒸馏水中，用醋酸酸化（pH＝3～4），加入淀粉指示剂，迅速用 I_2 标准溶液滴定到终点（溶液呈稳定的蓝色）。

（2）胆矾中 $CuSO_4 \cdot 5H_2O$ 含量的测定　胆矾的主要成分是 $CuSO_4 \cdot 5H_2O$，为蓝色结晶，在空气中易风化。测定时将样品溶于水后，在 H_2SO_4（pH＝3～4）介质中与过量 KI 反应，析出的 I_2 以淀粉为指示剂用 $Na_2S_2O_3$ 标准溶液滴定，反应式为：

$$2Cu^{2+}+4I^- \longrightarrow 2CuI\downarrow+I_2$$

$$2S_2O_3^{2-}+I_2 \longrightarrow 2I^-+S_4O_6^{2-}$$

由消耗 $Na_2S_2O_3$ 标准溶液的体积即可计算出 $CuSO_4 \cdot 5H_2O$ 的含量。

知识点三　氧化还原滴定的应用

一、$KMnO_4$ 标准溶液的配制和标定

1. 标定条件

标定 $KMnO_4$ 溶液的基准物质有 $H_2C_2O_4 \cdot 2H_2O$、$(NH_4)_2Fe(SO_4)_2 \cdot 6H_2O$、$As_2O_3$、$Na_2C_2O_4$ 等还原性物质，其中最常用的是 $Na_2C_2O_4$，它易于提纯，性质稳定，不含结晶水。

$Na_2C_2O_4$ 在 $105 \sim 110℃$ 烘干约 $2h$，冷却后就可以使用。在 H_2SO_4 介质中，MnO_4^- 与 $C_2O_4^{2-}$ 的反应为

$$2MnO_4^- + 5C_2O_4^{2-} + 16H^+ =\!=\!= 2Mn^{2+} + 10CO_2 \uparrow + 8H_2O$$

为了使反应定量进行，必须严格控制滴定条件：

① 酸度。在 $0.5 \sim 1mol/L$ 之间进行滴定，酸度低 MnO_4^- 生成 MnO_2，酸度太高 $H_2C_2O_4$ 会分解。

② 温度。在 $75 \sim 85℃$ 下进行缓慢滴定，温度高于 $90℃$ 时 $H_2C_2O_4$ 会分解使标定结果偏高。

$$H_2C_2O_4 =\!=\!= CO_2 \uparrow + CO \uparrow + H_2O$$

③ 滴定速度。滴定开始时速度不宜太快，否则滴入的 $KMnO_4$ 来不及和 $C_2O_4^{2-}$ 反应，却在热的酸溶液中分解。

$$4MnO_4^- + 12H^+ =\!=\!= 4Mn^{2+} + 5O_2 \uparrow + 6H_2O$$

④ 滴定终点。溶液由无色变为粉红色，$0.5 \sim 1min$ 内不褪色就可以认为已到滴定终点。

2. 标定原理

$KMnO_4$ 是一种强氧化剂，纯的 $KMnO_4$ 相当稳定，但市售 $KMnO_4$ 中含有少量 MnO_2 及硝酸盐、硫酸盐和氯化物等杂质。为了得到稳定的 $KMnO_4$ 溶液，常置于棕色试剂瓶中，避光保存。

$KMnO_4$ 溶液与 $Na_2C_2O_4$ 在酸性介质中发生下列反应：

$$2MnO_4^- + 5C_2O_4^{2-} + 16H^+ =\!=\!= 2Mn^{2+} + 10CO_2 \uparrow + 8H_2O$$

由于 $Na_2C_2O_4$ 和 $KMnO_4$ 反应较慢，故开始滴定时加入的 $KMnO_4$ 不能立即褪色，但一经反应生成 Mn^{2+} 后，由于 Mn^{2+} 对反应有催化作用，反应速度加快。滴定中加热滴定溶液以提高反应速度，滴定温度应控制在 $75 \sim 85℃$，不能低于 $60℃$。温度也不宜太高，否则草酸将分解。

$KMnO_4$ 作滴定剂进行滴定时，通常不使用其他指示剂，利用粉红色的出现指示终点。

3. 操作步骤

（1）$KMnO_4$ 标准溶液（$0.02mol/L$）的配制　称取 $KMnO_4$ $3.2 \sim 3.9g$ 置于烧杯中，

加入适量蒸馏水，盖上表面皿，加热至微沸并保持 $15\sim20min$，冷却后，稀释至 $1000mL$，混匀，置于棕色玻璃瓶中，置于暗处放置 $7\sim10$ 天。

（2）$KMnO_4$ 标准溶液（$0.02mol/L$）的标定　准确称取于 $105℃$ 干燥至恒重的 $Na_2C_2O_4$ 基准物 $0.15\sim0.2g$（平行三份），置于锥形瓶中，加 $25mL$ 蒸馏水与 $10mL$ H_2SO_4（$3mol/L$），搅拌使其溶解。加热至 $75\sim85℃$，立即用待标定的 $KMnO_4$ 标准溶液滴定，先慢后快，至溶液显粉红色并保持半分钟不褪色即为终点。停止滴定，记录数据（$KMnO_4$ 颜色较深，不易观察凹液面，读数时应以液面最高线为准），注意当滴定结束时，溶液温度不低于 $55℃$。

二、硫代硫酸钠溶液的配制和标定

固体 $Na_2S_2O_3\cdot5H_2O$ 容易风化，含有少量 S、S^{2-}、SO_3^{2-}、CO_3^{2-} 和 Cl^- 等杂质，因此不能直接配制成标准溶液，需配制成大致浓度再利用间接碘量法进行标定。

标定 $Na_2S_2O_3$ 溶液的基准物质有纯碘、KIO_3、$KBrO_3$、$K_2Cr_2O_7$ 等。除纯碘外，它们都能与 KI 反应析出 I_2。析出的 I_2 用 $Na_2S_2O_3$ 标准溶液滴定。

1. 标定原理

在酸性溶液中 $K_2Cr_2O_7$ 与过量 KI 作用，析出的 I_2，以淀粉为指示剂，用 $Na_2S_2O_3$ 溶液滴定，有关反应式：

$$Cr_2O_7^{2-}+6I^-+14H^+=\!\!=\!\!=3I_2+2Cr^{3+}+7H_2O$$

$$I_2+2S_2O_3^{2-}=\!\!=\!\!=2I^-+S_4O_6^{2-}$$

以消耗 $Na_2S_2O_3$ 溶液的体积和 $K_2Cr_2O_7$ 的质量计算 $Na_2S_2O_3$ 的浓度，计算公式如下：

$$c_{Na_2S_2O_3}=\frac{6m_{K_2Cr_2O_7}}{V_{Na_2S_2O_3}\times294.18}\times\frac{25.00}{250.00}$$

2. 操作步骤

（1）$Na_2S_2O_3$ 的配制　$Na_2S_2O_3$ 溶液不稳定，容易与空气中的氧气、水中的 CO_2 作用，以及微生物作用分解，导致浓度的变化。因此需用新煮沸后冷却的蒸馏水配制，并加入少量 Na_2CO_3，使溶液呈微碱性并抑制细菌生长。配好的 $Na_2S_2O_3$ 溶液应贮于棕色瓶中，放置暗处，经 $7\sim14$ 天后再标定。

（2）$Na_2S_2O_3$ 的标定　称取 $0.6\sim0.7g$（准确至 $0.0001g$）的 $K_2Cr_2O_7$ 固体，准确配制成 $250mL$ 溶液；准确移取 $25.00mL$ $K_2Cr_2O_7$ 标准溶液置于碘量瓶中，加入约 $2g$ KI 固体、$15mL$ 蒸馏水、$5mL$ $4mol/L$ 的 HCl 溶液，塞紧瓶塞摇匀，用少量水封口，在暗处放置 $10min$；加入蒸馏水 $50mL$，用待标定的 $Na_2S_2O_3$ 溶液快速滴定至淡黄绿色时加入 $5mL$ $5g/L$ 淀粉溶液；继续用 $Na_2S_2O_3$ 溶液滴定至蓝色恰好消失而呈现亮绿色，即为终点；完成称量、滴定的数据记录，并计算 $Na_2S_2O_3$ 溶液的准确浓度。

3. 注意事项

（1）基准物（$K_2Cr_2O_7$）与 KI 反应时，溶液开始酸度一般在 $0.2\sim0.4mol/L$ 之间。

（2）$K_2Cr_2O_7$ 与 KI 的反应速率较慢，应将碘量瓶在暗处放置约 $5min$，待反应完全后

再以 $Na_2S_2O_3$ 溶液滴定。KIO_3 与 KI 的反应快，不需要放置。

（3）在以淀粉作指示剂时，应先以 $Na_2S_2O_3$ 溶液滴定至大部分 I_2 已作用，滴定至溶液呈浅黄色，即接近化学计量点时再加入淀粉溶液，用 $Na_2S_2O_3$ 溶液继续滴定至蓝色恰好消失，即为终点。

三、化学需氧量的测定

测定化学需氧量（COD）的方法有锰法（高锰酸钾法）和铬法（重铬酸钾法），其中铬法主要用于地表水、生活污水和工业废水中化学需氧量的测定，而锰法主要用于清洁水体、自然水和饮用水的评价。实验室的水样取自清洁水体，因此本实验我们选择锰法测定化学需氧量。

1. 测定原理

在碱性溶液中 $KMnO_4$ 与水样中还原性物质反应，反应剩余的 $KMnO_4$ 与过量 KI 在酸性溶液中反应析出的 I_2，以淀粉为指示剂用 $Na_2S_2O_3$ 溶液滴定，有关反应式为：

$$MnO_4^- + 还原性物质 \longrightarrow Mn^{2+} + \cdots\cdots$$

$$2MnO_4^- + 10I^- + 16H^+ =\!=\!= 5I_2 + 2Mn^{2+} + 8H_2O$$

$$I_2 + 2S_2O_3^{2-} =\!=\!= 2I^- + S_4O_6^{2-}$$

计算公式：

$$\rho_{COD} = \frac{c(Na_2S_2O_3)(V_2 - V_1)}{100} \times 8 \times 1000$$

式中　V_1——测水样消耗 $Na_2S_2O_3$ 体积，mL；

V_2——测纯水消耗 $Na_2S_2O_3$ 体积，mL。

2. 操作步骤

① 准确移取 100mL 摇匀的水样于锥形瓶中，加几粒沸石，加 1.5mL NaOH（250g/L）溶液摇匀，用吸量管准确加入 10.00mL $KMnO_4$ 标准溶液摇匀；

② 将锥形瓶置于覆盖有石棉网的电炉上加热至沸腾，准确煮沸 10min（从冒出第一个气泡开始计时）；

③ 取下锥形瓶迅速冷却至室温，用量筒迅速加 5mL 硫酸（1＋3）和 0.75g KI 固体摇匀，在暗处放置 5min；

④ 以淀粉溶液为指示剂，在不断振摇下用 $Na_2S_2O_3$ 溶液滴定至终点，记录消耗 $Na_2S_2O_3$ 溶液体积 V_1；

⑤ 另取 100mL 高纯度的水，按上述测水样的步骤，分析测定空白值，记录消耗 $Na_2S_2O_3$ 溶液体积 V_2；

⑥ 完成量取、滴定的数据记录，并计算化学耗氧量 COD。

✎ 学习检测

1. 标定硫代硫酸钠一般可选_____作基准物，标定高锰酸钾溶液一般选用_____

作基准物。

2. 氧化还原滴定中，常采用的指示剂类型有_____、_____、_____。

3. 高锰酸钾标准溶液应采用_____方法配制，重铬酸钾标准溶液采用_____方法配制。

4. 碘量法中使用的指示剂为_____，高锰酸钾法中采用的指示剂一般为_____。

5. 称取 0.1082g $K_2Cr_2O_7$，溶解后，酸化并加入过量 KI，生成的 I_2 需用 21.98mL $Na_2S_2O_3$ 溶液滴定。$Na_2S_2O_3$ 溶液的浓度为多少？

任务实施

见工作任务六：高锰酸钾的配制和标定

见工作任务七：化学需氧量的测定

模块七
配位化合物与配位滴定

情境描述

　　某石油化工企业常减压车间生产装置中，有一台换热器的热交换效果达不到工艺要求，经过设备维护人员检查发现，换热器结垢严重，局部产生垢下腐蚀，使换热器穿孔而损坏，影响工艺生产。为了分析结垢原因，需对冷却水进行硬度检测。检验员小王接到任务，开始对配位滴定和配位化合物等知识进行学习。

单元一　配位化合物与配位滴定法

课前读吧

　　18 世纪德国的狄斯巴赫是一名制造和使用涂料的工人，他将草木灰、牛血和氯化铁处理后得到了颜色鲜艳、性能优良的蓝色染料。狄斯巴赫的老板为了获得更多的利润，将这种颜料命名为普鲁士蓝，并对生产方法严格保密。直到 20 年以后，勇攀科学高峰的化学家们经过不断的探索、实验才获得了普鲁士蓝的生产方法，并公开了普鲁士蓝即是六氰合铁（Ⅱ）酸铁（Ⅲ）。

学习目标

知识目标： ① 明确配位化合物的组成；
　　　　　　② 说出配位化合物命名原则。
技能目标： ① 能够区分中心离子、配体、配位数；
　　　　　　② 能够命名配位化合物。
素养目标： ① 养成科学严谨、实事求是的态度；
　　　　　　② 具有归纳总结、举一反三的能力。

学习导入

　　配位化合物结构和普通无机化合物的结构一样吗？有什么特点呢？

知识链接

知识点一　配位化合物的组成及命名

一、配位化合物的组成

　　配位化合物是中心原子（或离子）与一定数目的配体（分子、离子）以配位键相结合而形成的复杂化合物，一般是由内界和外界组成。如 $H_2[PtCl_6]$、$[Cu(NH_3)_4]SO_4$，内界一般放在方括号内，包括中心离子（原子）和配体，不在内界的部分为外界，例如：

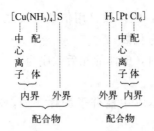

中性配合物没有外界，例如：

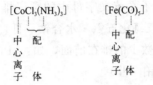

1. 中心离子

中心离子位于内界的中心，一般为带正电荷的阳离子。

常见的中心离子多为过渡元素的金属离子如 Cu^{2+}、Fe^{3+}，也有氧化数较高的非金属元素如 $[SiF_6]^{2-}$ 中的 $Si(\text{Ⅳ})$，也有不带电的中性原子，如 $[Fe(CO)_5]$（五羰基合铁）中的 Fe 原子。

2. 配体

与中心离子（或原子）结合的中性分子或阴离子叫作配位体，简称配体。例如 NH_3、H_2O、CO、I^-、CN^-、OH^- 等。提供配体的物质称为配位剂，例如 NH_3、H_2O、NaI、$NaOH$ 等。一个配位化合物中可能有一种或几种配位体，例如 $H_2[PtCl_6]$、$K[PtCl_5(NH_3)]$。

配位原子是配体中能够提供孤对电子与中心离子（或原子）以配位键相结合的原子。配位原子主要是电负性较大的非金属元素的原子，如 N、O、F、C、Cl、Br、I、P、S 等。

配体分类：根据一个配位体中所含的配位原子个数不同，可将配体分为单齿配体和多齿配体。

（1）单齿配体中只含有一个配位原子，如 NH_3、H_2O、CN^-、CO 等。

（2）多齿配体中含有两个或两个以上配位原子，如 $C_2O_4^{2-}$、乙二胺（$H_2NCH_2CH_2NH_2$，缩写为 en）等，多齿配体的多个配位原子可以与一个中心离子结合，常形成环状配合物，特称为螯合物。

3. 配位数

与中心离子（或原子）以配位键结合的配位原子（可以相同也可以不同）的总数叫作该中心离子（或原子）的配位个数。例如 $K_4[Fe(CN)_6]$ 配位数为 6，$[Fe(CO)_5]$ 配位数为 5，$K[PtCl_3(NH_3)]$ 配位数为 4。

单齿配体的数目就是中心离子的配位数，多齿配体的数目不等于中心离子的配位数，如 $[Ag(en)]^{2+}$ 中 en 是双齿配体，因此 Ag^+ 的配位数是 2 而不是 1。

二、配位化合物的命名

配位化合物的命名原则：

（1）遵循阴离子在前，阳离子在后的原则，称为某化某、某酸某或氢氧化某。

（2）配体命名的顺序依次为：配体数（用倍数词头二、三、四等表示）—配体名称—合—中心离子（用罗马数字标明氧化数）。

当配位化合物中有多个配体时，配体的先后顺序为：

① 无机配体优先于有机配体。

② 阴离子配体＞阳离子配体＞中性分子配体，如：$K[PtCl_3(NH_3)]$ 三氯·氨合铂（Ⅱ）酸钾。

③ 简单配体优先于复杂配体。

④ 相同类型配体，按配位原子在英文字母中的顺序排列，不同的配体之间用"·"隔开，如：$[Co(NH_3)_5H_2O]Cl_3$ 三氯化五氨·水合钴（Ⅲ）。

⑤ 配位原子相同，配体原子数少的排在前面，如：$[Pt(NO_2)(NH_3)(NH_2OH)(py)]Cl$ 氯化硝基·氨·羟胺·吡啶合铂（Ⅱ）。

⑥ 相同配位原子、配体原子数相同，按和配位原子直接相连的原子在英文字母中的顺序排列，如 $NH_2^- > NO_2^-$。

> ❓ **练一练** 命名配位化合物 $[Fe(NH_3)_6]Cl_3$ 和 $K_3[Fe(CN)_6]$。

知识点二　配位滴定法

一、配位滴定法概念

配位滴定法是以形成稳定配合物的配位反应为基础的滴定分析方法，亦称络合滴定法。

配位滴定法应具备的条件是：生成配合物的稳定常数要足够大；反应要按一定的反应式定量进行；反应速度快且进行程度达 99.9% 以上；有适当的方法指示滴定终点。

配位剂：配位滴定反应的配位剂有无机配位剂和有机配位剂。目前应用最广泛的是有机配位剂，特别是含有二乙酸氨基的氨羧配位剂。在氨羧配位剂分子中含有 2 个氨基和 4 个羧基两种强配体，是一种多基配体（或称配位剂），能和许多金属离子形成稳定的可溶性螯合配合物。例如乙二胺四乙酸及其二钠盐（两者都可简称 EDTA），乙二胺四丙酸（简称 EDTP）和乙二醇二乙醚二胺四乙酸（简称 EGTA）都属于氨羧配位剂。

二、配位化合物的稳定常数

配离子形成反应达到平衡时的平衡常数，称为配离子的稳定常数。配位剂 EDTA 与溶液中的金属离子 M 配位生成 MY 螯合物，反应通式为：

$$M + Y \Longrightarrow MY$$

其稳定常数为：$K_{稳}^{\ominus} = \dfrac{[MY]}{[M][Y]}$

$K_{稳}^{\ominus}$ 值在一定温度下为一常数，见表 7-1，其值越大，表示该离子在水溶液中越稳定，所以可以用 $K_{稳}^{\ominus}$ 的大小来判断配位反应进行的程度。当两种配位剂与同一金属离子形成配合物时，稳定常数大的配位剂可以将稳定常数小的配位剂从配合物中置换出来。

表 7-1　常见金属离子与 EDTA 配合物的稳定常数（$T = 20℃$）

阳离子	$\lg K_{MY}^{\ominus}$	阳离子	$\lg K_{MY}^{\ominus}$	阳离子	$\lg K_{MY}^{\ominus}$
Na^+	1.66	Ce^{3+}	15.98	Cu^{2+}	18.80
Li^+	2.79	Al^{3+}	16.3	Hg^{2+}	21.8
Ba^{2+}	7.86	Co^{2+}	16.31	Th^{4+}	23.2
Sr^{2+}	8.73	Cd^{2+}	16.46	Cr^{3+}	23.4
Mg^{2+}	8.69	Zn^{2+}	16.50	Fe^{3+}	25.1
Ca^{2+}	10.69	Pb^{2+}	18.04	U^{4+}	25.80
Mn^{2+}	13.87	Y^{3+}	18.09	Bi^{3+}	27.94
Fe^{2+}	14.32	Ni^{2+}	18.62	Co^{3+}	36.0

可见金属离子与 EDTA 形成配合物的稳定性随金属离子的不同而不同。

注意：只有相同类型的配离子，才能用稳定常数 $K_{稳}^{\ominus}$ 大小直接比较配离子的稳定性。

三、EDTA 与金属离子形成的配合物

1. 乙二胺四乙酸及其二钠盐（EDTA）

乙二胺四乙酸是一种四元酸，习惯用 H_4Y 表示，其结构式如下：

$$\begin{matrix} HOOCCH_2 & & & & CH_2COOH \\ & N-CH_2-CH_2-N & & \\ HOOCCH_2 & & & & CH_2COOH \end{matrix}$$

由于它在水中的溶解度很小（在 22℃时，每 100mL 水中仅能溶解 0.02g），故常用它的二钠盐 $Na_2H_2Y \cdot 2H_2O$，二者都简称 EDTA，后者的溶解度大（在 22℃时，每 100mL 水中能溶解 11.1g）。

在溶液中 EDTA 是以 H_4Y、H_3Y^-、H_2Y^{2-}、HY^{3-} 和 Y^{4-} 5 种形式存在（若溶液酸度很高时，又形成 H_5Y^+、H_6Y^{2+}，EDTA 将以 7 种形式存在），溶液的酸度越低，EDTA 的配位能力越强，只有在 pH $\geqslant$ 12 的碱性溶液中，才几乎完全以 Y^{4-} 的形式存在。如：$M^{n+} + Y^{4-} \Longrightarrow [MY]^{n-4}$。

2. EDTA 与金属离子的配合物

EDTA 是一个六齿配体，具有两个氨氮原子和四个羧氧原子，都有孤对电子，即有 6 个配位原子。除了 K^+、Rb^+、Cs^+ 等离子外，EDTA 几乎可与任何金属离子螯合，且绝大多数的金属离子均能与 EDTA 形成多个五元环，例如 EDTA 与 Ca^{2+}、Fe^{3+} 形成的配合物结构为五元环，即 EDTA 与金属离子形成五个五元环，Ca^{2+}、Fe^{3+} 与 EDTA 的螯合物的结构如图 7-1 所示。

由于多数金属离子的配位数不超过 6，所以 EDTA 与大多数金属离子形成 1:1 型的易溶于水的配合物，在书写配位平衡时常常可以省略电荷数。

$$Ca + Y \Longrightarrow CaY$$
$$Mg + Y \Longrightarrow MgY$$

通式为：

$$M + Y \Longrightarrow MY$$

无色的金属离子与 EDTA 配位时，则形成无色的螯合物，有色的金属离子与 EDTA 配

位时，一般则形成颜色更深的螯合物。例如：

$$NiY^{2-} \quad CuY^{2-} \quad CoY^{2-} \quad MnY^{2-} \quad CrY^{2-} \quad FeY^{2-}$$
蓝色   深蓝   紫红   紫红   深紫   黄色

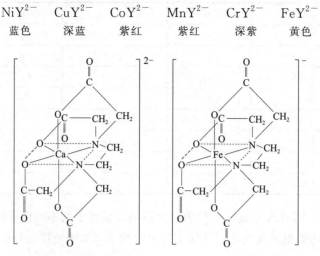

图 7-1 Ca^{2+}、Fe^{3+} 与 EDTA 的螯合物结构示意图

综上所述，EDTA 与绝大多数金属离子形成的配合物具有下列特点：

① 计量关系简单，一般不存在逐级配位现象；

② 配合物十分稳定，且水溶性极好，使配位滴定可以在水溶液中进行。

这些特点使 EDTA 滴定剂完全符合滴定分析的要求，而被广泛使用。实际分析工作中，配位滴定是在一定条件下进行的。例如，为控制溶液的酸度，需要加入某种缓冲溶液；为掩蔽干扰离子，需要加入某种掩蔽剂等。

四、金属指示剂

1. 金属指示剂的作用原理

金属指示剂是具有酸碱指示剂性质的有机配位剂。在一定的 pH 条件下能同金属离子 M 形成与其本身的颜色不同的有色配合物而指示滴定的终点。

若以 M 表示金属离子，In 表示指示剂的阴离子，Y 表示滴定剂 EDTA。

$$M + In \rightleftharpoons MIn$$
A色   B色

滴定至化学计量点前，加入的 EDTA 首先与未和指示剂反应的游离的金属离子反应。

$$M + Y \rightleftharpoons MY$$

随着滴定的进行，溶液中游离的金属离子的浓度不断地下降。当反应快达到计量点时，游离金属离子已消耗殆尽，再加入的 EDTA 就会夺取 MIn 中的金属离子，释放出指示剂，溶液颜色由 B 色变为 A 色，表示终点到达。

$$MIn + Y \rightleftharpoons MY + In$$
B色   A色

2. 常用的金属指示剂

金属指示剂大多是含有双键的有机化合物，容易与空气、氧化剂等作用而变质，在水溶液中也多不稳定，最好现用现配。若用中性盐按一定比例配制成固体混合物则较稳定。一些常用金属指示剂的主要使用情况列于表 7-2。

表 7-2　常用金属指示剂

指示剂	适用的 pH 范围	颜色变化		直接滴定的离子	指示剂配制	注意事项
		In	MIn			
铬黑 T 简称 BT 或 EBT	8～10	蓝色	红色	pH = 10，Mg^{2+}、Zn^{2+}、Cd^{2+}、Pb^{2+}、Mn^{2+} 稀土元素离子	1∶100 NaCl 固体	Fe^{3+}、Al^{3+}、Cu^{2+}、Ni^{2+} 等离子封闭 EBT
酸性铬蓝 K	8～13	蓝色	红色	pH＝10，Mg^{2+}、Zn^{2+}、Mn^{2+}；pH＝13，Ca^{2+}	1∶100 NaCl 固体	
二甲酚橙 简称 XO	＜6	亮黄色	红色	pH＜1，ZrO^{2+}；pH＝1～3.5，Th^{4+}、Bi^{3+}；pH＝5～6，Zn^{2+}、Tl^{3+}、Pb^{2+}、Cd^{2+}、Hg^{2+} 稀土元素离子	0.5% 水溶液（5g/L）	Fe^{3+}、Al^{3+}、Ti^{4+}、Ni^{2+} 等离子封闭 XO
磺基水杨酸 简称 SSAL	1.5～2.5	无色	紫红色	pH＝1.5～2.5，Fe^{3+}	0.5% 水溶液（50g/L）	SSAL 本身无色 FeY^- 呈黄色
钙指示剂 简称 NN	12～13	蓝色	红色	pH＝12～13，Ca^{2+}	1∶10 NaCl 固体	Fe^{3+}、Al^{3+}、Ti^{4+}、Ni^{2+}、Cu^{2+}、Co^{2+}、Mn^{2+} 等离子封闭 NN
1-(2-吡啶偶氮)-2-奈酚 指示剂 简称 PAN	2～12	黄色	紫红色	pH＝2～3，Th^{4+}、Bi^{3+}；pH＝4～5，Cu^{2+}、Ni^{2+}、Pb^{2+}、Cd^{2+}、Zn^{2+}、Mn^{2+}、Fe^{2+}	0.1% 乙醇溶液（1g/L）	MIn 在水中溶解度小，为防止 PAN 僵化，滴定时须加热

五、提高配位滴定选择性的方法

1. 控制溶液的酸度

当滴定单独一种金属离子 M 时，只要满足 $\lg cK^{\ominus}_{MY} \geqslant 6$ 的条件，就可以准确滴定 M，误差在 $\pm 0.1\%$ 以内。

当溶液中有不同的金属离子时，因 EDTA 能与多种金属离子形成配合物，但其稳定常数是不相同的，因此滴定所允许的最小 pH 值也不同。若溶液中同时有两种或两种以上的金属离子，它们与 EDTA 所形成的配合物稳定常数又相差足够大，则控制溶液的酸度，使其只满足滴定某一种离子允许的最小 pH 值，但又不会使该离子发生水解而析出沉淀，此时就只能有一种离子与 EDTA 形成稳定的配合物，而其他离子与 EDTA 不发生配位反应，这样就可以避免干扰。

2. 掩蔽和解蔽的方法

掩蔽是利用加入一种能与某种金属离子形成更稳定配合物的试剂，以达到消除该离子干扰的目的，所用试剂称为掩蔽剂。

解蔽是掩蔽的逆过程，即加入某种试剂，使被掩蔽的离子重新回到试液中，所用试剂称为解蔽剂。

常用的掩蔽方法按反应类型不同，可分为配位掩蔽法、沉淀掩蔽法和氧化还原掩蔽法，其中配位掩蔽法用得最多。

（1）配位掩蔽法　利用配位反应降低干扰离子浓度来消除干扰的方法。例如：用 EDTA 滴定水中的 Ca^{2+}、Mg^{2+} 以测定水的硬度时，Fe^{3+}、Al^{3+} 等离子会干扰测定，加入三乙醇胺能与 Fe^{3+}、Al^{3+} 生成更稳定的配合物，则可消除干扰。又如：在 Al^{3+} 与 Zn^{2+} 共存时，可用 NH_4F 掩蔽 Al^{3+}，使其生成稳定性较好的 AlF_6^{3-} 配离子，调节 pH＝5～6，便可用 EDTA 滴定 Zn^{2+}。

常用的无机掩蔽剂有 NaF、NaCN 等；有机掩蔽剂有柠檬酸、酒石酸、草酸、三乙醇胺、二巯基丙醇等；氨羧配位剂本身也可作掩蔽剂。

（2）氧化还原掩蔽法　氧化还原掩蔽法是利用氧化还原反应改变干扰离子价态来消除干扰的方法。例如：用 EDTA 滴定 Bi^{3+}、Zr^{4+}、Th^{4+} 等离子时，溶液中如果存在 Fe^{3+}，则会干扰测定，此时可加入抗坏血酸或盐酸羟胺，将 Fe^{3+} 还原为 Fe^{2+}，由于 Fe^{2+} 与 EDTA 形成的配合物稳定性小得多，因而能掩蔽 Fe^{3+} 的干扰。

（3）沉淀掩蔽法　沉淀掩蔽法是利用干扰离子与掩蔽剂形成沉淀以降低其浓度的方法。例如，在 Ca^{2+}、Mg^{2+} 共存的溶液中加入 NaOH 溶液使 pH＞12，则 Mg^{2+} 生成 $Mg(OH)_2$ 沉淀，再用 EDTA 滴定 Ca^{2+}。

沉淀掩蔽法在实际应用中有一定的局限性，一些沉淀反应不够完全，特别是过饱和现象使沉淀效率不高，沉淀会吸附被测离子而影响测定的准确度。一些沉淀颜色深、体积庞大妨碍终点观察，因此只有在以上方法都不适用时才用沉淀掩蔽法。

（4）解蔽法　解蔽是指被掩蔽物从其掩蔽形式中释放出来。例如用配位滴定法测定铜合金中的 Zn^{2+} 和 Pb^{2+}，调节待测液呈碱性后，加入 KCN 掩蔽 Cu^{2+}、Zn^{2+}，在 pH＝10 的条件下，以铬黑 T 为指示剂，用 EDTA 标准溶液滴定 Pb^{2+}。在滴定 Pb^{2+} 后的溶液中，加入甲醛溶液破坏 $[Zn(CN)_4]^{2-}$ 配离子，使 Zn^{2+} 释放出来而解蔽。其反应如下：

$$4HCHO+[Zn(CN)_4]^{2-}+4H_2O \Longrightarrow Zn^{2+}+4CH_2CNOH+4OH^-$$

然后，再用 EDTA 滴定释放出来的 Zn^{2+}。这里的 KCN 是 Zn^{2+} 的掩蔽剂，HCHO 是一种解蔽剂。

学习检测

1. 命名下列配位化合物，并指出配位数、配体和配位原子。

$[Zn(NH_3)_4](OH)_2$ 　　　　$[Ni(NH_3)_4(H_2O)_2]Cl_2$ 　　　　$Ni(CO)_4$

$K[Ag(CN)_2]$ 　　　$[Pt(en)_2Cl_2]Cl_2$ 　　　$[Co(NH_3)_4(H_2O)_2]_2(SO_4)_3$

2. 写出下列配位化合物的化学式。

硫酸四氨合锌（Ⅱ）　铁（Ⅲ）氰化亚铁　六氯合铂（Ⅳ）酸钾

氯化二氯·三氨·水合钴（Ⅲ）　　　氯·硝基·四氨合钴（Ⅲ）

3. 在配位滴定法中，终点时溶液显示的颜色是（　　　）。

A. 被测金属离子与 EDTA 配合物的颜色

B. 被测金属离子与指示剂配合物的颜色

C. 游离指示剂的颜色

D. 金属离子与指示剂配合物和金属离子与 EDTA 配合物的混合色

4. EDTA 与金属离子多数是以（　　　）的关系形成配合物。

A. 1：5　　　　　　B. 1：4　　　　　　C. 1：2　　　　　　D. 1：1

5. 在 $CuSO_4$ 溶液中加入少量氨水，则溶液中有_____色沉淀生成，若加入过量氨水，则沉淀溶解，生成_____色配位离子_____，结构式为_____。

单元二　配位滴定的应用

课前读吧

1994 年 7 月淮河水污染事件致使下游的居民出现恶心、腹泻、呕吐等症状，直至 2004 年投入 600 亿元人民币治污后，淮河水质才又回到 10 年前的水平。水体污染影响范围大，且治理难度大。绿水青山就是金山银山，所以，我们要像对待生命一样对待环境，在生产、实验中产生的废水要分类收集并集中处理。

学习目标

知识目标： ① 明确 EDTA 标定的原理；

　　　　　　② 明确水硬度测定的原理；

　　　　　　③ 归纳 EDTA 标定和测定水硬度的步骤及注意事项。

技能目标： ① 制订配位滴定工作计划，并按计划准备仪器、试剂；

　　　　　　② 能够完成配位滴定实验操作，计算 EDTA 的浓度和水的硬度。

素养目标： ① 养成自主学习的习惯；

　　　　　　② 提升总结分类的能力；

　　　　　　③ 具有团队精神。

学习导入

水是液体，它的硬度该用什么方法进行测定呢？

知识链接

一、EDTA 标准溶液的配制和标定

乙二胺四乙酸（EDTA）常温下难溶于水，故常用其二钠盐（也简称 EDTA）配制标准溶液。EDTA 是白色结晶粉末，其标准溶液一般用间接法配制。先配制成近似浓度的溶液，然后以基准物质来标定其准确浓度，常用的基准物质有金属 Zn、ZnO、$CaCO_3$ 或 $MgSO_4 \cdot 7H_2O$ 等。

1. 标定原理

常用的 EDTA 标准溶液浓度为 0.01～0.05mol/L，本次任务选择 ZnO 作为基准物质对 EDTA 进行标定。

铬黑 T 指示剂（HIn）在溶液 pH 值为 8～10 的条件下显蓝色，能和 Zn^{2+} 生成稳定的红色配合物。当用 EDTA 标准溶液滴定时，Zn^{2+} 与 EDTA 生成无色的配合物，当接近化学计量点时，已与指示剂配合的金属离子被 EDTA 夺出，释放出游离指示剂，溶液即显示出指示剂的游离颜色，当溶液从红色变为蓝色，即为滴定终点。

$$滴定开始时:Zn^{2+}+HIn^{2-}\Longrightarrow ZnIn^{-}+H^{+}$$

纯蓝色   紫红色

$$滴定过程中:Zn^{2+}+H_2Y^{2-}\Longrightarrow ZnY^{2-}+2H^{+}$$

无色

$$滴定终点时:\ ZnIn^{-}+H_2Y^{2-}\Longrightarrow ZnY^{2-}+HIn^{2-}+H^{+}$$

紫红色   纯蓝色

由消耗的 EDTA 体积和 ZnO 质量计算 EDTA 浓度，公式为：

$$c(\text{EDTA})=\frac{m(\text{ZnO})\times 1000}{V(\text{EDTA})\times M(\text{ZnO})}$$

2. 实验步骤

（1）EDTA 标准溶液（0.05mol/L）的配制　用电子天平称取 EDTA-2Na·$2H_2O$ 约 9.5g，加蒸馏水 500mL 使其溶解（可加热使其溶解或放置过夜），摇匀，储存在洁净的具玻璃塞的试剂瓶中。

（2）Zn^{2+} 标准溶液的配制　减量法准确称取 1.5g 干燥过的基准试剂 ZnO，置于 100mL 小烧杯中，盖以表面皿，用少量水润湿，加入 20mL 盐酸（20%）溶解后，用蒸馏水把可能溅到表面皿上的液滴淋洗入烧杯内，然后转移至 250mL 容量瓶中，定容，摇匀。

（3）EDTA 标准溶液（0.05mol/L）的标定　移取 25.00mL Zn^{2+} 标准溶液于 250mL 的锥形瓶中，加 75mL 水，用氨水（10%）调溶液 pH 至 7～8，加 10mL 氨-氯化铵缓冲溶液（pH≈10）及 5 滴 5g/L 的铬黑 T（将 0.5g 铬黑 T 溶于 100mL1:3 三乙醇胺溶液中），用待标定的 EDTA 溶液滴定至溶液由紫色变为纯蓝色，停止滴定，记录滴定管读数。平行滴定三次。

二、水质硬度的测定

水的硬度是保障工业生产和生活用水安全的重要指标，在石油化工、纺织工业和人民生活等领域测定水硬度十分必要。

1. 水硬度的分类

水硬度包括总硬度和钙、镁硬度。总硬度指钙镁总量，钙、镁硬度则是指钙、镁各自的含量。总硬度是指将水中的钙、镁均折合成 CaO 或 $CaCO_3$ 计算，以质量浓度 ρ 表示硬度，单位取 mg/L。也有用含 $CaCO_3$ 的物质的量浓度来表示，单位取 mmol/L。国家标准规定饮用水硬度以 $CaCO_3$ 计，不能超过 450mg/L。水中钙、镁的碳酸盐及酸式碳酸盐，加热能被分解、析出沉淀而除去，这类盐所形成的硬度称为暂时硬度。而钙、镁的硫酸盐或氯化物等形成的硬度称为永久硬度。

2. 水质钙硬度测定的原理

将水样用 NaOH 溶液调节到 pH=12，此时 Mg^{2+} 以 $Mg(OH)_2$ 沉淀析出，不干扰

Ca^{2+}的测定。加入钙指示剂，此时溶液呈酒红色。再滴入 EDTA，它先与游离 Ca^{2+}配位，在化学计量点时夺取与指示剂配位的 Ca^{2+}，游离出指示剂。溶液转变为蓝色，指示终点的到达。

$$滴定前：Ca^{2+}+HIn^{2-}=CaIn^-+H^+$$
$$（蓝）\qquad（酒红）$$
$$滴定中：Ca^{2+}+H_2Y^{2-}=CaY^{2-}+2H^+$$
$$终点时：CaIn^-+H_2Y^{2-}=CaY^{2-}+HIn^{2-}+H^+$$
$$（酒红）\qquad\qquad（蓝）$$

用消耗的 EDTA 的体积即可算出水样中 Ca^{2+} 的含量，从而求出水样中的钙硬度。

$$\rho(Ca^{2+})=\frac{c(EDTA)V(EDTA)\times1000\times M(Ca)}{50.00}mg/L$$

3. 实验步骤

用移液管移取 3 份 50mL 待测水样于锥形瓶，分别用 2mol/L NaOH 溶液调节待测水样的 pH 为 12～13。然后加入钙指示剂铬黑 T（见表 7-2），此时溶液颜色呈酒红色，用标定好的 EDTA 溶液滴定水样中的钙离子，溶液颜色变为纯蓝色即为滴定终点。记录滴定管读数。

如待测水样中含有 Fe^{3+}、Al^{3+} 等干扰离子，可在调节 pH 之前加入三乙醇胺溶液（25mL 的三乙醇胺与 75mL 的乙醇混合均匀即可得到 100mL1∶3 的三乙醇胺溶液）掩蔽，如果含有 Cu^{2+}、Pb^{2+} 等干扰离子，可在调节 pH 之前加入硫化钠溶液掩蔽，以免造成误差。

📝 学习检测

1. 我国通常以含_____或_____的质量浓度 ρ 表示硬度，单位取_____。也有用含 $CaCO_3$ 的物质的量浓度来表示，单位取_____。

2. 国家标准规定饮用水硬度以 $CaCO_3$ 计，不能超过_____。

3. EDTA 采用_____法配制。

4. 当用 EDTA 标准溶液滴定时，水中存在的少量 Fe^{3+}、Al^{3+} 等干扰离子用_____掩蔽，Pd^{2+}、Cu^{2+} 等重金属离子可用_____来掩蔽，以免产生误差。

5. 测定水中钙硬度时，Mg^{2+} 的干扰是用（　　）消除的。

A. 控制酸度法　　B. 配位掩蔽法　　C. 氧化还原掩蔽法　　D. 沉淀掩蔽法

✖ 任务实施

见工作任务八：水硬度的测定

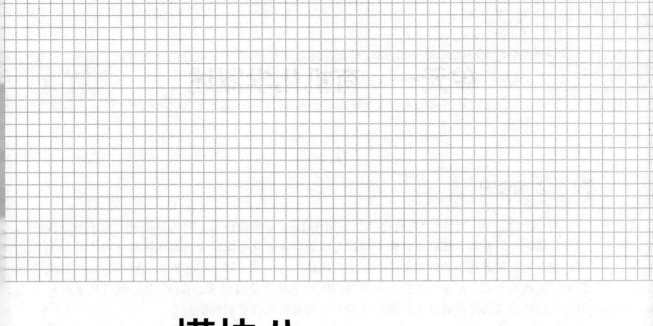

模块八
烃类

情境描述

　　某石油炼化企业市场部为了提高员工的业务能力，每年5月组织有机化学相关的知识培训，考核合格后允许继续上岗。业务员小王对有机化学烃类相关的知识进行学习，他将重点学习与烃类有关的结构、命名、物理性质、化学性质和反应类型，力争顺利通过此次考核。

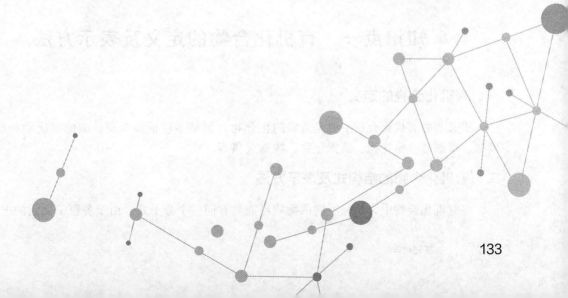

单元一　有机化学概述

课前读吧

与"无机化学"对应，"有机化学"一词于1806年首次由贝采利乌斯提出。由于当时科学条件限制，只能从天然动植物体中提取有机物，许多化学家认为只有在生物体内才能产生有机化合物。随着科学的快速发展，合成方法的改进，越来越多的有机化合物不断地在实验室中，而且绝大部分是在与生物体内迥然不同的条件下合成出来。在19世纪有机化学萌芽时期，已经分离出许多有机化合物，认识了一些有机化合物的性质。

学习目标

知识目标：① 说出有机化合物的定义；
　　　　　　② 归纳有机化合物的表示方法；
　　　　　　③ 明确有机化合物的特征。

技能目标：① 能辨认有机化合物主要官能团；
　　　　　　② 能用有机化合物的表示方法表达有机物。

素养目标：① 提升归纳整理的能力；
　　　　　　② 培养严谨、不懈的科学精神。

学习导入

你认识的有机物有哪些？

知识链接

知识点一　有机化合物的定义及表示方法

一、有机化合物的定义

狭义上的有机化合物主要是含碳的化合物，但是不包括碳单质、碳的氧化物和硫化物、碳酸、碳酸盐、氰化物、硫氰化物、羰基金属等。

二、有机化合物的结构式及表示方法

在有机化合物中，几种不同的物质可能具有同一个分子式。由于各原子之间的连接次序

不同，同一分子式能构成不同化学结构的物质。

结构式：用化学符号来表达分子中各原子的连接顺序和方式的式子称为结构式（也称构造式）。

一般常使用的有短线式、缩简式、键线式三种形式。

（1）短线式　将分子中的每一个共价键都用一根短线表示出来。

（2）缩简式　在结构式的基础上简化，不再写出碳与氢或其他原子的短线，并将同一碳原子上的相同原子或基团合并表达。

（3）键线式　只写出碳的骨架和其他基团，拐角和线端表示碳原子，除氢原子外，与碳链相连的其他原子或基团需用元素符号或缩写符号写出。

几种常见物质的结构式见表 8-1。

表 8-1　几种常见物质的结构式

化合物	缩简式	键线式	缩简式-键线式
正戊烷	$CH_3CH_2CH_2CH_2CH_3$ 或 $CH_3(CH_2)_3CH_3$		
1-丁烯	$CH_3CH_2CH=CH_2$		
正丙醇	$CH_3CH_2CH_2OH$ 或 $CH_3(CH_2)_2OH$		
2-丁酮	$CH_3CH_2CCH_3$，O		
丁酸	$CH_3CH_2CH_2COOH$ 或 $CH_3(CH_2)_2COOH$		
乙基环己烷			
苯			
苯甲醇			

？练一练　用结构式的三种表示方法写出 C_4H_8 的所有可能的结构式。

知识点二　有机化合物的特征和官能团

一、有机化合物的特征

有机化合物的主要元素是碳，典型的化学键是共价键，一般而言，有机物具有以下特点：

（1）对热不稳定，易燃烧　除少数有机化合物外，几乎所有的有机化合物都能燃烧，有些有机化合物如汽油等容易燃烧。

（2）熔、沸点低　有机化合物一般为共价化合物，其分子间只有分子间作用力（部分有机物的分子间有氢键存在），常温、常压下多数为气体、液体或低熔点的固体。

（3）难溶于水，易溶于有机溶剂　水是强极性物质，有机物通常以弱极性键或非极性键相结合，根据"相似相溶"原理，除了低分子量的醇、醛酮、羧酸、磺酸以及氨基酸、糖类化合物外，绝大多数有机物难溶于水，易溶于丙酮、苯、甲苯、石油醚等极性小或非极性的溶剂。

（4）反应速率小、产率低、产物复杂　无机化合物之间的反应往往是离子反应，反应速度较快。而有机物的反应主要在分子间进行，受分子的结构和机制的影响，反应速率较慢。通常可以通过加热、光照或加催化剂来提高反应速率。由于有机分子结构复杂，反应时往往不局限于分子的某一特定位置，因此有机物在反应时反应产物复杂，常常伴有副反应而导致产率低。

（5）同分异构现象普遍　由于每个碳原子可以生成 4 个共价键，因此由多个碳原子组成的有机化合物分子，即使化学组成相同，由于碳原子间连接方式或连接顺序不同也能形成不同的分子，这种现象称为同分异构现象。这也是组成有机物的元素较少，但有机物种类繁多的主要原因之一。

二、有机化合物的官能团

官能团是指决定一类化合物主要化学性质的原子或原子团，有机化学反应一般发生在官能团上。有机化合物中的主要官能团见表 8-2。

表 8-2　有机化合物中主要的官能团

官能团	官能团名称	化合物类别	官能团	官能团名称	化合物类别
$\diagup$C=C$\diagdown$	双键	烯烃	—C—O—C—	醚键	醚
—C≡C—	三键	炔烃	O‖ —C—OH	羧基	羧酸
—OH	羟基	醇或酚	—NH$_2$	氨基	胺
O‖ —C—	羰基	醛或酮	—SH	巯基	硫醇
—NO$_2$	硝基	硝基化合物	—SO$_3$H	磺酸基	磺酸
—X	卤素	卤代烃	—N=N—	偶氮基	偶氮化合物
—C≡N	氰基	腈			

 学习检测

1. 指出下列化合物分子中所含官能团的名称和化合物的类别。

CH_3CH_2OH　　C_6H_5OH　　$C_6H_5NH_2$　　$CH_2=CH—COOH$

2. 名词解释。

有机化合物　　　　构造式　　　　　官能团

3. 简述有机化合物的特征。

单元二　烷烃

课前读吧

2022 年卡塔尔世界杯发定位球之前，裁判员都会利用喷雾罐喷出白色泡沫绘制临时白线。喷雾罐中加入了 80％的水，17％的液化丁烷（C_4H_{10}），少量表面活性剂和植物油。当喷雾罐开启喷嘴后，液态丁烷马上汽化，产生的巨大压力使内部成分形成均匀的泡沫喷出。泡沫极大的表面积会对光线产生强烈的漫反射，球场的任何一个角度都能清楚地看见白线。泡沫一段时间后会全部破裂，临时白线即会消失，不会影响球员比赛。流入草地上的水、少量的表面活性剂和植物油也不会对场地造成污染。

学习目标

知识目标：① 说出烷烃定义、结构及命名原则；

　　　　　　② 归纳烷烃的物理化学性质。

技能目标：① 能命名烷烃；

　　　　　　② 能认识烷烃短线式、缩简式、键线式；

　　　　　　③ 会解释烷烃物理性质及化学性质。

素养目标：① 提升归纳整理的能力；

　　　　　　② 养成实事求是的态度。

学习导入

做饭用的天然气的主要成分是什么？你认识哪些烷烃？

知识链接

知识点一　烷烃的认知

烃是只含碳氢两种元素的物质，其中包含烷烃、烯烃、炔烃、环烃及芳香烃。例如：

$$CH_3-CH-CH_3 \qquad CH_2=CH-CH_3 \qquad CH\equiv CH$$
$$\quad\ |$$
$$\ \ CH_3$$

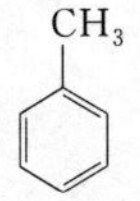

1-甲基丙烷（烷烃）　　丙烯（烯烃）　　乙炔（炔烃）　甲苯（芳香烃）

一、烷烃定义及分类

1. 烷烃的定义

烷烃是烃类的一种，分子中的碳原子都以碳碳单键相连，其余的价键都与氢结合。

2. 烷烃的分类

（1）链烷烃 链烷烃是分子中不含碳环结构的饱和烃，链烷烃的通式为 $C_nH_{2n+2}(n \geqslant 1)$。例如：

$$CH_3-CH_2-CH_2-CH_3 \qquad H_3C-\overset{\overset{\displaystyle CH_3}{|}}{\underset{\underset{\displaystyle CH_3}{|}}{C}}-CH_3 \qquad CH_3-\underset{\underset{\displaystyle CH_3}{|}}{CH}-CH_2-\overset{\overset{\displaystyle CH_3}{|}}{\underset{\underset{\displaystyle CH_3}{|}}{C}}-CH_3$$

正丁烷 　　　　　　新戊烷 　　　　　2,2,4-三甲基戊烷

（2）环烷烃 环烷烃是含有脂环结构的饱和烃，有单环脂环和稠环脂环，环烷烃的通式为 $C_nH_{2n}(n \geqslant 3)$。例如：

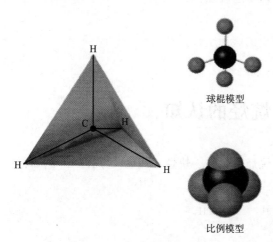

甲基环丙烷 　　1,3-二甲基环戊烷 　　1-甲基-3-异丙基环己烷

3. 烷烃的同系物

具有同一通式，结构相似、组成上相差 CH_2 或其整倍数的一系列化合物叫作同系物。

如甲烷（CH_4）、乙烷（C_2H_6）、丙烷（C_3H_8）、丁烷（C_4H_{10}）等一系列化合物互为同系物，CH_2 叫作同系物的系差。同系物具有相似的化学性质。同系物的物理性质（例如沸点、熔点、相对密度、溶解度等）一般是随着分子量的改变而呈现规律性的变化。

二、烷烃的结构及同分异构现象

1. 烷烃的结构

碳原子最外层有 4 个电子，可以形成 4 个共价键。甲烷分子的结构是正四面体结构，碳原子位于正四面体的体心，4 个氢原子分别位于正四面体的 4 个顶点上，形成 4 个等价的 C—H 键，键角为 109°28′，C—H 键的键长是 0.110nm，如图 8-1 所示。

其他烷烃的结构与甲烷相似，它们中每一个 C 原子与甲烷中的 C 原子成键方式相同。例如：在乙烷分子中，两个 C 原子电子云相互重叠，形成一个 C—C σ 键，每个 C 原子分别与三个 H 原子的电子云重叠，形成六个 C—H σ 键。对于三个 C 原子以上的烷烃，也都和乙烷类似，它们分子中的 C—C—C 键角都接近于 109.5°。

球棍模型

比例模型

图 8-1　甲烷的正四面体结构

烷烃主要来自石油和天然气。甲烷是天然气的主要成分，存在于池沼底部、煤矿的坑道以及石油气中，它是一种高效、低耗、污染小的清洁能源，也是一种重要的化工原料，可用于生产种类繁多的化工产品。

> ❓ **动一动**　各小组用球棍模型搭建一个甲烷分子、一个乙烷分子和一个丙烷分子，观察它们的结构，比一比哪组搭建最快。

2. 烷烃的同分异构现象

按照烷烃的通式，丁烷的分子式为 C_4H_{10}，丁烷中的碳可能有两种不同的排列方式：

$$CH_3-CH_2-CH_2-CH_3 \qquad \overset{\displaystyle CH_3-CH-CH_3}{\underset{\displaystyle CH_3}{|}}$$

正丁烷　　　　　　　　　　异丁烷

正丁烷和异丁烷具有相同的分子式，但属于不同结构的物质，他们彼此是同分异构体。这种异构是由于分子中碳原子排列方式不同引起的，称为碳链异构，属于构造异构。

戊烷（C_5H_{12}）比丁烷多一个 CH_2，它有三种构造异构体：

$$CH_3-CH_2-CH_2-CH_2-CH_3 \qquad CH_3-CH_2-CH-CH_3 \qquad H_3C-\overset{CH_3}{\underset{CH_3}{\overset{|}{\underset{|}{C}}}}-CH_3$$

正戊烷　　　　　　　　　异戊烷　　　　　　　　新戊烷

随着分子中碳原子数的增大，烷烃结构异构现象变得越来越复杂，同分异构体的数目也越来越大。

> ❓ **想一想**　甲烷（CH_4）、乙烷（CH_3CH_3）、丙烷（$CH_3CH_2CH_3$）有同分异构体吗？

三、烷烃的命名

（一）烃基

从烃分子中去掉一个氢原子后所剩下的基团叫作烃基。从烷烃分子中去掉一个氢原子后所剩下的基团叫作烷基。烷基通常用 R— 来表示，烷基的名称是从相应的烷烃名称衍生出来的。较复杂的烷烃的氢并不完全等同，而与相应的碳原子种类有关。通常直接和一个碳原子相连的碳为伯碳，直接和两个碳原子相连的碳称为仲碳，直接和三个碳原子相连的碳称为叔碳，直接和四个碳原子相连的碳称为季碳。常见的烷基有：

$$CH_3- \qquad CH_3CH_2- \qquad CH_3CH_2CH_2- \qquad \overset{\displaystyle CH_3-CH}{\underset{\displaystyle CH_3}{|}}$$

甲基　　　　　乙基　　　　　正丙基　　　　　异丙基

$$CH_3CH_2CH_2CH_2- \qquad CH_3CH_2\overset{}{\underset{\displaystyle CH_3}{\overset{|}{C}H}} \qquad CH_3-\overset{}{\underset{\displaystyle CH_3}{\overset{|}{C}H}}-CH_2- \qquad CH_3-\overset{\displaystyle CH_3}{\underset{\displaystyle CH_3}{\overset{|}{\underset{|}{C}}}}$$

正丁基　　　　　　仲丁基　　　　　　异丁基　　　　　　叔丁基

从烷烃分子中去掉两个氢原子后剩下的基团叫作亚某基。例如：

$$-CH_2- \qquad CH_3CH\diagdown \qquad -CH_2CH_2-$$

亚甲基   亚乙基   1,2-亚乙基

（二）链烷烃的命名

由于同分异构现象的普遍存在，导致有机化合物大多不能用分子式表示。所以，有机化合物的名称必须表示出有机化合物的分子构造。烷烃命名法有以下三种。

1. 习惯命名法（普通命名法）

在习惯命名法中，把直链烷烃叫作正某烷。分子中碳原子数在十个以下的，依次用甲、乙、丙、丁、戊、己、庚、辛、壬、癸表示；碳原子数在十个以上的用十一、十二、十三……表示。

（1）没有支链一般称为"正某烷"。例如：

$$CH_3(CH_2)_2CH_3 \qquad CH_3(CH_2)_4CH_3 \qquad CH_3(CH_2)_{10}CH_3$$

正丁烷   正己烷   正十二烷

（2）对于带支链的烷烃，以"异""新"前缀区别不同的构造异构体。直链构造一末端带有两个甲基的，命名为"异某烷"；"新"是专指具有叔丁基构造的含五六个碳原子的链烃化合物。例如：

$$CH_3CHCH_3 \qquad CH_3CHCH_2CH_3 \qquad H_3C-\overset{\displaystyle CH_3}{\underset{\displaystyle CH_3}{C}}-CH_3$$
$$\underset{\displaystyle CH_3}{|} \qquad\qquad \underset{\displaystyle CH_3}{|}$$

异丁烷   异戊烷   新戊烷

习惯命名法简单，但它只能用于上述一些烷烃。

2. 衍生命名法

衍生命名法是以甲烷作为母体，把其他烷烃看作是甲烷的烷基衍生物，即甲烷分子中的氢原子被烷基取代所得到的衍生物。命名时，一般是把连接烷基最多的碳原子作为母体碳原子；按照立体化学中次序规则列出烷基的顺序。

$(CH_3)_3C->CH_3CH_2(CH)CH->(CH_3)_2CH->(CH_3)_2CHCH_2->CH_3CH_2$ $CH_2CH_2->CH_3CH_2CH_2->CH_3CH_2->CH_3-$

把优先的基团（也就是处于前面的基团）排在后面，依次写在母体"甲烷"之前。例如：

$$CH_3-\underset{\underset{\displaystyle CH_3}{|}}{\boxed{CH}}-CH_2-CH_3 \qquad CH_3-CH_2-\underset{\underset{\displaystyle CH_3}{|}}{\overset{\overset{\displaystyle CH_3}{|}}{\boxed{C}}}-CH-CH_3$$
$$CH_3CH_3$$

二甲基乙基甲烷   二甲基乙基异丙基甲烷

衍生命名法能够清楚地表示出分子构造，但是，对于复杂的烷烃，常常是难以采用这种方法命名的。

3. 系统命名法

系统命名法是一种普遍适用的命名法。它是采用国际上通用的 IUPAC 命名原则，结合我国文字特点制定的一种命名法。

（1）直链烷烃 对于直链烷烃，其命名方法与习惯命名法相似，按照它所含的碳原子数叫作某烷，只是不加"正"字。例如：

$$CH_3-(CH_2)_4-CH_3 \qquad CH_3-(CH_2)_7-CH_3 \qquad CH_3-(CH_2)_{10}-CH_3$$

己烷   壬烷   十二烷

（2）带有支链的烷烃 将其看成是直链烷烃的烷基衍生物，分以下三步命名：

① 选主链，定母体。选择含碳原子最多的碳链为主链，称为"某"烷。主链外的支链作为取代基。如出现等长的碳链时，选择取代基多的碳链为主链。

② 主链碳原子编号，确定取代基位次。从靠近取代基的一端开始，依次用阿拉伯数字（1，2，3…）对主链碳进行编号，使取代基编号最小。如果两端与支链等距离的话，应从靠近构造较简单的取代基那端开始编号；如果两端与支链等距离，且两支链构造相同时，应遵循取代基位次之和最小的原则。例如：

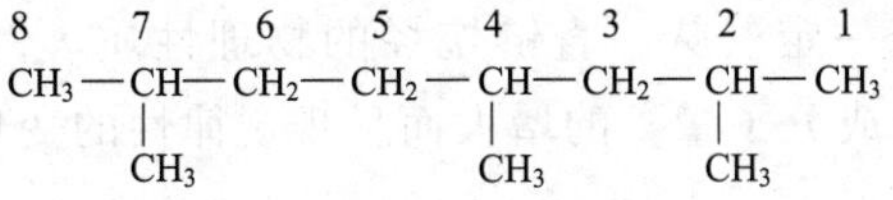

2,4,7-三甲基辛烷

③ 写出全称。取代基的位次、数目、名称写在母体名称前，并用短线连接。如果带有几个不同的取代基，则是把次序规则中"优先"的基团（如前所列的顺序）排在后面。例如：

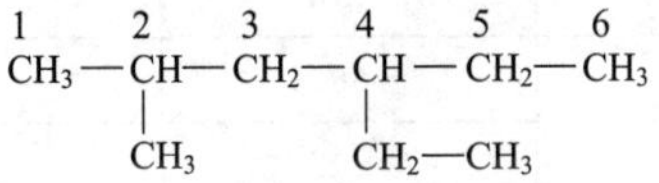

2-甲基-4-乙基己烷

如果有几个是相同的取代基，则应合并，但应在基团名称之前写明位次和数目，数目需用汉字二、三……来表示。例如：

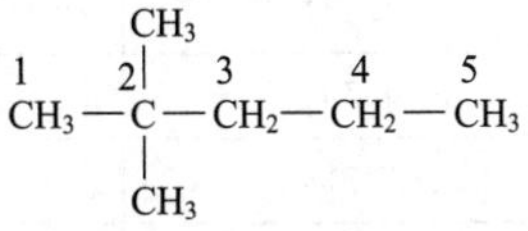

2,2-二甲基戊烷 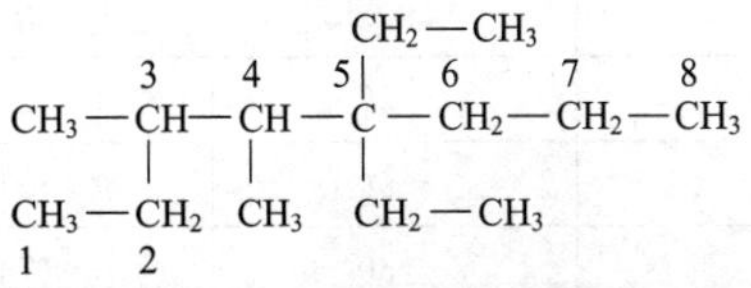　　　　　3,4-二甲基-5,5-二乙基辛烷

（三）环烷烃的命名

（1）环烷烃的命名与烷烃相似，以碳环作为母体，环上的侧链作为取代基命名。只是在相应烷烃名称的前面加上一个"环"字。对于不带支链的环烷烃，命名时按照环碳原子的数目，叫作"环某烷"。若环上有两个或更多的取代基，命名时应把取代基的位置标出。环上的碳原子编号，以取代基的位次最小为原则，同时按照次序规则中优先的基团排在后面的原则命名。例如：

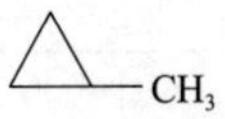

甲基环丙烷 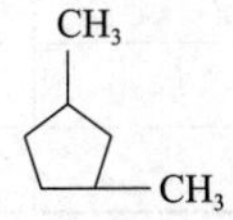　　1,3-二甲基环戊烷 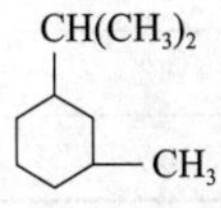　　1-甲基-3-异丙基环己烷

（2）脂环烃的支链比较复杂时，则以碳链为母体，环作取代基。例如：

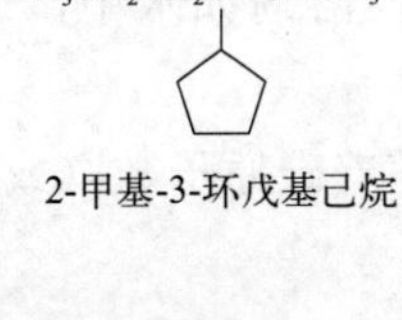

2-甲基-3-环戊基己烷

知识点二　烷烃的理化性质

一、物理性质

1. 链烷烃的物理性质

烷烃是无色物质，具有一定气味。直链烷烃的物理性质，例如熔点、沸点、相对密度等，随着分子中碳原子数（或分子量）的增大而呈现规律性的变化。表 8-3 给出一些直链烷烃的物理常数。

表 8-3　一些直链烷烃的物理常数

名称	熔点/℃	沸点/℃	相对密度(d_4^{20})	折射率(n_d^{20})
甲烷	−183	−162		
乙烷	−172	−88.5		
丙烷	−187	−42		
正丁烷	−138	0		
正戊烷	−130	36	0.626	1.3577
正己烷	−95	69	0.659	1.3750
正庚烷	−90.5	98	0.684	1.3877
正辛烷	−57	126	0.703	1.3976
正壬烷	−54	151	0.718	1.4056
正癸烷	−30	174	0.730	1.4120
正十一烷	−26	196	0.740	1.4173
正十二烷	−10	216	0.749	1.4216
正十三烷	−6	234	0.757	
正十四烷	5.5	252	0.764	
正十五烷	10	266	0.769	
正十六烷	18	280	0.775	
正十七烷	22	292		
正十八烷	28	308		
正十九烷	32	320		
正二十烷	36			

（1）物态　从表 8-3 可以看出，常温常压时，$C_1 \sim C_4$ 直链烷烃是气体，$C_5 \sim C_{16}$ 直链烷烃是液体 C_{17} 以及 C_{17} 以上直链烷烃是固体。

（2）溶解性　物质的溶解性与溶剂有关，结构相似的化合物彼此互溶，即"相似相溶"原理。烷烃是非极性分子，不溶于极性溶剂如水中，但能溶解于某些有机溶剂，如四氯化碳、二氯乙烷等。

（3）沸点　从表 8-3 还可看出，随着碳原子数（或分子量）的增大，直链烷烃的沸点逐渐升高。相同碳原子数的烷烃各异构体的沸点不同。其中直链烷烃的沸点最高,支链越多,沸点越低。

（4）熔点　熔点变化的情况与沸点有所不同。从表8-3可以看出,随着碳原子（或分子量）的增大,直链烷烃（甲烷、乙烷或丙烷除外）的熔点逐渐升高。一般是从奇数碳原子变到偶数碳原子（例如从庚烷变到辛烷）,熔点升高得多些;而从偶数碳原子变到奇数碳原子（例如从辛烷变到壬烷）,熔点升高得少些。若将直链烷烃的熔点对应碳原子数作图（图8-2）,得到的不是一条平滑的曲线,而是折线。

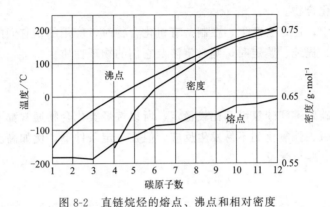

图 8-2　直链烷烃的熔点、沸点和相对密度

（5）相对密度　烷烃的相对密度（液体）小于1。随碳原子数（或分子量）的增大,直链烷烃的相对密度逐渐增大。如图8-2所示。

（6）折射率　折射率是光通过空气和介质的速度比,它是物质特性常数,即当入射光的波长和温度一定时,物质的折射率是一个常数,一般使用入射光的光源为钠光 D 线（$\lambda = 589.3nm$）,温度为20℃时,测得折射率以 n_d^{20} 表示。直链烷烃的折射率随碳原子数增加而增大。

2. 环烷烃的物理性质

环烷烃是无色、具有一定气味的物质。没有取代基的环烷烃的沸点、熔点和相对密度等,也随着分子中碳原子数（或分子量）的增大而呈现规律性的变化。环烷烃不溶于水,相对密度小于1。环烷烃的沸点、熔点和相对密度都比同碳原子数的直链烷烃高,这是由于环烷烃分子间的作用力较强。表8-4给出一些环烷烃的物理常数。

表 8-4　一些环烷烃的物理常数

名称	熔点/℃	沸点/℃	相对密度(d_4^{20})	折射率(n_d^{20})
环丙烷	−127	−33		
环丁烷	−80	13		
环戊烷	−94	49	0.746	1.4064
环己烷	6.5	81	0.778	1.4266
环庚烷	−12	118	0.810	1.4449
环辛烷	14	149	0.8803	

有机物的物理性质在实验和生产中得到了广泛的应用:

（1）鉴定有机物质　利用纯物质具有一定的熔点和沸点,萘的熔点是80℃,苯的沸点是 80℃，熔点 80℃或沸点 80℃是鉴定萘或苯的一个最特征的物理常数。

（2）分离或提纯有机物　苯的沸点是 80℃，甲苯是 110.6℃，乙苯是 136.2℃，根据它们沸点之间的差异，在实验或生产中，可采用精馏的方法将苯、甲苯和乙苯从混合物中一一分离出来。

（3）利用溶解性除杂　烷烃不溶于水，而硫酸可与水混溶。当烷烃中混有硫酸时，可根据它们在水中溶解性的不同，采用简单的水洗方法把硫酸除去。

（4）确定有机化合物的纯度　可以通过测定物质的折射率，以确定有机化合物的纯度，并可用于鉴定未知化合物。

无论在实验室中，还是生产上，在制备有机化合物时，应用的是它们的化学性质，即化学反应；而在分离、提纯、鉴定时，则必定涉及它们的物理性质。

二、化学性质

烷烃分子中的碳碳键和碳氢键都比较稳定，所以烷烃类化合物通常都十分稳定，在常温下烷烃与强酸、强碱、强氧化剂不易发生反应。但在一定条件下，例如高温、光照或催化剂存在下，也能发生一些化学反应。

1. 取代反应

（1）烷烃的取代　烷烃分子中的氢原子被卤素原子取代的反应称为卤代反应，属于取代反应。

烷烃与氯气常温时在暗处并不反应，但在日光或紫外线照射下，或加热则能与氯气发生取代反应。烷烃的卤代反应是自由基反应，通常难以停止在某一个阶段，得到的产物是混合物。但若控制反应条件，则可使某一种产物成为主产物。

$$CH_4 + Cl_2 \xrightarrow{\text{漫射光}} CH_3Cl + HCl$$
$$CH_3Cl + Cl_2 \longrightarrow CH_2Cl_2 + HCl$$
$$CH_2Cl_2 + Cl_2 \longrightarrow CHCl_3 + HCl$$
$$CHCl_3 + Cl_2 \longrightarrow CCl_4 + HCl$$

卤代反应包括氟代、氯代、溴代和碘代，反应活性为 $F_2 > Cl_2 > Br_2 > I_2$。烷烃与氟反应过于剧烈，难以控制，烷烃与碘反应难以进行，有应用价值的是氯代和溴代反应。

❓ 想一想　*乙烷氯代有多少种一、二、三氯代物？写出产物并对产物进行命名。*

（2）环烷烃的取代　在光照或加热的条件下，环烷烃可与卤素进行取代反应，生成环烷烃的卤代衍生物。

2. 氧化反应

在有机化学中，则经常把有机化合物分子中加氧或去氢的反应叫作氧化反应，加氢或去氧的反应叫作还原反应。

在常温常压下，烷烃不与氧反应，如果点火引发，则烷烃可以燃烧生成二氧化碳和水，同时放出大量的热。

烷烃的燃烧通式：$C_nH_{2n+2} + (3n+1)/2\,O_2 \xrightarrow{\text{点燃}} nCO_2 + (n+1)H_2O$

在一定的条件下，用空气氧化烷烃可以生成醇、醛、酮、酸等含氧有机化合物。由于原料（烷烃和空气）价格便宜，这类氧化反应在有机化学工业上具有重要意义。

$$2CH_3CH_2CH_2CH_3 + 5O_2 \xrightarrow[170\sim200℃,5MPa]{\text{催化剂}} 4CH_3COOH + 2H_2O$$

$$CH_4 + \frac{1}{2}O_2 \xrightarrow[\text{铜管}]{200℃,100MPa} CH_3OH$$

$$CH_4 + O_2 \xrightarrow{V_2O_5,400\sim500℃} HCHO + H_2O$$

烷烃是易燃易爆物质，烷烃（气体或蒸气）与空气混合达到一定比例时（爆炸范围以内）遇到火花就发生爆炸，这个混合物的比例叫作爆炸极限。例如：甲烷的爆炸极限为 $5.53\%\sim14\%$（体积分数）。

3. 裂化、裂解反应

常温下烷烃是非常稳定的物质，但是加热到一定温度时，烷烃开始分解，温度越高，分解得越厉害，这个现象叫作烷烃的高温裂化或高温裂解。例如：

$$CH_3CH_2CH_2CH_3 \xrightarrow{500℃} \begin{cases} CH_3-CH_2-CH=CH_2+H_2 \\ CH_4+CH_3-CH=CH_2 \\ CH_3-CH_3+CH_2=CH_2 \end{cases}$$

烷烃的高温裂化或裂解在石油工业中具有非常重要的意义。在石油工业领域，高温裂化的目的是增产汽油。在炼油厂催化裂化车间，是以硅酸铝为催化剂，在 $450\sim470℃$ 下，裂化石油高沸点馏分（例如重柴油等）来生产汽油，所得汽油叫作催化裂化汽油，其辛烷值比直馏汽油高，可直接使用。与此同时，还得到大量的催化裂化气，其中含有氢气、$C_1\sim C_4$ 烷烃、$C_2\sim C_4$ 烯烃等。高温裂解的目的是生产有机化学工业的基础原料乙烯，同时还得到丙烯、丁烯以及 1,3-丁二烯等。

✏️ 学习检测

1. 写出下列化合物的名称或结构式。

(1) $CH_3CH_2CH(CH_3)_2$

(2) $CH_3CH_2C(CH_3)_2CH(CH_3)_2$

(3) $(CH_3)_3CCH(CH_3)CH_2CH_3$

(4) $(CH_3)_2CHC(CH_3)_2C(CH_3)_3$

(5) $\underset{\displaystyle CH_3-\underset{\overset{|}{\hphantom{}}}{\overset{\overset{|}{C_2H_5}}{CH}}-\underset{\overset{|}{\hphantom{}}}{\overset{\overset{|}{CH_3}}{CH}}-CH_3}{}$

(6) $CH_3CH_2-\underset{\overset{|}{\underset{CH_3}{CH}}}{\overset{\overset{|}{CH_3}}{CH}}-CH-CH_2CH_3$ 带有 C(CH_3)_3

(7) 2-甲基-4-乙基己烷

(8) 3,4-二甲基-5,5-二乙基辛烷

(9) 正丁基异丁基甲烷

(10) 2,2-二甲基-3,4-二乙基己烷

(11) 2-甲基-3-乙基-4-丙基辛烷

(12) 2,4-二甲基-3-乙基戊烷

2. 完成下列反应方程式并标出反应所需条件。

(1) $CH_3CH_2CH_3 + Cl_2 \longrightarrow$　　　　　　　（写出取代一个 H 的结构简式）

$$(2) \quad \underset{\underset{CH_3}{|}}{CH_3CHCH_3} + O_2 \longrightarrow \qquad\qquad （燃烧反应）$$

3. 写出分子式为 C_6H_{14} 的同分异构体。

4. 下列叙述正确的是（   ）。

A. 各元素的质量分数相等的物质一定是同系物

B. 具有相同分子通式的不同有机物一定属于同系物

C. 同系物之间互为同分异构体

D. 两个相邻的同系物的分子量之差为 14

5. 主链含 5 个碳原子，有甲基、乙基 2 个支链的烷烃有（   ）。

A. 2 种   B. 3 种   C. 4 种   D. 5 种

单元三　烯烃

 课前读吧

　　2022 年足球世界杯赛场的草坪采用了先进的混合草技术，即在 95％的天然草中插入人造草纤维，起到稳固草根、提高场地耐用性的作用，草丝柔软，脚感舒适。其中，人造草纤维的主要成分是聚乙烯、聚丙烯等。

学习目标

知识目标：① 说出烯烃定义、分类、组成及结构；
　　　　　② 知道烯烃命名原则；
　　　　　③ 明确烯烃的理化性质。
技能目标：① 能命名烯烃；
　　　　　② 会书写烯烃分子式、结构式、结构简式；
　　　　　③ 能解释烯烃物理性质和化学性质。
素养目标：① 提升归纳总结的能力；
　　　　　② 养成踏实认真、科学严谨的职业精神。

学习导入

　　你知道生活中常用的塑料袋主要成分是什么吗？是怎样合成得到的？

知识链接

知识点一　烯烃的认知

一、烯烃定义及分类

1. 烯烃的定义

　　烯烃是指含有 $\diagup C{=}C\diagdown$（碳碳双键）的碳氢化合物，属于不饱和烃，烯烃的官能团是碳碳双键。
　　例如：

$$CH_2\!=\!CH\!-\!CH_3 \qquad CH_2\!=\!CH\!-\!CH\!=\!CH_2$$

丙烯   1,3-丁二烯   1,3-环戊二烯

2. 烯烃的分类

按含双键的多少分别称单烯烃、二烯烃、多烯烃。

（1）单烯烃　分子中含一个碳碳双键的烯烃，链状单烯烃的通式为 $C_nH_{2n}(n\geqslant 2)$。例如：$CH_2\!=\!CH_2$ $CH_2\!=\!CH\!-\!CH_3$。

（2）二烯烃　分子中含两个碳碳双键的烯烃，链状二烯烃的通式为 $C_nH_{2n-2}(n\geqslant 4)$。例如：$CH_2\!=\!CH\!-\!CH\!=\!CH_2$。

（3）多烯烃　分子中含两个以上碳碳双键的烯烃。

二、烯烃的结构及同分异构现象

1. 烯烃的结构

乙烯（$CH_2\!=\!CH_2$）是平面分子，在乙烯分子中，C 原子是以两个单键和一个双键分别与两个 H 原子和另一个 C 原子相连接的，键角和键长如图 8-3 所示。

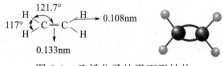

图 8-3　乙烯分子的平面形结构

在碳碳双键中，一个是 σ 键，另一个是 π 键，不是两个等同的共价键。σ 电子集中在两个 C 原子核之间，π 电子在乙烯分子所在的平面的上面和下面，两个 C 原子核对 π 电子的"束缚力"比较小，因此在外界的影响下，π 电子就比较容易被极化，导致 π 键断裂发生加成反应。

其他烯烃分子中的碳碳双键与乙烯分子中的碳碳双键基本相同，都是由一个 σ 键和一个 π 键所组成。

乙烯是合成纤维、合成橡胶、合成塑料（聚乙烯及聚氯乙烯）、合成乙醇（酒精）的基本化工原料，也用于制造氯乙烯、苯乙烯、环氧乙烷、乙酸、乙醛、乙醇和炸药等。乙烯是石油工业上最重要的基础原料，乙烯的产量是衡量石油工业发展水平的标志。

> ❓ **动一动**　各小组用球棍模型搭建一个乙烯分子和一个丙烯分子，观察它们的结构，找出官能团。

2. 烯烃的同分异构

烯烃的异构现象比烷烃复杂些，除构造异构外，某些烯烃还具有顺反异构。

（1）烯烃的构造异构　乙烯（$CH_2\!=\!CH_2$）和丙烯（$CH_3\!-\!CH\!=\!CH_2$）没有结构异构，但从丁烯开始，除碳链异构外，碳碳双键的位置不同引起的同分异构现象，称为位置异构。例如丁烯的三种构造异构体为：

$$CH_3\!-\!CH_2\!-\!CH\!=\!CH_2 \qquad CH_3\!-\!CH\!=\!CH\!-\!CH_3 \qquad \underset{\underset{CH_3}{|}}{CH_3\!-\!C\!=\!CH_2}$$

1-丁烯   2-丁烯   2-甲基-1-丙烯

碳碳双键位于末端的烯烃通常叫作末端烯烃或 α-烯烃。例如，上述的 1-丁烯和 2-甲基-1-丙烯即 α-烯烃。

从烯烃分子中去掉 1 个氢原子后所剩下的基团叫作烯基。例如：

$$CH_2{=}CH{-} \qquad CH_3{-}CH{=}CH{-} \qquad CH_2{=}CH{-}CH_2{-}$$

乙烯基   丙烯基   烯丙基

（2）烯烃的顺反异构 顺反异构，也称几何异构，是存在于某些双键化合物和环状化合物中的一种立体异构现象。由于存在双键或环，这些分子的自由旋转受阻，产生两个互不相同的异构体，分别称为顺式（*cis-*）和反式（*trans-*）异构体。

在双键化合物中，若与双键两个碳原子连接的相同基团处于双键的同侧，则该化合物被称为顺式异构体；若相同基团处于异侧，则该化合物称为反式异构体。例如，2-丁烯的两个异构体。

顺-2-丁烯   反-2-丁烯

由于顺式与反式异构体中原子的空间排列不同，它们的物理性质（如熔点、沸点、溶解度等）和化学性质通常也不同。一般来说，反式异构体比顺式异构体稳定。

三、烯烃的命名

烯烃通常是以衍生命名法和系统命名法来命名的，具有顺反异构的烯烃经常使用 *Z-E* 命名法。

1. 衍生命名法

以乙烯作为母体，把其他烯烃看作是乙烯的烷基衍生物来命名。例如：

异丙基乙烯   仲丁基乙烯

2. 系统命名法

一般的烯烃采用 IUPAC 系统命名法，命名原则如下：

① 选取含双键的最长碳链作为主链，看作母体，称为某烯；

② 从靠近双键的一端起进行编号，以确定取代基和双键的位置；

③ 双键的位置，以双键上位次较小的碳原子号数来表明，写在烯烃名称前；

④ 按照次序规则将取代基的位次、数目和名称，写在烯烃名称的前面。

例如：

3-甲基-1-戊烯   5-甲基-2-己烯   2-乙基-1-戊烯

3. *Z-E* 命名法

前面已经学习了双键的碳原子上连接的四个基团，有两个相同的基团（如—H，—CH_3 等）能用顺、反的方法来说明构型并命名。但是，如果双键碳原子上没有相同基团，例如：

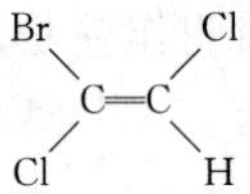

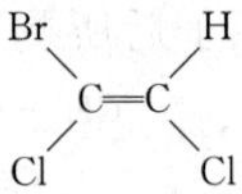

$$\begin{array}{ccc} \text{Br} & \text{Cl} & \text{Br} \quad \text{H} \\ \diagdown / & & \diagdown / \\ \text{C}=\text{C} & & \text{C}=\text{C} \\ / \diagdown & & / \diagdown \\ \text{Cl} & \text{H} & \text{Cl} \quad \text{Cl} \end{array}$$

对于这类烯烃，IUPAC 命名法规定了以次序规则为基础用字母（Z）和（E）来表示构型。Z 表示优先基团位于双键同侧，E 表示优先基团位于双键的两侧。

次序规则规定优先的原子或基团排列顺序可以概括为：

① 取代基团的先后次序，原则上由基团中各原子的原子序数确定，首先是由与双键直接相连的原子序数决定，原子序数较大的原子较优先。对于同位素，按照质量数大的优先。因此：

$$I > Br > Cl > S > F > O > N > C > D > H$$

按此规定，在取代基团—CH_3、—H、—Br、—OH、—NH_2 之中的先后次序应为：

$$-Br > -OH > -NH_2 > -CH_3 > -H$$

② 取代基团中，如果与双键碳原子直接连接的第一个原子相同，则应把与第一个原子相连接的其他原子序数逐个比较，按照原子顺序大小排出优先顺序。如果仍相同，则依大小顺序比较各支链，直至能比较优先次序为止。例如—CH_3 和—CH_2CH_3 比较，第一个原子都是碳原子，就需比较以后原子。在—CH_3 中与第一个碳原子相连接的三个原子是 H，H，H；而在—CH_2CH_3 中，与第一个碳原子相连的是 C，H，H，其中有一个碳原子，由于碳的原子序数大于氢，所以—CH_2CH_3 的次序应在—CH_3 之前。几个简单烷基的优先次序是：—$C(CH_3)_3 > -CH(CH_3)_2 > -CH_2CH_3 > -CH_3$。

同理，—$CH_2OH > -CH_2CH_3$，—$CH_2OCH_3 > -CH_2OH$，—$CH_2Br > -CCl_3$ 等。

③ 当取代基团含不饱和键时，应把双键或三键原子看作是它以单键和多个碳原子相连接，例如：

$$\begin{array}{cc} & (C)(C) \\ & | \\ -C\equiv CH \text{ 相当于 } -C-C-H, & -CH=CH_2 \text{ 相当于 } \\ & | \\ & (C)(C) \end{array} \qquad \begin{array}{c} \text{H} \quad \text{H} \\ | \quad | \\ -C-C-H \\ | \quad | \\ (C)(C) \end{array}$$

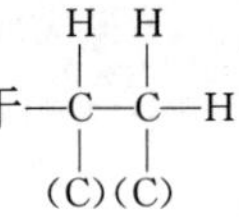

这样处理后，再进行比较。因此：

$$-C\equiv CH > -CH=CH_2$$

根据次序规则，下列化合物可命名为：

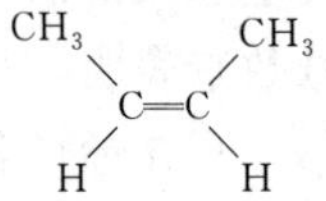

$$\begin{array}{cc} CH_3 \qquad CH_3 & CH_3 \qquad H \\ \diagdown \qquad / & \diagdown \qquad / \\ C=C & C=C \\ / \qquad \diagdown & / \qquad \diagdown \\ H \qquad\qquad H & H \qquad CH_3 \end{array}$$

(Z)-2-丁烯 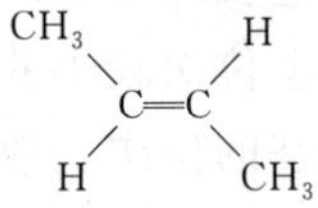 $\qquad\qquad$ (E)-2-丁烯

$$\begin{array}{cc} CH_3 \qquad CH_2CH_2CH_3 & CH_3 \qquad CH_2CH_3 \\ \diagdown \qquad / & \diagdown \qquad / \\ C=C & C=C \\ / \qquad \diagdown & / \qquad \diagdown \\ CH_3CH_2 \quad CH(CH_3)_2 & H \qquad CH_2CH_2CH_3 \end{array}$$

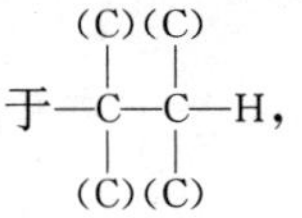

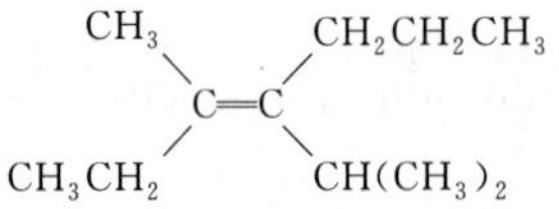

(Z)-3-甲基-4-异丙基-3-庚烯 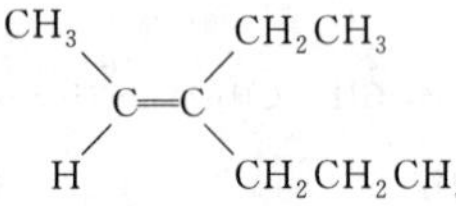 $\qquad$ (E)-3-乙基-2-己烯

注意 $\quad \begin{array}{c} CH_3 \qquad CH_2CH_2CH_3 \\ \diagdown \qquad / \\ C=C \\ / \qquad \diagdown \\ CH_3CH_2 \quad CH_2CH_3 \end{array}$ 按次序规则命名为 (E)-3-甲基-4-乙基-3-庚烯，按顺反命名法命名为（顺）-3-甲基-4-乙基-3-庚烯。所以顺式不一定是 Z 式，反式也不一定是 E 式。

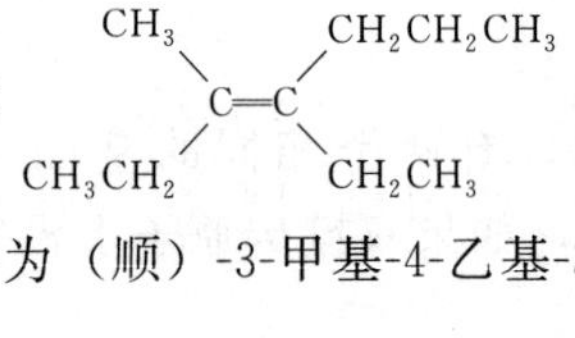

知识点二 烯烃的理化性质

一、物理性质

（1）物态　烯烃是无色物质，具有一定的气味。常温常压时，乙烯、丙烯和丁烯是气体。在直链 α-烯烃中，$C_5 \sim C_{18}$ 是液体，C_{19} 以上是固体。表 8-5 给出一些直链 α 烯烃的物理常数。

（2）溶解性　烯烃不溶于水，但能溶于某些有机溶剂，例如苯、乙醚、氯仿、四氯化碳等。

（3）熔沸点　烯烃的沸点随着分子中碳原子数（或分子量）的增加而升高，碳原子数相同，直链烯烃的沸点比带支链的高；碳链相同，双键向中间移动，沸点升高；双键位置相同，顺式的烯烃沸点高。

烯烃的熔点也随分子量的增加而升高；碳链相同，双键向中间移动，熔点也升高；同分异构体中，对称性大的烯烃熔点高。

（4）相对密度　烯烃的相对密度（液态）小于 1，但比相应的烷烃大。随着碳原子数（或分子量）的增加，直链 α-烯烃的相对密度逐渐增大。

表 8-5　一些直链 α-烯烃的物理常数

名称	熔点/℃	沸点/℃	相对密度（d_4^{20}）
乙烯	－169	－102	0.570
丙烯	－185	－48	0.610
1-丁烯	－185.4	－6.5	0.625
1－戊烯	－166	30	0.643
1-己烯	－138	63.5	0.675
1-庚烯	－119	93	0.698

二、化学性质

烯烃的化学性质主要表现在官能团碳碳双键上，以及受碳碳双键影响较大的 α-碳原子上。

（一）加成反应

碳碳双键中 π 键断裂，在双键的两个碳原子上各加一个原子或基团，这种反应称为加成反应。

1. 催化加氢

在催化剂铂、钯或雷尼镍的催化下，烯烃能与氢加成生成烷烃。例如：

$$R—CH\!=\!CH—R' + H_2 \xrightarrow{\text{Ni 或 Pt}} R—CH_2—CH_2—R'$$

由于催化加氢反应是定量进行的，所以可以根据反应所吸收氢气的体积测定分子中所含碳碳不饱和键的数目（不饱和程度）。

2. 亲电加成

由于 π 电子受碳原子核的束缚力较小，易极化给出电子，因此易受缺电子的亲电试剂进攻而发生亲电加成反应。

（1）加卤素　烯烃能与氯气或液溴加成，生成相应的卤代物。例如：

$$R-CH=CH-R + Br_2 \longrightarrow R-\underset{Br}{CH}-\underset{Br}{CH}-R$$

烯烃与溴的四氯化碳溶液反应时，溴的红棕色迅速消失，所以常利用此方法鉴别有机化合物中碳-碳不饱和键的存在。

（2）加卤化氢　烯烃能与卤化氢（氯化氢、溴化氢或碘化氢）加成生成卤代烷。

$$CH_2=CH_2 + HCl \longrightarrow CH_3CH_2Cl$$

马尔科夫尼科夫规则（简称马氏规则）：不对称烯烃与卤化氢加成时，氢总是加在含氢较多的碳上。例如：

$$R-CH=CH_2 \xrightarrow{HBr} R-\underset{Br}{CH}-CH_3 + R-CH_2-\underset{Br}{CH_2}$$
$$\text{主要产物}$$

碳碳双键与卤化氢加成时，卤化氢的活性顺序是：HI＞HBr＞HCl。例如：乙烯不被浓盐酸吸收，但能与浓氢溴酸加成。

过氧化物效应：烯烃与溴化氢加成，如果是在过氧化物存在下进行，得到的产物就与马氏规则不一样，是反马氏规则加成。例如：

$$R-CH=CH_2 + HBr \xrightarrow{\text{过氧化物}} R-CH_2-CH_2Br$$

（3）加水　在酸催化下，烯烃与水加成生成醇。例如：

$$CH_3CH=CH_2 + H_2O \xrightarrow{H^+} CH_3-\underset{OH}{CH}-CH_3$$

这是工业上生产乙醇、异丙醇最重要的一种方法，叫作烯烃直接水合法。

（4）加次氯酸或次溴酸　烯烃与 HO—Br 或 HO—Cl（次氯酸或次溴酸卤素水溶液）发生加成反应，生成卤代醇。例如：

$$CH_3CH=CH_2 + HO-Br \longrightarrow CH_3-\underset{OH}{CH}-\underset{Br}{CH_2}$$

乙烯与次卤酸的加成，是合成氯乙醇的一种方法。丙烯与次氯酸加成，是合成甘油的一个步骤。

（二）氧化反应

烯烃比较容易被氧化。氧化剂和氧化条件不同，氧化产物也不同。

1. 燃烧

通常情况下，烯烃能够和氧气完全燃烧生成二氧化碳和水。

链状单烯烃的燃烧通式：$C_nH_{2n} + 3n/2O_2 \xrightarrow{\text{点燃}} nCO_2 + nH_2O$

2. 氧化剂氧化

（1）在非常缓和条件下，如烯烃与中性或碱性介质中的高锰酸钾冷溶液作用时，烯烃被氧化生成连二醇，高锰酸钾则被还原为棕色的二氧化锰从溶液中析出。

$$R-CH=CH_2 \xrightarrow[\text{冷, OH}^-]{KMnO_4,\ H_2O} R-\underset{\underset{OH}{|}}{C}H-\underset{\underset{OH}{|}}{C}H_2 + MnO_2$$

由于这类反应等于在双键上加了两个羟基，也叫作烯烃的羟基化反应。实验室里常用此反应中高锰酸钾紫色消失来鉴别烯烃，也是制备二元醇的方法。

（2）在较剧烈条件下，如在酸性的高锰酸钾或重铬酸钾溶液作用下，分子中的双键位置发生断裂，将得到酮、羧酸或二氧化碳等氧化产物。例如：

$$R-CH=CH_2 \xrightarrow[\triangle]{KMnO_4} R-\underset{\underset{OH}{|}}{C}=O + CO_2$$

$$CH_3-\underset{\underset{CH_3}{|}}{C}=CH-CH_3 \xrightarrow[H^+]{KMnO_4} CH_3-\underset{\underset{CH_3}{|}}{C}=O + CH_3COOH$$

由于反应中高锰酸钾溶液（紫色）或重铬酸钾溶液（橙黄色）的颜色都发生改变，故此反应可用作烯烃的定性鉴定。根据氧化产物，可以推测原来的烯烃构造。

3. 催化氧化

烯烃催化氧化可以生成不同的产物。例如：

$$CH_2=CH_2 + O_2 \xrightarrow[100\sim125℃]{PbCl_2\text{-}CuCl_2} CH_3CHO$$

$$CH_2=CH_2 + O_2 \xrightarrow[200\sim300℃]{Ag} \underset{O}{CH_2\diagdown\diagup CH_2}$$

工业上利用上述反应生产醛、酮和环氧乙烷。

> ❓ **想一想**　检验某有机物存在双键的方法有哪些？

（三）聚合反应

烯烃可以在引发剂或催化剂的作用下，双键断裂而相互加成，得到长链的大分子或高分子化合物。由低分子量化合物相互作用而生成高分子化合物的反应叫作聚合反应，其产物叫作聚合物。

乙烯在高温、高压和氧气的催化作用下，可生成聚乙烯。

$$n CH_2=CH_2 \xrightarrow[60\sim75℃,\ 1MPa]{Al(CH_2CH_3)_3\text{-}TiCl_4} \quad\left(\!\!\!-CH_2-CH_2\!\!\right)_{\!\!\!\;n}$$

丙烯在催化剂的作用下，聚合生成聚丙烯。

$$n CH_2=\underset{\underset{CH_3}{|}}{C}H \xrightarrow[50℃,\ 2MPa]{Al(CH_2CH_3)_3\text{-}TiCl_4} \quad\left(\!\!\!-CH_2-\underset{\underset{CH_3}{|}}{C}H\!\!\right)_{\!\!\!\;n}$$

聚乙烯和聚丙烯是线型高聚物，乙烯和丙烯叫作单体，$-CH-CH-$ 和 $-CH-\underset{\underset{CH_3}{|}}{C}H-$ 叫作链节，n 叫作聚合度。聚乙烯、聚丙烯是塑料的主要成分，广泛用于农业、工业及国防领域。

1. 写出下列化合物的名称或结构式。

（1） 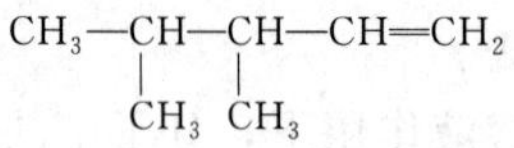 $CH_3-CH-CH-CH=CH_2$
　　　　　　$\underset{CH_3}{|}\ \underset{CH_3}{|}$

（2） $CH_2=C-CH-CH_2-CH_3$
　　　　　　$\underset{CH_3}{|}\ \underset{CH_2-CH_3}{|}$

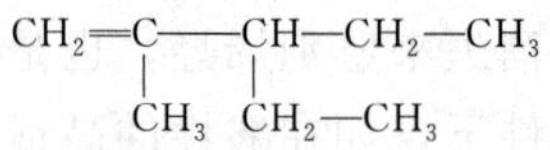

（3） $(CH_3)_3CC(CH_3)=CHCH_3$

（4） $(CH_3)_2CHCH=CHC(CH_3)_3$

（5） 3,4-二甲基-1-戊烯

（6） 2-甲基-3-乙基-1-戊烯

（7） 2-甲基-2-丁烯

（8） 2-甲基-2-己烯

2. 完成下列化学反应方程式。

（1） $CH_3-CH=CH_2 \xrightarrow{500℃}$

（2） $CH_3-CH=CH_2 \xrightarrow{170℃}$

（3） $CH_3-CH=CH_2 + HBr \xrightarrow{过氧化物}$

（4） $CH_3CH_2CH=CH_2 \xrightarrow[H^+]{KMnO_4}$

3. 写出戊烯的构造异构体。在戊烯的构造异构体中，哪些有顺反异构体？写出其顺反异构体，并命名。

单元四　炔烃

 课前读吧

白川英树，日本化学家，因成功开发了导电性高分子材料——膜状聚乙炔，即导电塑料，而成为 2000 年诺贝尔化学奖三名得主之一（另两位是美国艾伦·黑格教授和艾伦·马克迪尔米德教授）。本次诺贝尔化学奖是不同国籍、不同学科领域内科学家合作研究取得丰硕成果的范例。目前，导电塑料已经批量生产，在微电子工业中广泛应用。据专家预测，未来机器人的内部线路将完全由导电塑料制成。又一个新科技时代——塑料电子学时代即将到来。

学习目标

知识目标： ① 归纳炔烃定义、分类、组成及结构；

② 知道炔烃的命名原则；

③ 熟知炔烃的理化性质。

技能目标： ① 能够命名炔烃；

② 能够书写炔烃分子式、结构式、结构简式；

③ 能解释炔烃物理性质的规律和化学反应。

素养目标： ① 提升知识迁移能力；

② 养成一丝不苟的职业素养。

学习导入

你知道焊接金属的气焊吗？气焊使用的是哪种气体？

知识链接

▰ 知识点一　炔烃的认知 ▰

一、炔烃定义及分类

炔烃是指含有碳碳三键的烃类化合物，属于不饱和烃。单炔烃，通式为 $C_nH_{2n-2}(n \geqslant 2)$。炔烃的官能团是碳碳三键（$-C \equiv C-$），例如：

$$CH \equiv CH \qquad HC \equiv C-CH_2-CH_3 \qquad CH \equiv C-CH-CH_3$$
$$\qquad\qquad\qquad\qquad\qquad\qquad\qquad\qquad\qquad\qquad | \atop CH_3$$

乙炔   1-丁炔   3-甲基-1-丁炔

二、炔烃的结构及同分异构现象

1. 炔烃的结构

乙炔（$CH \equiv CH$）分子是直线形结构（图 8-4），乙炔分子中的 C 原子是以一个三键和一个单键分别与另一个 C 原子和 H 原子相连接的，键角（$\angle HCC$）是 $180°$，碳碳三键的键长是 $0.120nm$，C—H 键的键长是 $0.106nm$。

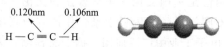

$$H-C \equiv C-H$$

图 8-4 乙炔分子的直线形结构

其他炔烃分子中的官能团—C≡C—的结构和乙炔的一样，由一个 σ 键和两个相互垂直的 π 键组成，炔烃没有顺反异构现象。

乙炔是最重要的炔烃，它不仅可用以照明、焊接及切断金属（氧炔焰），也是制造乙醛、乙酸、苯、合成橡胶、合成纤维等的基本原料。

2. 炔烃的同分异构

炔烃的构造异构也是由于碳链不同和三键位置不同引起的。例如：

$$HC \equiv C-CH_2-CH_3 \qquad\qquad H_3C-C \equiv C-CH_3$$

1-丁炔   2-丁炔

$$CH \equiv C-CH_2-CH_2-CH_3 \qquad CH_3-C \equiv C-CH_2-CH_3 \qquad CH \equiv C-CH-CH_3$$
$$\qquad\qquad\qquad\qquad\qquad\qquad\qquad\qquad\qquad\qquad\qquad\qquad\qquad | \atop CH_3$$

1-戊炔   2-戊炔   3-甲基-1-丁炔

> ❓ **动一动** 各小组用球棍模型分别搭建一个乙炔、1-丁炔、2-丁炔分子，观察它们的结构，找出官能团。

三、炔烃的命名

炔烃的命名方法有衍生命名法和系统命名法两种。炔烃的衍生命名法是把炔烃看作是乙炔的衍生物，乙炔作为母体。例如：

$$CH_3-CH_2-CH-C \equiv C-CH_3 \qquad\qquad CH \equiv C-CH-CH_3$$
$$\qquad\qquad\qquad | \atop CH_3 \qquad\qquad\qquad\qquad\qquad\qquad\qquad\qquad | \atop CH_3$$

甲基仲丁基乙炔   异丙基乙炔

较复杂的炔烃采用系统命名法，规则与烯烃的相似。取含碳碳三键在内的最长碳链为主链，编号由距三键最近的一端开始，但结尾用炔替代烯。例如：

$$\qquad\qquad\qquad\qquad\qquad\qquad\qquad\qquad\qquad\qquad\qquad\qquad CH_3$$
$$\qquad\qquad\qquad\qquad\qquad\qquad\qquad\qquad\qquad\qquad\qquad\qquad |$$
$$CH_3-CH_2-CH-C \equiv C-CH_3 \qquad\qquad CH_3-C-C \equiv C-CH_3$$
$$\qquad\qquad\qquad | \qquad\qquad\qquad\qquad\qquad\qquad\qquad\qquad\qquad |$$
$$\qquad\qquad\qquad CH_3 \qquad\qquad\qquad\qquad\qquad\qquad\qquad\qquad CH_3$$

4-甲基-2-己炔   4,4-二甲基-2-戊炔

脂肪烃分子中同时含有碳碳双键、碳碳三键的，叫作烯炔，命名时选择含有双键、三键的最长碳链为主链，编号从靠近双键或三键的一端开始，使不饱和键的编号尽可能小。如果双键、三键处于相同位次供选择时，则从靠近双键一端开始编号。例如：

$$CH \equiv C - CH = CH - CH_3$$

3-戊烯-1-炔

$$CH \equiv C - CH - CH = CH_2$$
$$\underset{\displaystyle CH_3}{|}$$

3-甲基-1-戊烯-4-炔

知识点二　炔烃的理化性质

一、物理性质

炔烃的熔点、沸点与相应的烷烃、烯烃相比，稍高一些，相对密度稍大一点，但也小于1。与烯烃一样，炔烃难溶于水而易溶于非极性或极性小的有机溶剂。烯烃、炔烃的折射率通常比烷烃大，可用于液态烯烃、炔烃的鉴定。三键由链的外侧向中间移动时，沸点、相对密度、折射率都显著升高；一些炔烃的物理常数见表8-6。

表8-6　一些炔烃的物理常数

名称	熔点/℃	沸点/℃	相对密度(d_4^{20})
乙炔	−81.8	−83.4	0.618
丙炔	−101.5	−23.3	0.671
1-丁炔	−122.5	8.5	0.668
1-戊炔	−98	39.7	0.695
2-戊炔	−101	55.5	0.712
1-己烯	−139.8	63.4	0.675
1-庚烯	−119	93.6	0.698

炔烃中最重要的是乙炔，纯的乙炔是无色、无臭味的气体。液态乙炔受到震动会发生爆炸，所以在乙炔钢瓶中既要填入多孔性物质，例如硅藻土、石棉等，又要加入丙酮作为溶剂，这样贮存、运输、使用时可以避免危险。

乙炔难溶于水，易溶于丙酮和某些有机溶剂。

乙炔与空气组成爆炸性的混合气体。其爆炸极限为3%～81%（体积分数）。在生产、使用乙炔时要防止发生爆炸事故。

二、化学性质

炔烃的化学性质主要表现在官能团碳碳三键上以及炔氢上。

（一）端基炔的反应

三键在1位的炔烃称作端基炔烃。在端基炔中与三键碳原子直接相连的氢原子的性质比较活泼，具有微弱的酸性，容易被某些金属原子取代，生成炔化物。

1. 炔钠的生成

$$CH \equiv CH + Na \xrightarrow{\text{液}NH_3} CH \equiv CNa \xrightarrow[\text{液}NH_3]{Na} NaC \equiv CNa$$

$$\text{乙炔钠}\text{乙炔二钠}$$

2. 炔银和炔亚铜的生成

端基炔中的炔氢可被 Ag^+ 或 Cu^+ 取代生成炔银或炔亚铜，如把端基炔烃通入硝酸银的氨溶液中，立即生成白色乙炔银沉淀，通入氯化亚铜溶液中，立即生成砖红色乙炔亚铜沉淀。

$$R-C\equiv CH \begin{cases} \xrightarrow{[Ag(NH_3)_2]NO_3} R-C\equiv CAg\downarrow \quad 乙炔银(灰白\downarrow) \\ \xrightarrow{[Cu(NH_3)_2]Cl} R-C\equiv CCu\downarrow \quad 乙炔亚铜(砖红\downarrow) \end{cases}$$

这是具有 $C\equiv CH$ 构造端基炔的特征反应，反应非常灵敏，因此经常用于端基炔的分析、鉴别。

（二）加成反应

1. 催化加氢

与烯烃相似，炔烃也与氢加成，炔烃分子可以与一分子的氢气加成得到烯烃，也可与两分子氢气加成得到烷烃。

2. 亲电加成

（1）加氯气或液溴

$$CH\equiv CH \xrightarrow[80\sim85℃]{Cl_2,\ FeCl_3} CHCl=CHCl \xrightarrow[80\sim85℃]{Cl_2,\ FeCl_3} CHCl_2-CHCl_2$$

三键与溴加成与烯烃相似，能使溴的红棕色迅速消失，也可以用来检验炔烃。当分子内同时存在双键和三键时，双键首先与溴加成，溴不过量时，只有双键加成而三键保留。例如：

$$CH\equiv C-CH_2-CH=CH_2+Br_2 \xrightarrow[CCl_4]{-20℃} CH\equiv C-CH_2-\underset{Br}{CH}-\underset{Br}{CH_2}$$

（2）加氯化氢或溴化氢　炔烃与 HCl、HBr 进行亲电加成反应时，可以加一分子或两分子卤化氢，加成产物符合马氏规则。

3. 亲核加成

（1）加醇　在碱的催化下，乙炔与醇加成生成乙烯基醚。例如：

$$CH\equiv CH+CH_3OH \xrightarrow[98\sim105℃,\ 2MPa]{20\%KOH\ 水溶液} CH_2=CH-O-CH_3$$

在碱催化下，$C\equiv C$ 三键与醇的加成不是亲电加成，而是亲核加成。

（2）加乙酸　在乙酸锌-活性炭的催化下，$170\sim230℃$，乙炔可与乙酸加成生成乙酸乙烯酯，乙酸乙烯酯是生产聚乙烯醇与合成纤维的原料。

$$CH\equiv CH+CH_3COOH \xrightarrow[170\sim230℃]{乙酸锌-活性炭} CH_2=CH-O-\overset{O}{\overset{\|}{C}}-CH_3$$

（3）加氢氰酸　乙炔和 HCN 进行加成，生成丙烯腈，其他炔烃加氢氰酸也生成腈。

$$CH\equiv CH+HCN \xrightarrow[80\sim90℃]{CuCl} CH_2=CH-CN$$

$$R-C\equiv CH+HCN \longrightarrow R-\underset{CN}{C}=CH_2$$

（三）氧化反应

（1）燃烧 通常情况下炔烃能够和氧气完全燃烧生成二氧化碳和水。

链状单炔烃的燃烧通式：$C_nH_{2n-2} + (3n-1)/2 O_2 \xrightarrow{\text{点燃}} nCO_2 + (n-1)H_2O$

（2）氧化剂氧化 炔烃可被高锰酸钾氧化，一般" $R-C\equiv$ "部分被氧化成羧酸；" $\equiv CH$ "部分被氧化成二氧化碳。

$$R-C\equiv CH \xrightarrow{\text{KMnO}_4} R-COOH + CO_2$$

$$R-C\equiv C-R' \xrightarrow{\text{KMnO}_4} R-COOH + R'-COOH$$

此反应常用来检验碳碳三键的存在，以及确定三键在炔烃分子中的位置。

（四）聚合反应

乙炔也能聚合。在不同反应条件下，乙炔可以聚合生成不同的聚合产物。例如：

$$2CH\equiv CH \xrightarrow[\text{HCl, 70℃}]{\text{CuCl-NH}_4\text{Cl}} CH_2=CH-C\equiv CH$$

$$3CH\equiv CH \xrightarrow[\triangle]{\text{AlCl}_3} \bigcirc$$

在 $Al(C_2H_5)_3\text{-TiCl}_4$ 等的催化下，乙炔可聚合生成单、双键交替排列的聚乙炔。

$$nCH\equiv CH \longrightarrow \{CH=CH\}_n$$

聚乙炔有顺、反两种异构体，是一种有机共轭高分子材料，具有较好的导电性，其卤化衍生物是一种有机导电高分子材料。

学习检测

1. 写出下列化合物的名称或结构式。

（1） $CH_2=CH-C\equiv C-CH=CH_2$

（2） $CH_3-C\equiv C-C\equiv CH$

（3）2,5-二甲基-3-庚炔

（4）4,4-二甲基-2-戊炔

（5）烯丙基乙烯基乙炔

（6）3-甲基-1-戊炔

2. 用简便的方法鉴别下列化合物。

（1）1-丁炔和2-丁炔

（2）丁烷、1-丁烯和1-丁炔

3. 写出分子式为 C_5H_8 炔烃的构造异构体，并用系统命名法命名。

4. 完成下列化学反应方程式。

（1） $CH_3C\equiv CCH_3 + H_2 \xrightarrow{\text{Pt}}$

（2） $CH_3C\equiv CCH_3 \xrightarrow{\text{KMnO}_4}$

单元五　芳香烃

 课前读吧

据说德国化学家凯库勒（Kekule）在进行苯分子是链状的假设实验研究时，屡战屡败，心灰意冷，带着问题疲惫地进入了梦乡，结果他因梦见一条蛇首尾相接而受到启发，在1865年提出全新的苯分子的环形结构。"日有所思，夜有所梦"，化学家凯库勒在面对无法解释的科学难题时，迎难而上，将自己全部的精力投入到自己热爱的科学事业和工作中，为科学的发展做出了巨大贡献。

学习目标

知识目标：① 说出芳香烃定义、分类、组成及结构；
　　　　　② 归纳芳香烃命名原则；
　　　　　③ 解释芳香烃的理化性质。
技能目标：① 能命名芳香烃；
　　　　　② 会书写芳香烃分子式、结构式、结构简式；
　　　　　③ 能解释芳香烃物理性质的规律和化学反应。
素养目标：① 提升总结归纳、自学的能力；
　　　　　② 养成积极进取的职业素养。

学习导入

你知道洗衣粉的主要成分是什么吗？主要由哪些原料制得？

知识链接

知识点一　芳香烃的认知

一、芳香烃定义及分类

1. 芳香烃的定义

芳香烃是指含有苯环或多个苯环组合结构（即稠环）的碳氢化合物。它们是芳香族化合物的母体，芳香族化合物是芳香烃及其衍生物的总称。例如：

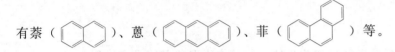

乙苯　　　　　　　对二甲苯　　　　　　　萘

2. 芳香烃的分类

根据分子中所含的苯环数目及连接方式不同可将芳香烃分为单环芳香烃、多环芳香烃和稠环芳香烃。单环芳香烃有苯、甲苯等，多环芳香烃则有联苯、二苯甲烷等，稠环芳香烃则有萘（⬡⬡）、蒽（⬡⬡⬡）、菲（⬡⬡⬡）等。

二、芳香烃的结构及同分异构现象

1. 苯的结构

苯（C_6H_6）分子中的 6 个碳原子和 6 个氢原子都在同一平面内，6 个碳原子构成平面正六边形，碳碳键长都是 0.140nm，比碳碳单键（0.154nm）短，比碳碳双键（0.134nm）长，碳氢键长都是 0.108nm，所有键角都是 120°。

从图 8-5 苯分子的形状可知，6 个碳原子形成 6 个 C—C σ 键，分别与 6 个氢原子形成 6 个 C—H σ 键，中间是环状共轭 π 键。处于该 π 轨道中的 π 电子能够高度离域，使电子云密度完全平均化。

凯库勒构造式 ⬡ 虽然未能完全反映苯分子的结构，但仍在普遍使用。为了表示苯分子中有一个环状共轭 π 键，有些书刊上也采用鲍林式 ⬡ 来表示苯的结构。

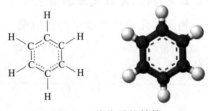

图 8-5　苯分子的结构

芳香烃是重要的有机化工原料，其中最重要的是苯、甲苯、二甲苯和萘等。芳香烃主要来自石油加工和煤加工。如苯有减轻爆震的作用而能作为汽油添加剂。甲苯衍生的一系列中间体，广泛用于染料、医药、农药等。

> ❓ **动一动**　各小组用球棍模型搭建一个苯分子，观察它的结构。

2. 单环芳烃的同分异构

苯分子中的氢原子被烷基取代，形成一元、二元或多元取代的衍生物，称苯的同系物。当取代基（也称侧链）含 3 个或 3 个以上碳原子时，产生位置异构，如正丙苯、异丙苯。苯环上有二元或多元取代基时，因取代基的相对位置差异，也产生位置异构，如邻二甲苯、对二甲苯。

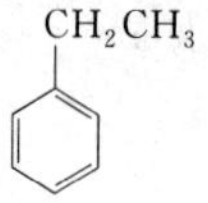

乙苯 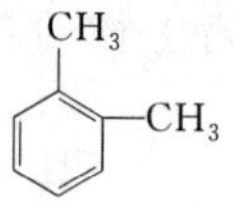　　　　　邻二甲苯 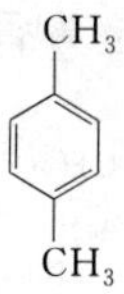　　　　对二甲苯

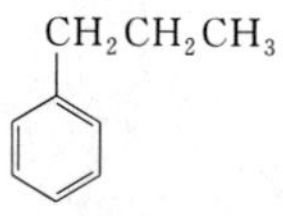

正丙苯 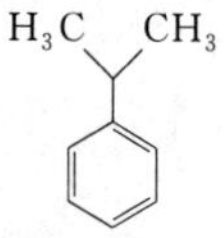　　　　　　异丙苯

三、芳香烃的命名

1. 一元取代苯的命名

简单的一元取代苯的命名是以苯环作为母体、烷基作为取代基来命名。对于≤10个碳原子的烷基，常省略某基的"基"字；对于＞10个碳原子的烷基，一般是不省略"基"字。例如：

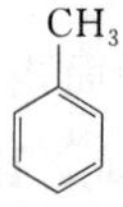

甲苯 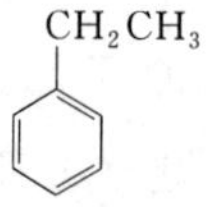　　　　　　　乙苯 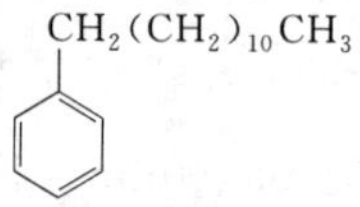　　　　　　十二烷基苯

2. 相同二元取代苯的命名

相同二元取代苯命名时是以邻、间、对作为字头来表明两个取代基的相对位次，或者用ortho（邻）、mata（间）、para（对）的第一个字母来表示，还可用阿拉伯数字来表明取代基的位次。例如：

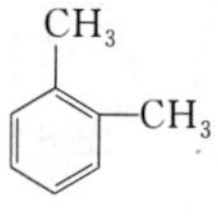

邻二甲苯　　　　　　间二甲苯　　　　　　对二甲苯

o-二甲苯　　　　　*m*-二甲苯　　　　　*p*-二甲苯

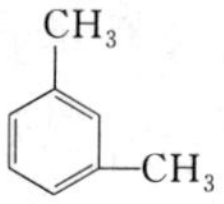

或1,2-二甲苯　　　或1,3-二甲苯　　　或1,4-二甲苯

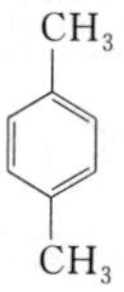

3. 三个相同烷基取代苯命名

对于三个相同烷基取代苯，则可用连、偏、均字头来表示。例如：

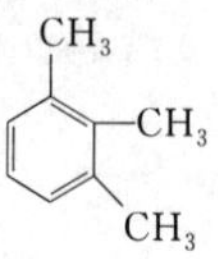

连三甲苯　　　　　　偏三甲苯　　　　　　均三甲苯

或1,2,3-三甲苯　　或1,2,4-三甲苯　　或1,3,5-三甲苯

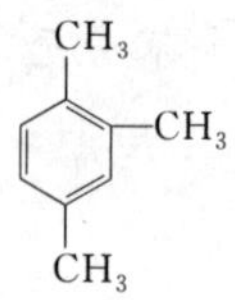

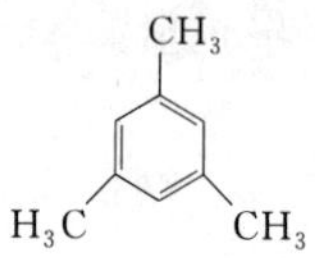

4. 不同二元取代苯和多元取代苯的命名

苯环连接不同的烷基时，命名是以苯环作为母体，烷基名称的排列顺序应按"次序规则"，优先基团后列出，其他基团按顺序排列，苯环连接最简单的烷基编号为1，并以位置

总和最小原则进行命名。例如：

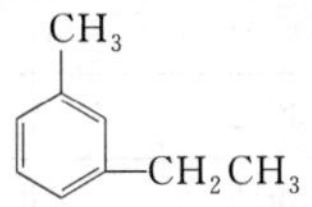

1-甲基-3-乙苯 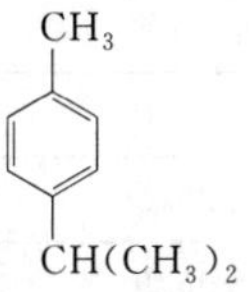   1-甲基-4-异丙苯

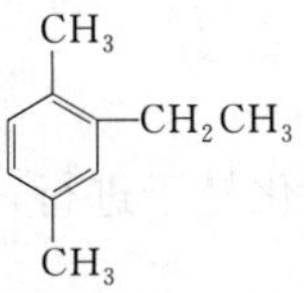

1,4-二甲基-2-乙苯 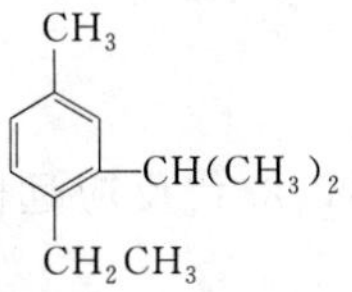   1-甲基-4-乙基-3-异丙苯

5. 复杂取代苯化合物的命名

当苯环上连接的脂肪烃基比较复杂，或连接的是不饱和烃基，或烃链上有多个苯环时，则以脂肪烃作为母体，苯环作为取代基来命名。例如：

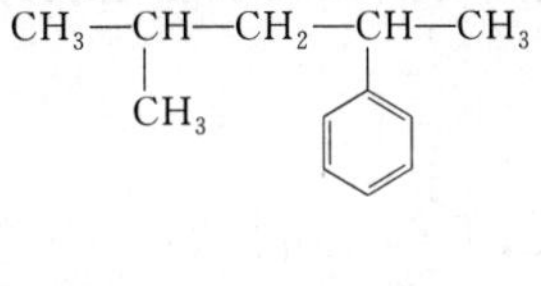

2-甲基-4-苯基戊烷 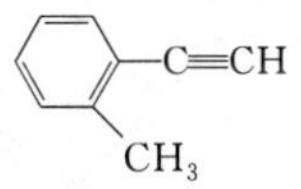   邻甲苯基乙炔

芳烃分子中去掉一个氢原子后剩下的基团称为芳基。常用 Ar-表示。苯分子去掉一个氢原子后形成苯基，一般是用 Ph-（pheny 的缩写）表示。如果从甲苯分子中的甲基上去掉一个氢原子后剩下的基团 $C_6H_5CH_2$—称苯甲基，又称苄基。

知识点二 单环芳香烃的理化性质

一、物理性质

苯及其同系物多数是无色液体，相对密度小于 1，一般为 0.86～0.9。不溶于水，可溶于乙醚、四氯化碳、乙醇、石油醚等溶剂。与脂肪烃不同，芳香烃易溶于 N,N-二甲基甲酰胺等溶剂，利用此性质可从脂肪烃和芳烃的混合物中萃取芳香烃。甲苯、二甲苯等对某些涂料有较好的溶解性，可用作涂料工业的稀释剂。苯及其同系物有特殊气味，苯蒸气有毒，使用时应注意。苯及其常见同系物的一些物理常数见表 8-7。

表 8-7　苯及其常见同系物的一些物理常数

名称	熔点/℃	沸点/℃	相对密度(d_4^{20})
苯	5.5	80	0.879
甲苯	−95	110.6	0.867
邻二甲苯	−25.2	144.4	0.880
间二甲苯	−47.9	139.1	0.864
对二甲苯	13.3	138.4	0.712

名称	熔点/℃	沸点/℃	相对密度(d_4^{20})
乙苯	−95.0	136.2	0.867
正丙苯	−99.5	159.2	0.862
异丙苯	−96.9	152.4	0.862

二、化学性质

苯环具有特殊的稳定性，取代反应远比加成、氧化易于进行，这是芳香族化合物特有的性质，叫作芳香性。

（一）亲电取代

苯环的卤代、硝化、磺化、烷基化和酰基化是典型的亲电取代反应。

1. 卤代

卤代中最重要的是氯代和溴代。以铁粉或路易斯酸无水氯化铁为催化剂，苯与氯气或溴发生卤代反应生成氯苯或溴苯。

$$\text{苯} + Cl_2 \xrightarrow{Fe} \text{氯苯} + HCl$$

$$\text{苯} + Br_2 \xrightarrow[55\sim60℃]{FeCl_3} \text{溴苯} + HBr$$

甲苯的卤代比苯容易，如甲苯的氯代，其产物主要是邻氯甲苯和对氯甲苯。

$$\text{甲苯} + Cl_2 \xrightarrow[90℃]{FeCl_3} \text{邻氯甲苯} + \text{对氯甲苯}$$

2. 硝化

苯及其同系物与浓硝酸和浓硫酸的混合物（通常称混酸）在一定温度下可发生硝化反应，苯环上的氢原子被硝基（—NO_2）取代，生成硝基化合物。例如：苯硝化生成硝基苯。

$$\text{苯} + HNO_3 \xrightarrow[50\sim60℃]{H_2SO_4} \text{硝基苯} + H_2O$$

甲苯比苯容易硝化，硝化的主要产物是邻、对硝基甲苯。

$$\text{甲苯} \xrightarrow[100℃]{HNO_3，H_2SO_4} \text{邻硝基甲苯} + \text{对硝基甲苯}$$

3. 磺化

苯及其同系物与浓 H_2SO_4 发生磺化反应，在苯环上引入磺基（—SO_3H），生成芳磺酸。

$$\text{苯} + H_2SO_4 \underset{70\sim80℃}{\rightleftharpoons} \text{苯磺酸} + H_2O$$

甲苯比苯容易磺化，主要得到邻、对位的产物。

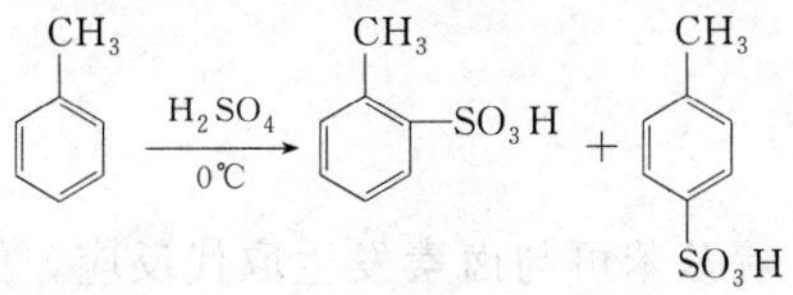

4. 傅-克反应

傅列德尔（Friedel C）-克拉夫茨（Crafts J M）反应（简称傅克反应），一般分为烷基化和酰基化两类。

（1）烷基化　在路易斯酸-无水氯化铝的催化下，芳烃与氯代烷（或溴代烷）的反应是典型的傅克烷基化反应。

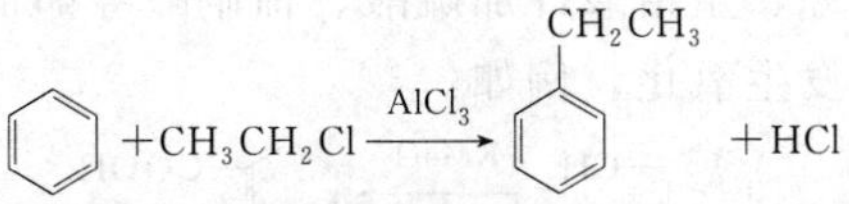

傅克烷基化反应在工业生产上有重要的意义。如工业上生产乙苯和异丙苯是用苯分别与乙烯和丙烯烷基化反应制得。乙苯经催化脱氢后生成苯乙烯，苯乙烯是合成树脂和合成橡胶的重要单体；异丙苯是生产苯酚、丙酮的主要原料。

（2）酰基化　在无水氯化铝催化下，芳烃与酰氯（$RCOCl$）反应生成芳酮是典型的傅克酰基化反应。酰基化反应是不可逆的。

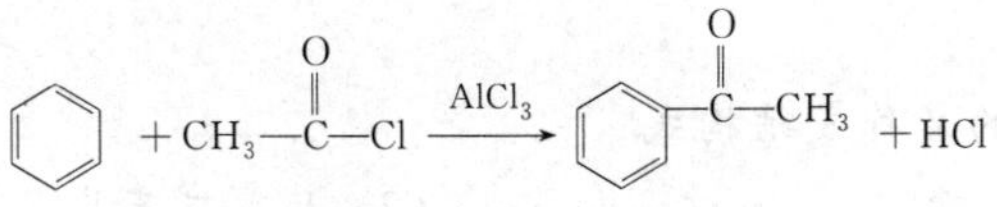

（二）加成反应

芳烃比一般不饱和烃要稳定得多，只有在特殊条件下才能发生加成反应。

1. 加氢

以铂、钯或雷尼镍为催化剂，苯与氢气加成：

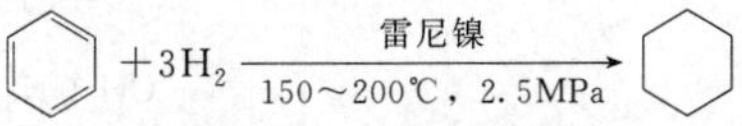

2. 加氯

在紫外光照射下，苯与 Cl_2 作用生成六氯化苯（$C_6H_6Cl_6$），简称六六六。

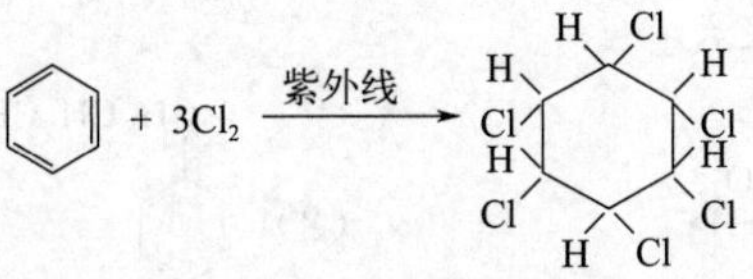

（三）氧化反应

苯环很稳定，不易被氧化，只是在催化剂、高温时苯才会氧化开环，生成顺丁烯二酸酐。

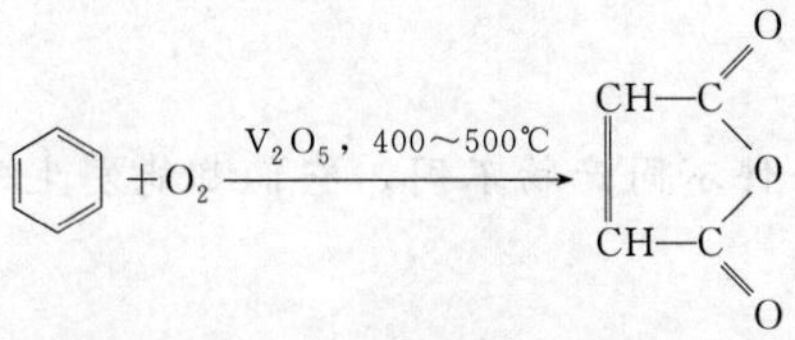

这是顺丁烯二酸酐的工业制法。

（四）苯环侧链的反应

1. 自由基取代反应

在较高温度或光照射下，烷基苯可与卤素发生取代反应，但不发生苯环上的反应，而是与甲烷氯化相似，例如：

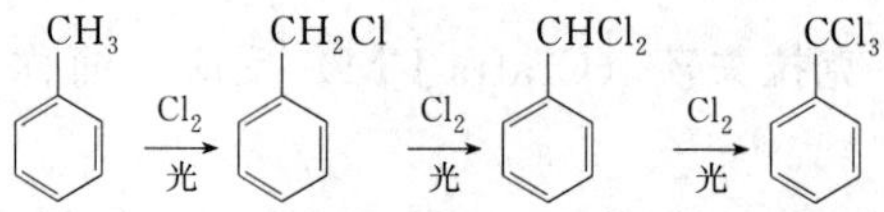

2. 氧化反应

常见的氧化剂如高锰酸钾、重铬酸钾加硫酸、稀硝酸等都不能使苯环氧化，烷基苯在这些氧化剂作用下，只有侧链发生氧化，例如：

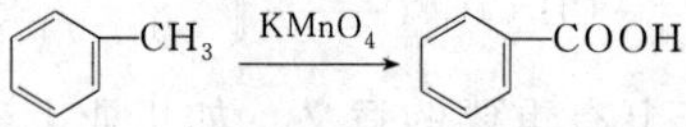

> ❓ **想一想**　总结苯环的取代反应与烷烃的差异，苯环的加成反应与烯烃的区别。

✏ 学习检测

1. 写出下列化合物的名称或结构式。

（1）1-苯基-1,3-丁二烯

（2）1,4-二苯基-2-丁烯

（3）$(CH_3)_3CCHC(CH_3)_3$

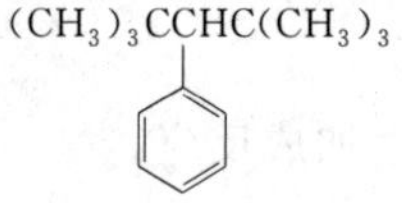

（4）

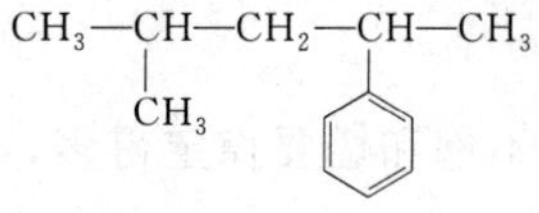

（5）

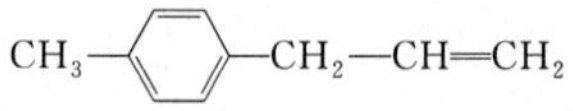

（6）

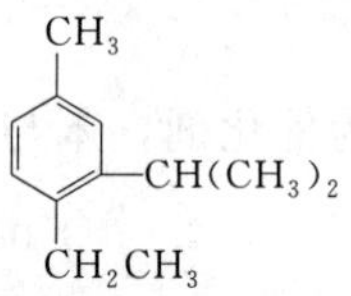

2. 用化学方法鉴别下列化合物。

（1）苯、乙苯和苯乙烯

（2）环己烯、环己烷和苯

3. 完成下列化学反应方程式。

（1） 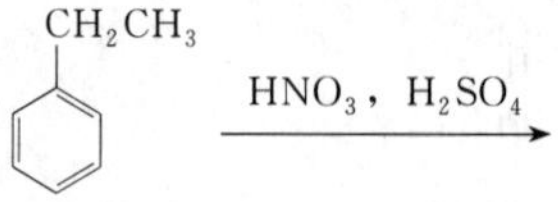
$\xrightarrow{HNO_3，H_2SO_4}$

（2） 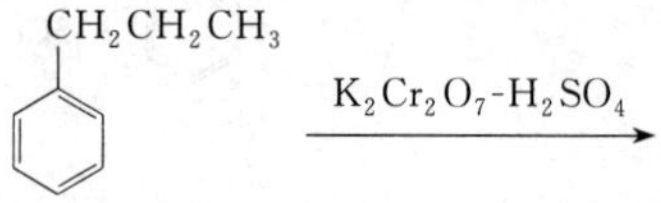
$\xrightarrow{K_2Cr_2O_7-H_2SO_4}$

（3）
$+CH_3CH_2CH_2Cl \xrightarrow{AlCl_3}$

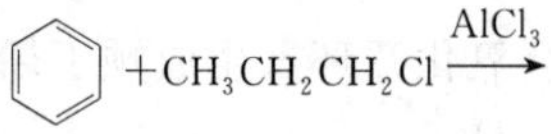

（4） 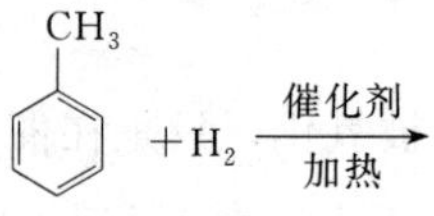
$+H_2 \xrightarrow[加热]{催化剂}$

4. 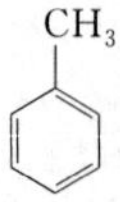
与 Cl_2 反应，条件不同产物不同，它们都能发生哪些反应？请用化学方程式表示出来。

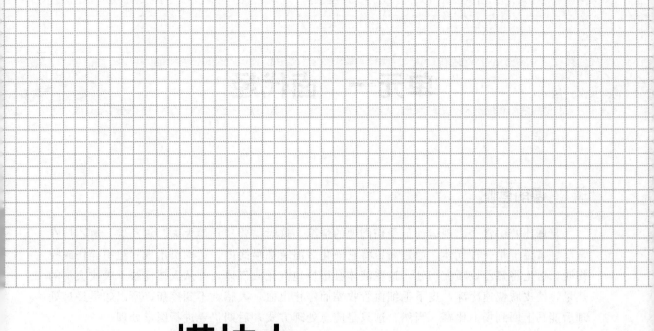

模块九
烃类衍生物

情境描述

　　某化工企业采购部部长岗位空缺，公司决定以考试的形式进行选拔，考试成绩前三名作为部长候选人。采购部员工小王积极性高，对公司以往采购明细进行汇总，发现公司采购较多的物料为烃类衍生物，于是小王对这部分的相关知识进行学习，并顺利通过了选拔考试。

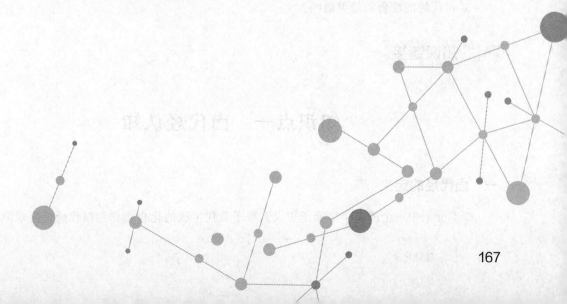

单元一　卤代烃

课前读吧

　　足球比赛中常会出现运动员受伤倒地的情况，这时需要"化学大夫"氯乙烷。氯乙烷在常压、常温下是一种气体，通过高压将它液化后灌装在喷筒内。运动员出现软组织挫伤或拉伤时，医生将氯乙烷喷在伤处，这些液体会很快地汽化成气体，并从人体皮肤上吸收大量的热量，使皮肤快速冷冻，皮下毛细血管收缩而停止出血，人感觉不到疼痛，所以球员经过处理后能马上回到场上比赛。当然，这只是应急处理方式，后期仍要进行医学处理。

学习目标

　知识目标：① 知道卤代烃定义、分类、组成及结构；
　　　　　　② 说出卤代烃命名原则；
　　　　　　③ 会解释卤代烃的化学性质——取代、消除。
　技能目标：① 会命名卤代烃；
　　　　　　② 会写卤代烃结构式；
　　　　　　③ 会检验卤代烃。
　素养目标：① 培养化工科技创新意识；
　　　　　　② 培养勇挑重担、不惧失败的化工劳动精神；
　　　　　　③ 提高学生的分析检验能力。

学习导入

　1. 卤代烃在结构上与烃有什么区别？
　2. 卤代烃的性质和烃类似吗？

知识链接

▰ 知识点一　卤代烃认知 ▰

一、卤代烃的定义

　　烃类分子中一个或多个氢原子被卤素原子取代生成的化合物称为卤代烃，卤素原子是它的官能团，一般用 R—X 表示（X 为 F、Cl、Br、I）。例如：

$$CH_3Cl \qquad CH_2=CH-Cl \qquad \underset{\text{溴苯}}{}-Br$$

一氯甲烷　　　　　氯乙烯　　　　　溴苯

> ❓ **动一动**　各小组用球棍模型搭建上述物质，找一找他们的官能团。

二、卤代烃的分类

（1）根据卤代烃分子中烃基结构的不同，可分为饱和卤代烃、不饱和卤代烃和芳香卤代烃。例如：

$$CH_3CH_2Cl \qquad\qquad CH_2=CHCH_2Br \qquad\qquad -Cl$$

饱和卤代烃　　　　　　　　不饱和卤代烃　　　　　　　　芳香卤代烃

（2）根据与卤素原子相连的碳原子种类不同，分为伯（一级，1°）卤代烃、仲（二级，2°）卤代烃、叔（三级，3°）卤代烃。例如：

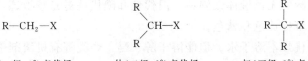

伯（一级，1°）卤代烃　　　　仲（二级，2°）卤代烃　　　　叔（三级，3°）卤代烃

（3）根据分子中所含卤原子的数目分为一卤代烃和多卤代烃。例如：CH_3Cl，$CHCl=CHCl$，$CHCl_3$ 和 CCl_4 等。

三、卤代烃的命名

1. 习惯命名法

简单的卤代烷可在相应的烃前面加卤素名称，称为卤某烃或烃基卤。例如：

$$CH_3Cl \qquad CHCl_3 \qquad CH_2=CH-CH_2-Cl \qquad -CH_2Cl$$

氯甲烷（甲基氯）　　三氯甲烷（氯仿）　　烯丙基氯　　　　苯基氯甲烷（苄基氯）

2. 系统命名法

（1）饱和卤代烃的命名　选择带有卤原子的最长碳链作为主链，根据主链的碳原子数称为某烷（母体）；从离取代基近的一端开始将主链碳原子依次编号；主链以外的侧链和卤原子都作为取代基；书写名称时，按次序规则中"较优基团后列出"原则，序号较大的原子或原子团放在后面。例如：

$$CHI_3 \qquad \underset{\underset{CH_3\ \ Br}{|\quad\ |}}{CH_3-CH-CH_3} \qquad \underset{\underset{Br\ \ Cl}{|\ \ |}}{CH_3CH_2CHCHCH_3}$$

三碘甲烷　　　2-甲基-3-溴丁烷　　　2-氯-3-溴戊烷

（2）不饱和卤代烃的命名　选择同时含有不饱和键和卤素原子的最长碳链作主链；从离双键或三键近的一端开始编号，以烯烃或炔烃为母体来命名。例如：

$$CH_2=CH-CH-CH_2I$$
$$|$$
$$CH_3$$

$$CH_3-CH-C-CH_2-CH_2Cl$$
$$|$$
$$CH_2CH_3$$

$$CH\equiv C-CH-CH_2Br$$
$$|$$
$$CH_3$$

3-甲基-4-碘-1-丁烯　　　　　3-乙基-5-氯-2-戊烯　　　　　3-甲基-4-溴-1-丁炔

（3）当卤原子直接连在芳环上时，以芳烃为母体，卤原子作为取代基来命名。

卤原子连在芳香环侧链上时，则以脂肪烃为母体，芳基和卤原子都作为取代基来命名。

1,2-二氯苯或邻二氯苯　　　　　4-溴甲苯或对溴甲苯　　　　　3-苯基-1-氯丁烷

知识点二　卤代烃的理化性质

一、物理性质

（1）**物态**　在室温下，除氯甲烷、氯乙烷、氯乙烯和溴甲烷等是气体外，一般常见的卤代烃是具有不愉快气味的无色液体或固体。溴代烷和碘代烷对光较敏感，光照下能缓慢地分解出游离卤素而分别带棕黄色和紫色。

（2）**溶解性**　卤代烃不溶于水。但能溶于醇、醚、烃类等有机溶剂中，有些卤代烃本身就是有机溶剂，例如二氯甲烷、氯仿等。

（3）**沸点**　卤代烃的沸点随分子量的增加而升高。烃基相同的卤代烃中，碘代烃的沸点最高，溴代烃、氯代烃、氟代烃依次降低。在卤代烷的同分异构体中，直链异构体的沸点最高，支链越多，沸点越低。此外，氯代烷、溴代烷、碘代烷与分子量相近的烷烃的沸点相近。

（4）**相对密度**　一氟代烷和一氯代烷的相对密度小于1，一溴代烷和一碘代烷以及多卤代烷和卤代芳烃的相对密度都大于1，此物理性质常用于卤代烃的分离、提纯。同一烃基的卤代烷，氯代烷的相对密度最小，碘代烷的相对密度最大。

（5）**燃烧性**　在有机分子中引入氯原子或溴原子可减弱其可燃性，某些含氯、含溴的有机化合物是很好的灭火剂和阻燃剂。卤代烷在铜丝上燃烧时能产生绿色火焰，这可作为鉴定卤素的简便方法。

（6）**毒性**　许多卤代烃都有毒性，应避免吸入。特别是含有偶数碳原子的氟代烃剧毒。某些卤代烃的主要物理常数见表9-1。

表 9-1　某些卤代烃的主要物理常数

名称	熔点/℃	沸点/℃	相对密度（d_4^{20}）
氯甲烷	−97.7	−24	1.785
溴甲烷	−93.7	3.5	1.732
三氯甲烷	−63.5	61.2	1.489
四氯化碳	−22.96	76.8	1.594

名称	熔点/℃	沸点/℃	相对密度(d_4^{20})
溴乙烷	−118.9	38.4	1.460
氯苯	−45.2	132	1.106
溴苯	−30.6	156.2	1.495

二、主要化学性质

反应时，卤代烷的活性顺序是碘代烷＞溴代烷＞氯代烷。

1. 取代反应

（1）水解（被羟基取代）　卤代烷与强碱（氢氧化钠、氢氧化钾）的水溶液共热进行水解，卤素原子被羟基（—OH）取代而生成醇，这是由卤代烃制备醇的一种方法。

$$CH_3CH_2CH_2CH_2Cl+NaOH \xrightarrow[\text{回流}]{H_2O} CH_3CH_2CH_2CH_2OH+NaCl$$

（2）醇解（被烷氧基取代）　卤代烷与醇钠在相应的醇中反应，卤原子被烷氧基（RO—）取代可制得醚，此反应称为卤代烷的醇解。例如：

$$CH_3CH_2CH_2Br+CH_3CH_2ONa \xrightarrow{CH_3CH_2OH} CH_3CH_2CH_2OCH_2CH_3+NaBr$$

这是制备醚的主要方法之一，特别是 R—O—R′ 类型的醚，叫作威廉姆逊（Williamson）合成反应。

（3）氰解（被氰基取代）　伯卤代烷与氰化钠（或氰化钾）的醇溶液反应，卤原子被氰基（—CN）取代，生成腈（RCN），称为卤代烷的氰解。例如：

$$CH_3CH_2CH_2Cl+NaCN \xrightarrow{CH_3CH_2OH} CH_3CH_2CH_2CN+NaCl$$

若将腈在酸性介质下水解，则生成相应的羧酸。例如：

$$CH_3CH_2CH_2CN+2H_2O \xrightarrow{H^+} CH_3CH_2CH_2COOH+NH_4^+$$

氰基（—CN）是腈类化合物的官能团，通过反应得到了比原料卤代烃多一个碳原子的羧酸，在有机合成中常作为碳链增长方法之一。

（4）氨解（被氨基取代）　伯卤代烷与氨反应，卤原子被氨基（—NH$_2$）取代，生成胺，称为卤代烷的氨解。伯卤代烷与过量的氨反应生成伯胺。例如：

$$CH_3CH_2CH_2Cl+NH_3 \longrightarrow CH_3CH_2CH_2NH_2+HCl$$

工业上用这个反应制备伯胺。

注意：如果不是伯卤代烷，而是叔卤代烷分别与上述试剂 NaOH、RONa、NaCN 和 NH$_3$ 反应，发生的主要反应则不是取代，而是消除一分子卤化氢生成烯烃。例如：

$$\underset{\underset{CH_3}{|}}{\overset{\overset{CH_3}{|}}{CH_3-C-Cl}} \xrightarrow{NaOH \text{ 或 } RONa} \underset{\underset{CH_3}{|}}{CH_3-C=CH_2} + HCl$$

如果是仲卤代烷，一般也生成较多的消除产物烯烃。

（5）与硝酸银反应　卤代烷与硝酸银的乙醇溶液反应生成硝酸酯和卤化银沉淀。例如：

$$CH_3CH_2CH_2Cl+AgONO_2 \xrightarrow{C_2H_5OH} CH_3CH_2CH_2-O-NO_2+AgCl\downarrow$$

不同结构的卤代烷反应活性顺序是：

叔卤代烷＞仲卤代烷＞伯卤代烷

叔卤代烷生成卤化银沉淀最快，一般是立即反应；而伯卤代烷最慢，常常需要加热。此反应可用于卤代烷的分析鉴定。

2. 消除反应

伯卤代烷与浓的强碱乙醇溶液（常用浓氢氧化钠或氢氧化钾的乙醇溶液）共热时，则主要发生消除反应，消除一分子卤化氢生成烯烃。例如：

$$CH_3CH_2CH_2CH_2Br+NaOH \xrightarrow[\triangle]{CH_3CH_2OH} CH_3CH_2CH=CH_2+NaBr+H_2O$$

这是制备烯烃的一种方法。此反应中卤代烷的活性顺序是：

叔卤代烷＞仲卤代烷＞伯卤代烷

仲卤代烷或叔卤代烷进行消除时，可能生成几种不同的烯烃。例如：

$$CH_3-CH_2-\underset{\underset{Br}{|}}{CH}-CH_3 \xrightarrow[-HBr]{KOH/乙醇} \underset{81\%}{CH_3-CH=CH-CH_3} + \underset{19\%}{CH_3-CH_2-CH=CH_2}$$

通过大量实验证明：卤代烷消除卤化氢时，氢原子是从含氢较少的碳原子上脱去的。这个经验规律称为札依采夫规则（Zaitsev rule）。

> ❓ **想一想** 在取代反应和消除反应中都有卤代烃与碱性物质的反应，怎么区别？

3. 与金属镁反应（格氏试剂的生成）

卤代烷可以与某些金属（例如 Li、Mg、Na、Al 等）反应，生成金属有机化合物（金属原子与碳原子直接相连的一类化合物）。卤代烷与镁在无水乙醚中反应生成烷基卤化镁，被称为格利雅（Grignard）试剂，简称格氏试剂。

$$R-X+Mg \xrightarrow[回流]{无水乙醚} R-Mg-X$$

烷基卤化镁　　　（格氏试剂）

制备格氏试剂时，卤代烷的活性顺序是：

碘代烷＞溴代烷＞氯代烷

实验室中常使用溴代烷制备格氏试剂。除乙醚以外，四氢呋喃及其他干醚也可作为反应溶剂，得到的格氏试剂不用分离即可以用于各种合成反应。

格氏试剂中 C—Mg 键是强的极性共价键，所以此试剂性质活泼，很容易与含活泼氢的化合物如水、醇等作用生成相应的烷烃，因此，制备格氏试剂时要用干醚，最好在氮气保护下进行。格氏试剂易被空气中的氧气氧化，因此保存格氏试剂时应使它与空气隔绝。

$$R-MgX+H_2O \longrightarrow R-H+Mg(OH)X$$

$$R-MgX+R'OH \longrightarrow R-H+Mg(OR')X$$

$$R-MgX+1/2O_2 \longrightarrow R-OMgX \xrightarrow{H_2O} R-OH$$

知识点三 几种重要的卤代烃

一、氯苯

氯苯（C_6H_5Cl）为无色液体，沸点为 132℃，可以由苯直接氯化制得，工业上也可将苯蒸气、空气及氯化氢通过氯化铜催化剂来制造。氯苯的几种结构表达形式如下。

结构式

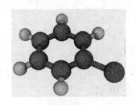

比例模型   球棍模型

氯苯可用作溶剂和有机合成原料，也是某些农药、医药和染料中间体的原料。

二、三氯甲烷

三氯甲烷（$CHCl_3$）俗称氯仿，是一种无色而有香甜味的液体，沸点为 61.2℃，相对密度为 1.489，不能燃烧，不溶于水，是一种麻醉剂。其结构如下：

结构式

比例模型

球棍模型

三氯甲烷能溶解油脂和多种有机物质，是优良的溶剂。在光作用下，它易被空气中的氧所分解，生成剧毒的光气：

$$2CHCl_3 + O_2 \xrightarrow{\text{光}} 2COCl_2 + 2HCl$$

所以氯仿通常应保存在棕色瓶中，加满后封闭起来以隔绝空气。医药用氯仿需加入 1% 乙醇，使可能生成的光气转化成无毒的碳酸二乙酯。

三、四氯甲烷

四氯甲烷（CCl_4）也称为四氯化碳，是无色液体，沸点为 76.8℃，相对密度为 1.594，有特殊的气味。它不能燃烧，易挥发，其蒸气比空气重，故用作灭火剂。适用于扑灭油类和电源附近的火灾，但在 500℃以上时可与水反应生成光气，故灭火时必须注意空气流通以防止中毒。四氯化碳与金属钠在较高温度时能猛烈反应爆炸，故当金属钠着火时不能用它来灭火，更不能用金属钠来干燥它。

四氯化碳主要用作合成原料和溶剂，能溶解油脂、油漆、树脂、橡胶等有机物质，又常用作干洗剂。四氯化碳有一定毒性，能损害肝脏，使用时应注意。

1. 写出下列化合物的名称或结构式。

(1) CH_2Cl_2

(2) 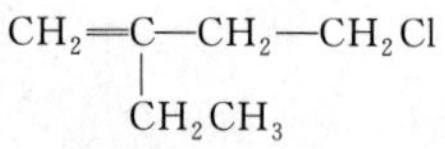 $CH_2=C-CH_2-CH_2Cl$
　　　　　$|$
　　　　CH_2CH_3

(3) CH_2-CH_2
　　　$|$　　$|$
　　Br　　Br

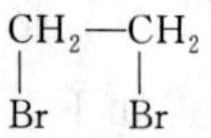

(4) $CH_3CH_2CH_2CH_2Cl$

(5) 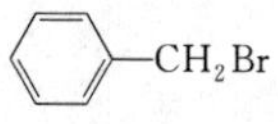 ⬡$-CH_2Br$

(6) 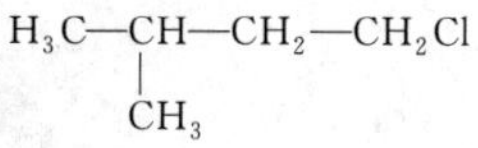 $H_3C-CH-CH_2-CH_2Cl$
　　　　　$|$
　　　　CH_3

(7) 2-氯丙烷

(8) 3-溴-1-丁烯

(9) 1-苯基-2-氯丁烷

(10) 3-氯-2-溴戊烷

(11) 2,4-二氯甲苯

(12) 2-甲基-5-溴-4-碘辛烷

2. 完成下列反应。

(1) $CH_3CH_2CH_2CH_2Br + KOH \xrightarrow[\triangle]{C_2H_5OH}$

(2) $CH_3CH_2Cl + AgNO_3 \xrightarrow{C_2H_5OH}$

(3) $CH_3CH_2CH_2Br + NaOH \xrightarrow[回流]{H_2O}$

(4) 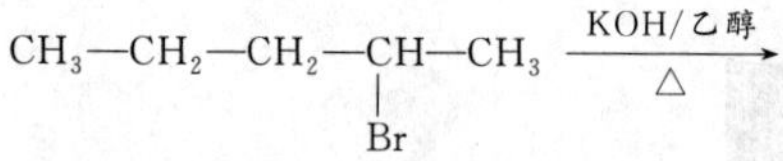 $CH_3-CH_2-CH_2-CH-CH_3 \xrightarrow[\triangle]{KOH/乙醇}$
　　　　　　　　　　　　$|$
　　　　　　　　　　　Br

3. 卤代烃 A(C_2H_7Br) 与热浓 KOH 乙醇溶液作用生成烯烃 B(C_3H_6)。氧化 B 得两个碳的酸 C 和 CO_2。B 与 HBr 作用生成 A 的异构体 D。试写出 A、B、C 和 D 的构造式。

单元二　醇

课前读吧

　　酒是古老的人造饮料，中国是世界上最早酿酒的国家之一，甲骨文中就已经出现了"酒"字和与酒有关的"醴""尊""酉"等字。中国最晚在夏代已能人工造酒，殷商时期开始制曲酿酒，随着人类的进步，酿酒工艺也进一步发展，通过蒸馏提高了酒精的浓度，出现蒸馏酒。我国酒文化渗透于中华五千年的文明史中，是一种社会文化，一种政治文化，更是一种艺术文化，在我国人民生活中占有重要位置。

学习目标

知识目标： ① 知道醇的组成、结构；

　　　　　　② 说出醇的命名原则；

　　　　　　③ 会解释醇的物理性质和氧化、脱水的化学性质。

技能目标： ① 会命名醇；

　　　　　　② 会写醇类结构式；

　　　　　　③ 会运用几种常见醇。

素养目标： ① 提高分析检验的能力；

　　　　　　② 传承中国化工文化精神，激发报国情怀；

　　　　　　③ 养成实事求是、精益求精的态度。

学习导入

1. 醇的官能团是什么？结构如何？
2. 乙醇为什么能与水以任意比例混溶？

知识链接

知识点一　醇的认知

一、醇的定义

　　醇可以看成是脂肪烃分子中一个或几个氢原子被羟基（—OH）取代的生成物。羟基是醇的官能团。例如：

$$CH_3OH \qquad \qquad \qquad CH_2OH$$

甲醇　　　　　　　　环己醇　　　　　　苯甲醇(苄醇)

> **❓ 动一动** 各小组用球棍模型搭建上述三种物质，找一找他们的官能团。

二、醇的分类

（1）按分子中烃基的不同，分为脂肪醇、脂环醇和芳醇。又可根据烃基的不饱和程度分为饱和醇和不饱和醇。例如：

$$CH_3CH_2OH \qquad \qquad \qquad CH_2OH$$

脂肪醇(饱和醇)　　　　脂环醇(饱和醇)　　　　芳醇(不饱和醇)

（2）根据和羟基直接相连的碳原子的类型，可以分为伯醇、仲醇、叔醇。例如：

$$CH_3CH_2CH_2CH_2OH \qquad CH_3CH_2\underset{OH}{C}HCH_3 \qquad CH_3\underset{OH}{\overset{CH_3}{\underset{|}{\overset{|}{C}}}}CH_3$$

伯醇　　　　　　　　　仲醇　　　　　　　　叔醇

（3）根据醇分子中羟基数目的多少可以分为一元醇、二元醇和多元醇。例如：

$$CH_3CH_2CH_2OH \qquad \underset{OH}{CH_2}-\underset{OH}{CH_2} \qquad \underset{OH}{CH_2}-\underset{OH}{CH}-\underset{OH}{CH_2}$$

一元醇　　　　　　　　二元醇　　　　　　　多元醇

三、醇的命名

1. 习惯命名法

此法按烷基的普通名称命名，即在烷基后面加一个"醇"字。例如：

$$CH_3CH_2CH_2OH \qquad CH_3\underset{OH}{C}HCH_3 \qquad CH_3CH_2\underset{OH}{C}HCH_3 \qquad CH_3\underset{OH}{\overset{CH_3}{\underset{|}{\overset{|}{C}}}}CH_3$$

正丙醇　　　　　异丙醇　　　　　仲丁醇　　　　　叔丁醇

2. 系统命名法

（1）选择含有羟基的最长碳链作为主链，把支链看作取代基；主链碳原子的编号从离羟基近的一端开始，根据主链的碳原子数称作某醇；取代基的位次、数目、名称及羟基位次写在名称的前面。例如：

$$CH_3CH_2CH_2OH \qquad CH_3-CH_2-\underset{\underset{OH}{\overset{|}{CH_3}}}{CH}-CH_2-CH_3$$

1-丙醇　　　　　　　　　　4-甲基-3-己醇

（2）不饱和醇应选择同时含连有羟基碳原子和不饱和键在内的最长碳链作为主链，碳原子的编号从离羟基最近的一端开始。例如：

$$CH_3CH_2CH_2CHCH_2CH_2CH_2OH$$
$$CH=CH_2$$

4-丙基-5-己烯-1-醇

$$CH_3CH=CCH_2CH_3$$
$$CH_2OH$$

2-乙基-2-丁烯-1-醇

（3）脂环醇是根据脂环烃基的名称，称为"环某醇"，从羟基所连的碳原子开始，按"取代基位次之和最小"的原则给碳原子编号。例如：

3-甲基环戊醇　　　4-甲基-3-乙基环己醇

（4）芳醇的命名，一般将苯基作为取代基。例如：

苯甲醇　　　1-苯乙醇　　　2-苯乙醇

（5）含有两个以上羟基的多元醇，应尽可能选择含多个羟基在内的碳链作为主链，并把羟基的数目和位次放在醇名之前表示出来。例如：

$$CH_2-CH-CH_2$$
$$OH\ OH\ OH$$

1,2,3-丙三醇

$$CH_2-CH_2-CH_2$$
$$OH\ \ \ \ \ \ OH$$

1,3-丙二醇

$$CH_2-CH-CH_3$$
$$OH\ OH$$

1,2-丙二醇

知识点二　醇的理化性质

一、物理性质

醇分子中含有羟基，分子间能形成比一般分子间作用力强得多的氢键（图9-1），它明显地影响醇的物理性质。

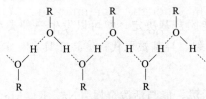

图 9-1　醇分子间的氢键

（1）物态　直链饱和一元醇中，C_4 以下的醇为有酒精气味的易挥发液体，$C_5 \sim C_{11}$ 的醇为具有不愉快气味的油状液体，C_{12} 以上的醇为无臭无味的蜡状固体。一些醇的物理常数见表9-2。

表 9-2　一些醇的主要物理常数

名称	熔点/℃	沸点/℃	相对密度 (d_4^{20})	在水中的溶解度(25℃) /(g/100g 水)
甲醇	-97	64.96	0.7914	∞
乙醇	-114.3	78.5	0.7893	∞
1-丙醇	-126.5	97.4	0.8035	∞
1-丁醇	-89.53	117.25	0.8098	8.00
1-戊醇	-79	137.3	0.817	2.70
2-丙醇	-89.5	82.4	0.7855	∞
2-丁醇	-114.7	99.5	0.808	12.5
2-戊醇	$-$	118.9	0.8103	4.9
环己醇	25.15	161.5	0.9624	3.6
苯甲醇	-15.3	205.35	1.0419	4
乙二醇	-13	198	1.13	∞
丙三醇	20	290	1.2613	∞

（2）溶解性　醇在水中的溶解度随分子中碳原子数的增多而下降。低级醇能与水形成氢键，所以甲醇、乙醇和丙醇能同水以任意比例混溶。从丁醇起，随着分子量的增加在水中的溶解度降低。高级醇不溶于水。

一些低级醇能与某些无机盐类如 $MgCl_2$、$CaCl_2$、$CuSO_4$ 等形成结晶醇配合物，如 $MgCl_2 \cdot 6CH_3OH$、$CaCl_2 \cdot 3C_2H_5OH$、$CaCl_2 \cdot 4CH_3OH$ 等，它们溶于水而不溶于有机溶剂。利用这一性质可以分离提纯醇，或除去某些化合物中混杂的少量低级醇。也由于这个性质，实验室中干燥低级醇时不能使用无水 $CaCl_2$ 等作为干燥剂。

（3）沸点　醇的沸点比分子量相近的烃类化合物高得多。因为醇分子间存在氢键，液态的醇是以缔合状态存在的，而气态的醇是以单分子形式存在的，所以醇从液态变成气态时，除克服分子间力外，还需提供破坏氢键所需的能量。随着碳链的增长，较大烃基阻碍了醇分子间生成氢键，氢键作用降低，醇与相应烃之间的沸点差变小。由于多元醇形成氢键能力比一元醇强，所以沸点更高。碳原子数相同的醇，含支链越多其沸点越低。

二、主要化学性质

醇的化学性质主要由官能团羟基决定。醇可以发生三种类型的反应：①O—H 键断裂，氢原子被取代；②C—O 键断裂，羟基被取代；③α-H 具有一定的活泼性，容易发生反应。

1. 与活泼金属的反应

醇羟基上的氢原子比较活泼，能与活泼金属（Na、K、Mg、Al 等）反应生成氢气和醇盐，但醇的反应比水慢。例如：

$$CH_3CH_2OH + Na \longrightarrow CH_3CH_2ONa + \frac{1}{2}H_2$$

醇的反应活性：①低级醇＞中级醇＞高级醇

②甲醇＞伯醇＞仲醇＞叔醇

醇盐可看作强碱弱酸盐，如醇钠遇水就分解成原来的醇和氢氧化钠。

$$CH_3CH_2ONa + H_2O \longrightarrow CH_3CH_2OH + NaOH$$

2. 酯化反应

醇与含氧无机酸或有机酸作用生成酯的反应，叫酯化反应。

醇与有机酸（或酰氯、酸酐）反应生成羧酸酯，例如：

$$R-\overset{\overset{\displaystyle O}{\|}}{C}-OH + R'-OH \underset{}{\overset{H^+}{\rightleftharpoons}} R-\overset{\overset{\displaystyle O}{\|}}{C}-OR' + H_2O$$

醇也可以同含氧无机酸发生酯化反应，生成无机酸酯。

$$CH_3O-H + HONO_2 \rightleftharpoons CH_3ONO_2 + H_2O$$
$$\text{硝酸甲酯}$$

$$CH_3O-H + HOSO_3H \rightleftharpoons CH_3OSO_3H + H_2O$$
$$\text{硫酸氢甲酯}$$

3. 脱氢氧化

在醇的分子中，和羟基相连的碳原子上若有 H 原子，由于羟基的影响，α-H 较活泼，容易被氧化，氧化生成的产物取决于被氧化醇的结构和所用试剂的性质。例如，在高锰酸钾或重铬酸钾等氧化剂的作用下，伯醇首先生成醛，继续被氧化则生成羧酸；仲醇氧化生成酮；叔醇在同样条件下不被氧化。

伯醇、仲醇也可通过脱氢反应得到相应的醛和酮等氧化产物。例如，将它们的蒸气通过加热的铜丝网发生脱氢反应，分别生成醛和酮。

伯醇：

$$CH_3CH_2OH + \frac{1}{2}O_2 \xrightarrow[\triangle]{Cu \text{ 或 } Ag} CH_3CHO + H_2O$$

由于产物醛容易继续被氧化生成羧酸，所以由伯醇制备醛时一定要将生成的醛立即蒸出。

仲醇：

$$CH_3-\overset{\overset{\displaystyle OH}{|}}{C}H-CH_3 \xrightarrow[250℃]{Cu} CH_3-\overset{\overset{\displaystyle O}{\|}}{C}-CH_3 + H_2$$

这是丙酮的一种工业制法。若同时通入空气，则氢被氧化成水，反应可进行到底。

由上面的反应可以看出，在有机化学中，氧化还原的概念得到了扩大，即加入氧或去掉氢都叫作氧化；反之，加入氢或去掉氧都叫作还原。

❓ **想一想** 无机化学和有机化学上对氧化、还原分别是如何界定的？

4. 脱水反应

醇脱水包括：一般在较高温度下主要发生分子内脱水生成烯烃、在稍低温度下发生分子间脱水生成醚两种方式。

（1）分子内脱水 例如，把乙醇和浓硫酸加热到 170℃ 以上，乙醇脱水生成乙烯：

$$CH_3CH_2OH \xrightarrow[170℃]{浓 H_2SO_4} CH_2\!=\!CH_2 + H_2O$$

醇的反应活性是：叔醇＞仲醇＞伯醇。

生成烯烃也符合札依采夫规则，脱去的是羟基和含氢较少的 β-H 原子，即反应主要趋于生成碳碳双键上烃基较多的较稳定的烯烃。例如：

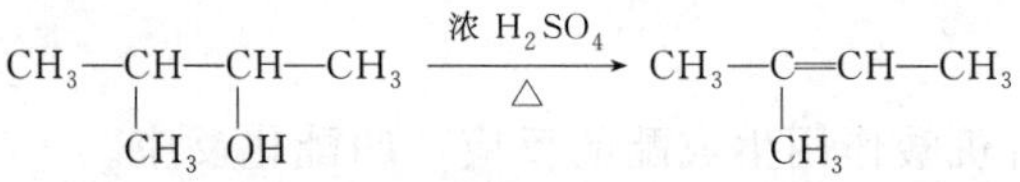

$$CH_3-CH-CH-CH_3 \xrightarrow[\triangle]{\text{浓 } H_2SO_4} CH_3-C=CH-CH_3$$
（结构式下方：CH$_3$、OH；产物下方：CH$_3$）

（2）分子间脱水　醇与浓硫酸反应也可发生分子间脱水生成醚。

$$2CH_3CH_2OH \xrightarrow[140℃]{\text{浓 } H_2SO_4} CH_3CH_2OCH_2CH_3 + H_2O$$

醇脱水的方式不仅与反应条件有关，还与醇的构造有关。仲醇易发生分子内脱水，烯烃为主要产物；叔醇则只能得到烯烃；只有伯醇与浓硫酸共热才能得到醚。

知识点三　几种常见的醇

一、甲醇

甲醇（CH_3OH）最初由木材干馏得到，故俗称木醇。它是一种无色透明、有特殊气味的挥发性易燃液体，沸点为 64.96℃，在空气中爆炸极限为 6％～36.5％（体积分数），能与水及多种有机溶剂如乙醇、乙醚等混溶。甲醇毒性很强，误饮 5～10mL 能致使人双目失明，大量饮用会导致死亡。甲醇的结构式如下：

结构式　　　　　比例模型　　　　　球棍模型

甲醇是基础的有机化工原料和优质燃料，主要应用于精细化工、塑料等领域，用来制造甲醛、乙酸、氯甲烷、甲胺、硫酸二甲酯等多种有机产品，也是农药、医药的重要原料之一。

二、乙醇

乙醇（CH_3CH_2OH）俗名酒精，它是无色透明易燃液体，沸点为 78.5℃，在空气中的爆炸极限为 3.28％～18.95％（体积分数）。它能与水及大多数有机溶剂混溶。实验室一般用生石灰与工业乙醇共热回流，蒸馏得到质量分数为 99.5％的乙醇，再用镁处理可得质量分数为 99.95％的乙醇。乙醇的结构式如下：

结构式　　　　　比例模型　　　　　球棍模型

乙醇的用途很广，可用来制取乙醛、乙醚、乙酸乙酯、乙胺等化工原料，也可用乙醇来制造乙酸、饮料、香精、染料、燃料等；医疗上也常用体积分数为 $70\%\sim75\%$ 的乙醇作消毒剂等。

三、乙二醇

乙二醇（$HOCH_2CH_2OH$）俗名甘醇，是无色无臭和有甜味的黏稠液体，沸点为 $197.9℃$，熔点为 $-13℃$。能与水、低级醇、丙酮、乙酸等混溶，微溶于乙醚，几乎不溶于石油醚、苯、卤代烃。

乙二醇具有较高的沸点，故它是实验室常用的高沸点溶剂。乙二醇又具有较低的熔点，特别是它的水溶液（60%）的凝固点为 $-49℃$，是很好的抗冻剂，是汽车防冻液和飞机发动机冷却液的主要成分。

四、苯甲醇

苯甲醇（$C_6H_5—CH_2OH$）又叫苄醇，是无色液体，具有素馨香味。微溶于水，可溶于乙醇、乙醚等有机溶剂。它和空气长时间接触能被氧化成苯甲醛。苯甲醇可用作香料的溶剂和定香剂。由于它有微弱的麻醉作用，常用作局部麻醉剂。苯甲醇的结构式如下：

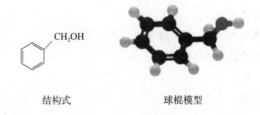

结构式　　　　　　　球棍模型

学习检测

1. 写出下列化合物的名称或结构式。

(1) $CH_3CH_2CH_2OH$

(2) 〔苯环〕CH_2OH

(3) $CH_3CH_2\overset{OH}{\underset{}{C}}HCH_3$

(4) $CH_2=\overset{}{\underset{CH_2CH_3}{C}}—CH_2—CH_2OH$

(5) 〔环己烯〕OH

(6) 丙三醇

(7) 环己醇

(8) 4-甲基-3-己醇

(9) 2-甲基-2-丙醇

2. 完成下列反应，并用球棍模型展示。

(1) $CH_3CH_2CH_2OH+Na \longrightarrow$

(2) $CH_3—CH_2—\overset{}{\underset{CH_3}{C}}H—\overset{}{\underset{OH}{C}}H—CH_3 \xrightarrow[170℃]{浓\ H_2SO_4}$

(3) $2CH_3CH_2OH \xrightarrow[140℃]{浓\ H_2SO_4}$

(4) $CH_3CH_2OH+O_2 \xrightarrow[\triangle]{Cu\ 或\ Ag}$

3. 某醇的分子式为 $C_5H_{12}O$，经氧化后得酮，经浓硫酸加热脱水得烃，此烃经氧化生成另一种酮和一种羧酸。推测该醇的构造式。

单元三　酚与醚

 课前读吧

　　2015年10月5日，科学家屠呦呦获得了诺贝尔生理学或医学奖，这是中国医学界迄今为止获得的最高奖项，也是中医药成果获得的最高奖项。屠呦呦说："我们把青蒿买来先泡，然后把叶子包起来用乙醚泡，直到第191次实验，我们才真正发现了有效成分，经过实验，用乙醚制取的提取物，对鼠疟猴疟的抑制率达到了100％。为了确保安全，我们试到自己身上，大家都愿意试毒。"屠呦呦团队在极为艰苦的科研条件下，发现了青蒿素，全球数亿人因之受益。

 学习目标

知识目标：① 知道酚、醚的定义；
　　　　　② 说出酚、醚的结构及命名原则；
　　　　　③ 归纳酚和醚的主要化学性质。
技能目标：① 会命名酚、醚；
　　　　　② 会辨别酚与醇；
　　　　　③ 会检验酚。
素养目标：① 具有尊重生命、崇尚科学、崇尚技能的化工精神；
　　　　　② 塑造勇挑重担、吃苦耐劳、不惧失败的化工劳动精神。

学习导入

　　酚和醇的官能团是什么？有什么区别？

知识链接

知识点一　酚的认知

一、酚的定义

　　芳香烃的芳环上一个或几个氢原子被羟基取代后的衍生物叫作酚，其通式为 Ar—OH，最简单的酚为苯酚（ ⬡—OH ）。

❓ 动一动 各小组用球棍模型搭建苯酚和苯甲醇，找一找他们的官能团。

二、酚的分类和命名

按照酚分子中羟基数目不同，可将酚分为一元酚、二元酚、三元酚等，二元以上的酚统称为多元酚。酚的命名一般是在“酚”字前加上芳烃的名称作为母体，其他取代基的位次、数目和名称都放在母体前面。当芳环上连有—COOH、$-SO_3H$、$-\overset{O}{\overset{\|}{C}}-$ 等基团时，则把羟基作为取代基来命名；多元酚则需要表示出羟基的位次和数目。例如：

一元酚

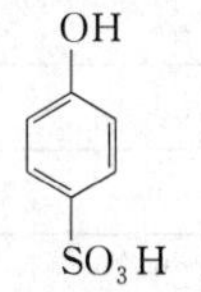

对羟基苯磺酸

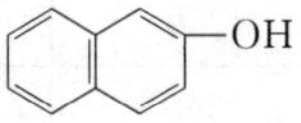

2-萘酚
（β-萘酚）

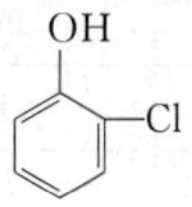

邻氯苯酚

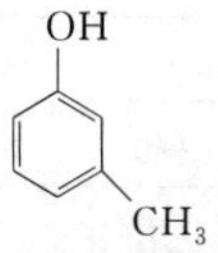

间甲基苯酚
（3-甲基苯酚）

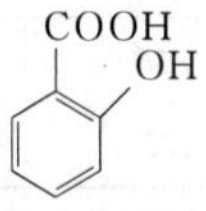

邻羟基苯甲酸
（水杨酸）

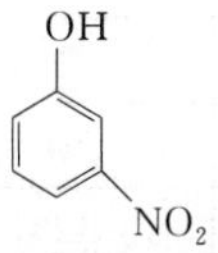

间硝基苯酚
（3-硝基苯酚）

二元酚

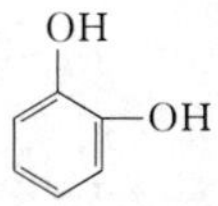

1,2-苯二酚
（邻苯二酚）

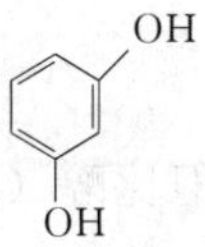

1,3-苯二酚
（间苯二酚）

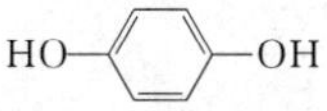

1,4-苯二酚
（对苯二酚）

三元酚

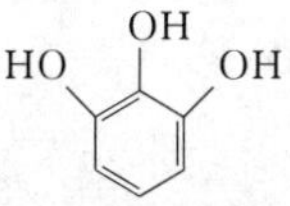

1,2,3-苯三酚
（连苯三酚）

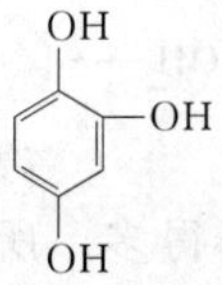

1,2,4-苯三酚
（偏苯三酚）

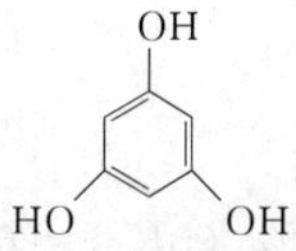

1,3,5-苯三酚
（均苯三酚）

知识点二 酚的理化性质

一、物理性质

在室温时，纯粹的酚以无色液体或固体的形式存在，但酚类在空气中易被氧化而呈粉红色或红色。大多数酚由于分子间存在氢键，所以有较高的沸点，其熔点也比相应的烃高。酚能溶于苯、乙醚、乙醇等有机溶剂，仅微溶或不溶于水，随分子中羟基数目增加，酚的水溶性增大。常见酚的物理常数见表9-3。

表 9-3　酚的物理常数

名称	熔点/℃	沸点/℃	25℃时在水中溶解度 /(g/100g 水)	pK_a
苯酚	43	181	9.3	9.89
邻甲苯酚	30	191	2.5	10.20
间甲苯酚	11	201	2.3	10.17
对甲苯酚	35.5	201	2.6	10.01
邻硝基苯酚	44.5	214	0.2	7.23
间硝基苯酚	96	194	1.4	8.40
对硝基苯酚	114	279	1.6	7.15
邻苯二酚	105	245	45.1	9.48
间苯二酚	110	281	123	9.44
对苯二酚	170	286	8	9.96
1,2,3-苯三酚	133	309	62	7.0
1,3,5-苯三酚	218	升华	1	9.35
α-萘酚	94	279	难	9.31
β-萘酚	123	286	0.1	9.55

二、化学性质

1. 酚的酸性

酚类的酸性极弱，如苯酚的 $pK_a \approx 10$，但比醇（$pK_a \approx 18$）、水（$pK_a = 15.7$）酸性强。苯酚能溶于氢氧化钠水溶液而生成苯酚钠。

苯酚的酸性比碳酸（$pK_{a1} = 6.38$）弱得多，所以将二氧化碳通入苯酚钠水溶液，酚即游离出来。

酚盐具有离子键结构，易溶于水，所以酚类易溶于氢氧化钠的水溶液。此性质可用于酚类的分离提纯。

2. 与氯化铁的显色反应

大多数酚可与氯化铁溶液作用生成有色配离子。

$$6ArOH + FeCl_3 \longrightarrow [Fe(OAr)_6]^{3-} + 6H^+ + 3Cl^-$$

不同的酚显示不同的颜色。例如，苯酚显蓝紫色，对甲苯酚显蓝色，邻苯二酚和对苯二酚显深绿色，间苯三酚呈淡棕红色等。除酚外，凡具有烯醇式结构的化合物都能与氯化铁发生显色反应。这个显色反应，可用来鉴别酚或具有烯醇式结构的化合物（烯醇显红褐色和红紫色）。

3. 芳环上的取代反应

羟基使芳香环的邻位和对位活化，酚的苯环上比苯更容易发生卤代、硝化、磺化等亲电取代反应。

（1）卤代反应　苯酚与溴水可在室温下迅速反应生成2,4,6-三溴苯酚（白色沉淀）。

$$\text{（结构式）} + 3Br_2 \longrightarrow \text{（结构式）} \downarrow + 3HBr$$

2,4,6-三溴苯酚

这个反应很灵敏，而且是定量完成的，常用于酚的定量、定性实验。

（2）磺化反应　苯酚与浓硫酸作用，在较低温度下，主要得到邻羟基苯磺酸；在较高温度下，主要得到对位产物。邻、对位异构体进一步磺化，均可得到4-羟基-1,3-苯二磺酸。

$$\text{（结构式）} \xrightarrow{\text{浓}H_2SO_4} \text{（结构式）} SO_3H + \text{（结构式）} SO_3H \xrightarrow[100℃]{\text{浓}H_2SO_4} \text{（结构式）}$$

磺化是一个可逆反应。

（3）硝化反应　在室温下，用稀硝酸（1∶4）就可使苯酚硝化，生成邻和对硝基苯酚的混合物。

$$2\,\text{（结构式）} + 2HNO_3 \xrightarrow{25℃} \text{（结构式）}NO_2 + \text{（结构式）}NO_2 + 2H_2O$$

在苯环上取代的硝基越多，酚的酸性越强，2,4,6-三硝基苯酚俗称苦味酸，其$pK_a \approx 2.3$。

4. 氧化和加氢反应

（1）氧化反应　酚类化合物不仅易被重铬酸钾等强氧化剂氧化，而且可被空气中的氧所氧化，这就是苯酚即使保存在棕色瓶中，时间过长其颜色也会逐渐加深直至变成暗红色的原因。

$$\text{（结构式）}OH + O_2 \longrightarrow O=\text{（结构式）}=O + H_2O$$

对苯醌

二元酚更易被氧化。例如，对苯二酚在室温时即可被弱氧化剂（如氧化银、氯化铁）氧化为对苯醌。

$$\text{（结构式）} + Ag_2O \longrightarrow \text{（结构式）} + 2Ag + H_2O$$

苯环上的羟基越多越容易被氧化，例如，1,2,3-苯三酚很容易吸收氧气，故常把它用于气体混合物中氧的定量分析。

（2）加氢反应　酚可通过催化加氢生成环烷基醇。例如，在工业生产中，苯酚在雷尼镍催化下于 140～160℃通入氢气可生成环己醇。

环己醇是制备聚酰胺类合成纤维的原料。

❓ **想一想** 醇和酚在结构上有什么不同？怎样鉴别苯酚？

知识点三　几种重要的酚

一、苯酚

苯酚（$C_6H_5\text{-}OH$）俗名石炭酸，纯净苯酚为无色透明针状晶体，有特殊气味，在光照下易被空气氧化，故要避光保存。微溶于冷水，60℃以上能与水混溶，易溶于乙醇、乙醚、苯等极性有机溶剂中。苯酚有毒，能灼烧皮肤。其结构如下：

| 结构式 | 比例模型 | 球棍模型 |

苯酚能使蛋白质变性，故可用作杀菌剂、消毒剂，同时苯酚是合成塑料、染料、农药、医药、炸药和黏合剂的重要化工原料。

二、甲苯酚

甲苯酚有邻、间、对三种异构体：

邻甲基苯酚　　　间甲基苯酚　　　对甲基苯酚

它们都存在于煤焦油中，故总称煤酚。煤酚的杀菌效能较苯酚大三倍，对大多数病原微生物都有效，毒性及刺激性较小。由于不溶于水，故在医药上多制成 47%～53% 的肥皂水溶液供体外消毒用，俗称来苏尔（Lysol）。

三、苯二酚

苯二酚有邻、间、对三种异构体。邻苯二酚俗称儿茶酚，对苯二酚又称氢醌。它们的衍生物多存在于植物中。邻苯二酚和对苯二酚的主要用途是作还原剂，如作为显影剂，它能将胶片上感光后的溴化银还原为银；作为阻聚剂，它能防止高分子单体被氧化剂氧化聚合等。

对苯二酚在实验室里常用作抗氧剂。

四、维生素 E

维生素 E 又叫生育酚和产妊酚，是淡黄色黏稠液体。不溶于水，易溶于乙醇、乙醚等有机溶剂中。在无氧的情况下，对热和碱稳定，能被空气中的氧所氧化。

维生素 E 对生殖功能和肌代谢都有影响。临床上用于治疗肌营养不良、肌萎缩性脊髓侧索硬化、习惯性或先兆性流产、不育症和肝昏迷等；在油脂和食品工业上用作抗氧剂。

知识点四　醚的认知

一、醚的定义

醇或酚分子中羟基上的氢原子被烃基取代后得到的衍生物叫作醚。C—O—C 键称为醚键，是醚的官能团。

二、醚的分类和命名

1. 醚的分类

醚的通式为 R—O—R′，其中的烃基可以是脂肪烃基，也可以是芳香烃基。氧原子连接两个相同烃基的醚称为单醚；连接两个不同烃基的醚则称为混醚；两个烃基都是饱和的称为饱和醚；两个烃基中有一个是不饱和的或是芳基的则称为不饱和醚或芳醚；如果烃基与氧原子连接成环状则称为环醚。

2. 醚的命名法

（1）简单的醚一般都用习惯命名法，即在"醚"字前冠以两个烃基的名称。单醚在烃基名称前加"二"字（一般可省略，但芳醚和某些不饱和醚除外）；混醚则将次序规则中较优的烃基放在后面；芳醚则是芳基放在前面。例如：

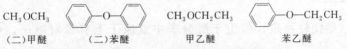

$$CH_3OCH_3 \qquad \qquad \qquad CH_3OCH_2CH_3 \qquad$$

（二）甲醚　　　　（二）苯醚　　　　甲乙醚　　　　苯乙醚

（2）烃基结构复杂的醚使用系统命名法。命名时，选取较长碳链作为母体，把余下的烃氧基（RO— 或 ArO—）当作取代基，称为某烃氧基某烃，例如：

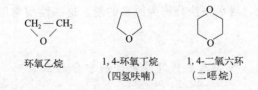

1,2,3-三甲氧基丙烷　　　　2-甲基-4-甲氧基戊烷

（3）环醚多用俗名，看作环氧化合物，称为环氧某烃或按杂环化合物命名。例如：

环氧乙烷　　　1,4-环氧丁烷　　　1,4-二氧六环
　　　　　　　（四氢呋喃）　　　（二噁烷）

❓ **动一动** 各小组尝试用球棍模型搭建单醚和混醚，并找到他们的官能团。

三、醚的物理性质

在常温下除了甲醚和甲乙醚为气体外，其余大多数醚为有香味的无色液体。低级醚易挥发，所形成的蒸气易燃，使用时要特别注意安全。醚分子不能形成氢键。醚的沸点显著低于分子量相同的醇，如甲醚的沸点为－24.9℃，乙醇的沸点为78.5℃。

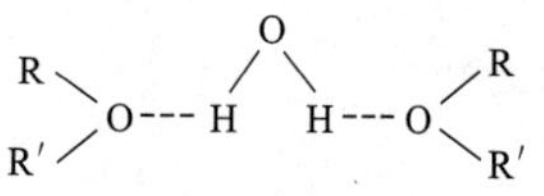

图 9-2　醚和水分子间氢键

多数醚不溶于水，但小分子的醚分子能与水分子形成分子间氢键（图 9-2），在水中有一定溶解度。如甲醚能与水混溶，25℃时乙醚与正丁醇在水中溶解度都约为 8g/100g 水。醚的极性很低，能溶解许多有机物，化学性质稳定，是常用的有机溶剂。一些醚的物理常数列于表 9-4 中。

表 9-4　醚的物理常数

名称	熔点/℃	沸点/℃	相对密度(d_4^{20})	25℃时在水中溶解度/(g/100g 水)
甲醚	－141.5	－24.9	0.661	3700mL
乙醚	－116.3	34.5	0.7137	7.5
丙醚	－112	90.5	0.736	微溶
异丙醚	－85.89	68.7	0.7241	0.2
丁醚	－95.3	142.4	0.7689	＜0.05
苯甲醚	－37.5	155	0.9961	不溶
二苯醚	26.84	257.9	1.0748	微溶
环氧乙烷	－110	10.73	0.8824	∞
1,4-二氧六环	11.8	101	1.0337	∞

四、醚的化学性质

一般情况下。醚比较稳定，但由于醚分子中氧原子上有孤对电子，可以发生特有的反应。

1. 𬭩盐的生成

醚能与强酸（如浓 H_2SO_4 或浓 HX）的质子结合生成𬭩盐。

$$R-\ddot{\underset{\cdot\cdot}{O}}-R'+H_2SO_4 \rightleftharpoons \left[R-\underset{H}{\overset{\cdot\cdot}{O}}-R'\right]^+ HSO_4^-$$

𬭩盐是弱碱强酸的盐，遇水很快分解为原来的醚。这一性质常用于将醚从烷烃或卤代烃等混合物中分离出来。

❓ **想一想** 怎样将醚从烷烃或卤代烃等混合物中分离出来？

2. 同氢卤酸反应

当醚与浓氢卤酸共热时，醚键断裂生成卤代烃和醇，如有过量的氢卤酸存在，则生成的醇还能进一步转变成卤代烃。通常使用 HI 或 HBr 来断裂醚键。

$$CH_3-O-R+HI\longrightarrow CH_3-I+R-OH$$

$$R-OH+HI\longrightarrow R-I+H_2O$$

氢卤酸的反应活性：$HI>HBr>HCl$。

混醚反应时，往往是含碳原子较少的烷基断裂下来与碘结合，而且反应可定量完成。

3. 过氧化物的生成

醚对氧化剂较稳定，但长期置于空气中可被空气氧化为过氧化物。过氧化物不稳定，受热或受到摩擦时易爆炸。所以在使用乙醚前应检查是否含有过氧化物。

检查过氧化物存在的常用方法：将少量醚、2％碘化钾溶液、几滴稀硫酸和 2 滴淀粉溶液一起振摇，如有过氧化物则碘离子被氧化为碘，遇淀粉呈蓝色。

除去过氧化物方法：用适量的 $FeSO_4$-H_2SO_4 水溶液洗涤或 Na_2SO_3 等还原剂处理，以破坏其中的过氧化物。

贮存醚的方法：放入棕色瓶中，避光、密封，并可加入少许金属钠等抗氧化剂。

五、环氧乙烷

最简单、最重要的环醚是环氧乙烷，又称氧化乙烯。它是无色有毒气体，易燃，沸点为 10.73℃，易液化，可与水混溶，也可溶于乙醇、乙醚等有机溶剂。其结构如下：

结构式　　　　　比例模型　　　　　球棍模型

环氧乙烷与空气能形成爆炸性混合物，爆炸极限为 3.6％～78％（体积分数），使用时注意安全。环氧乙烷一般保存在高压钢瓶中。

环氧乙烷具有高度的活泼性。在催化剂作用下，环氧乙烷可以和水、醇、酚、卤代烃等开环加成，生成多种重要的有机化合物，是一种重要的有机工业原料。

学习检测

1. 写出下列化合物的名称或结构式，并标明物质种类。

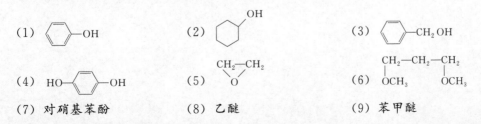

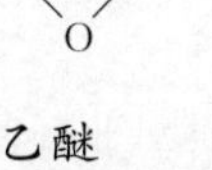

2. 完成下列反应，并用球棍模型展示。

(1)
$$\text{C}_6\text{H}_5\text{OH} + \text{Br}_2 \longrightarrow$$

(2)
$$\text{C}_6\text{H}_5\text{OH} + 3\text{H}_2 \longrightarrow$$

(3)
$$\text{C}_6\text{H}_5\text{OH} + \text{NaOH} \longrightarrow$$

3. 某芳香族化合物 A，分子式为 C_7H_8O。A 与钠不发生反应，与浓 HI 共热生成两种化合物 B 和 C。B 能溶于 NaOH 水溶液，并与 $FeCl_3$ 水溶液作用呈紫色。C 与 $AgNO_3$ 水溶液作用生成黄色 AgI。写出 A、B、C 的构造式及各步反应式。

单元四　醛与酮

 课前读吧

　　黄鸣龙院士，我国著名有机化学家，甾族激素药物开发的奠基人和开拓者，曾在哈佛大学访学。1952 年我国正处于国民经济恢复的关键时期，各领域百废待兴，黄鸣龙先生毅然放弃了美国先进的科研环境，排除万难，回到祖国并立即投身于新中国的化学事业发展中。在 20 世纪 60 年代，黄鸣龙先生领导研制了口服避孕药甲地孕酮，引起世界关注，并在中国广泛推行。

学习目标

知识目标：① 知道醛与酮的区别；

　　　　　② 说出乙醛的组成、结构；

　　　　　③ 归纳乙醛的主要化学性质。

技能目标：① 会命名醛与酮；

　　　　　② 会辨别醛与酮。

素养目标：① 培养严谨认真的学习态度；

　　　　　② 建立文化自信，增强爱国情怀。

学习导入

1. 醛和酮的官能团是什么？
2. 醛和酮在结构上有什么区别？

知识链接

知识点一　醛与酮的认知

一、醛、酮的定义

　　醛、酮分子中都含有羰基$\left(\begin{array}{c}\diagdown\\\diagup\end{array}C\!=\!O\right)$，统称为羰基化合物。羰基是羰基化合物的官能团。

　　羰基至少与一个氢原子相连接的化合物，称为醛，可用通式 $R\overset{\displaystyle O}{\overset{\|}{-C}}-H$ 表示。醛分子中的

官能团 $\overset{\overset{\displaystyle O}{\|}}{-C-H}$ 叫作醛基。

羰基与两个烃基相连接的化合物，称为酮，可用通式 $\overset{\overset{\displaystyle O}{\|}}{R-C-R'}$ 表示。酮分子中的官能团 $\overset{\overset{\displaystyle O}{\|}}{-C-}$ 叫作酮基。

例如：甲醛 $\overset{\overset{\displaystyle O}{\|}}{H-C-H}$　　　　丙酮 $\overset{\overset{\displaystyle O}{\|}}{H_3C-C-CH_3}$

❓ **动一动**　各小组用球棍模型搭建甲醛和丙酮，对比一下它们的官能团。

二、醛、酮的分类

根据羰基所连接的烃基不同，醛、酮可以分为脂肪醛、酮和芳香醛、酮；根据烃基是否含有不饱和键，分为饱和醛、酮和不饱和醛、酮；根据分子中含有羰基的数目，分为一元醛、酮和多元醛、酮。一元酮又可分为单酮和混酮。羰基连接两个相同烃基的酮，叫作单酮；羰基连接两个不同烃基的酮，叫作混酮。

脂肪醛、酮：　　CH_3CHO　　　　$\overset{\overset{\displaystyle O}{\|}}{H_3C-C-CH_3}$　　　　脂环酮

饱和醛　　　　　饱和酮（单酮）　　　　脂环酮

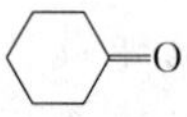

$CH_3CH=CHCHO$　　　　$\overset{\overset{\displaystyle O}{\|}}{CH_3CCH_2CH=CH_2}$　　　　脂环醛（—CHO）

不饱和醛　　　　　不饱和酮（混酮）　　　　脂环醛

芳香醛、酮：　—CHO　　　　　$\overset{\overset{\displaystyle O}{\|}}{-C-CH_3}$

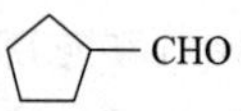

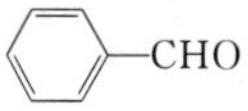

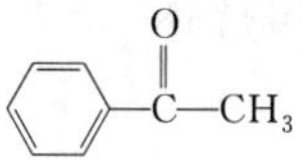

三、醛和酮的命名

1. 习惯命名法

脂肪醛按分子中含有的碳原子数称为"某醛"，芳香醛将芳基作为取代基，脂肪醛为母体命名。例如：

$CH_3CH_2CH_2CHO$　　　　$(CH_3)_2CHCHO$　　　　—CHO

丁醛　　　　　异丁醛　　　　　苯甲醛

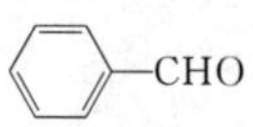

酮是按照羰基所连接的两个烃基命名，简单烃基在前、复杂烃基在后，后面再加上"酮"字，"基"和"甲"常省去。芳基和烃基的混酮要把芳基写在前面，最后加上"甲酮"。例如：

$\overset{\overset{\displaystyle O}{\|}}{CH_3C-CH_3}$　　　　$\overset{\overset{\displaystyle O}{\|}}{-C-CH_2CH_3}$　　　　$\overset{\overset{\displaystyle O}{\|}}{-C-}$

甲（基）乙（基甲）酮　　　苯（基）乙（基甲）酮 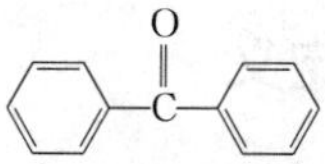　　　二苯（基甲）酮

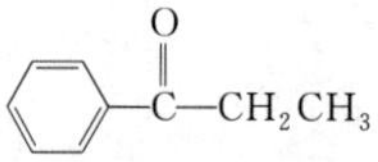

2. 系统命名法

选择含有羰基在内的最长碳链作为主链，按照主碳链碳原子数称为某醛或某酮。从离羰

基最近的一端开始为主链碳原子编号，在酮名称前面标明羰基的位次，因醛基总在碳链一端，在命名醛时位次省去。然后把取代基的位次、数目及名称写在醛、酮母体名称前面。

主链碳原子位次也可用希腊字母表示，与羰基直接相连的碳原子为 α-碳原子，其余依次为 β, γ, δ 等。酮分子中有两个 α-碳原子，可分别用 α、α' 表示，其余依次为 β、β' 等。

$$CH_3CHO \qquad CH_3CHCH_2CHO \qquad \qquad CH_3CH_2CCH_2CH_3$$

乙醛　　3-甲基丁醛（β-甲基丁醛）　　环己酮　　　3-戊酮

不饱和醛、酮命名时，应选择同时含有羰基和不饱和键在内的最长碳链作为主链，使羰基编号最小，称为某烯醛或某烯酮。芳香醛、酮命名时常把芳基作为取代基，以脂肪醛酮为母体。例如：

$$CH_3CH=CHCHO \qquad CH_3CCH_2CH=CH_2$$

2-丁烯醛　　　4-戊烯-2-酮　　　苯乙酮　　　1-苯基-1-戊酮

知识点二　醛与酮的理化性质

一、物理性质

在常温下除甲醛是气体外，十二个碳原子以下的脂肪族醛、酮是液体，高级醛、酮为固体。它们的分子一般都有较大的极性，因此沸点比分子量相近的烃和醚要高。

由于醛、酮分子中羰基的氧原子能与水分子形成氢键，所以四个碳原子以下的脂肪族醛、酮易溶于水，五个碳原子以上的醛、酮微溶或不溶于水，而易溶于有机溶剂。

脂肪醛、酮的相对密度小于1，芳香醛、酮的相对密度则大于1。常见醛、酮的物理常数见表9-5。

表9-5　常见醛、酮的物理常数

名称	熔点/℃	沸点/℃	相对密度（d_4^{20}）	25℃时在水中溶解度/(g/100g 水)
甲醛	−92	−19.5	0.815	55
乙醛	−123	21	0.781	∞
丙醛	−80	48.8	0.807	20
丁醛	−97	74.7	0.817	4
苯甲醛	−26	179	1.046	0.33
丙酮	−95	56	0.792	∞
丁酮	−86	79.6	0.805	35.3
2-戊酮	−77.6	102	0.812	微溶
3-戊酮	−42	102	0.814	4.7
环己酮	−16.4	156	0.942	微溶
苯乙酮	19.7	202	1.026	微溶
二苯甲酮	48.1	305.9	1.083	不溶

二、化学性质

1. 加成反应

（1）与氢氰酸加成　醛、大多数甲基酮和少于 8 个碳原子的环酮都可与氢氰酸发生亲核加成反应，产物是 α-羟基腈（或叫 α-腈醇），例如：

$$
\underset{(CH_3)}{\overset{R}{\underset{H}{C}}}=O + HCN \rightleftharpoons \underset{(CH_3)}{\overset{R}{\underset{H}{\overset{|}{\underset{|}{C}}}}}\overset{CN}{\underset{OH}{}}
$$

α-羟基腈比原料醛或酮增加了一个碳原子。这是使碳链增长一个碳原子的一种方法。

（2）与格氏试剂的加成　格氏试剂 RMgX 能与醛、酮发生亲核加成反应。甲醛与它加成后，水解可得比格氏试剂中的烃基多一个碳原子的伯醇；其他的醛与格氏试剂反应的最终产物是仲醇；而酮反应的最终产物是叔醇。

$$
R-MgBr + \underset{H}{\overset{H}{C}}=O \longrightarrow R-\underset{H}{\overset{H}{\underset{|}{\overset{|}{C}}}}-OMgBr \xrightarrow{H_2O} RCH_2OH
$$

伯醇

$$
R-MgBr + \underset{H}{\overset{R^1}{C}}=O \longrightarrow R-\underset{H}{\overset{R^1}{\underset{|}{\overset{|}{C}}}}-OMgBr \xrightarrow{H_2O} R-\overset{R^1}{\underset{}{CH}}-OH
$$

仲醇

$$
R-MgBr + \underset{R^2}{\overset{R^1}{C}}=O \longrightarrow R-\underset{R^2}{\overset{R^1}{\underset{|}{\overset{|}{C}}}}-OMgBr \xrightarrow{H_2O} R-\underset{R^2}{\overset{R^1}{\underset{|}{\overset{|}{C}}}}-OH
$$

叔醇

只要选择适当的原料，除甲醇外，几乎是任何醇都可通过格氏试剂来合成。

2. 氧化反应

（1）与弱氧化剂的反应　醛分子中羰基上连有氢原子，很容易被弱氧化剂氧化成羧酸，常用的弱氧化剂有托伦试剂、斐林试剂等，而酮不被氧化。因此可用弱氧化剂来区别醛、酮。

托伦（Tollens）试剂是由氢氧化银和氨水配成，是一种无色银氨配合物溶液。它能将醛氧化为羧酸，自身则还原为金属银。如果反应试管非常干净，生成的银就附着在试管壁上，形成光亮的银镜（否则生成灰黑色沉淀），通常称此反应为银镜反应。

$$
RCHO + 2[Ag(NH_3)_2]^+ + 2OH^- \xrightarrow{\triangle} RCOONH_4 + 2Ag\downarrow + 3NH_3 + H_2O
$$

酮不与托伦试剂反应，因此常用托伦试剂区别醛和酮。

斐林（Fehling）试剂是由硫酸铜溶液和酒石酸钾钠碱溶液等量混合而成。斐林试剂也是一种弱氧化剂，可把脂肪醛氧化为羧酸，Cu^{2+} 则还原为砖红色的氧化亚铜沉淀。

$$
RCHO + 2Cu^{2+} + OH^- + H_2O \xrightarrow{\triangle} RCOO^- + Cu_2O\downarrow + 4H^+
$$

芳香醛和酮（α-羟基酮除外）不与斐林试剂反应。因此，利用斐林试剂既可以鉴别脂肪醛与酮，又可以区别脂肪醛和芳香醛。

（2）与强氧化剂的反应 醛、酮都能被强氧化剂如酸性重铬酸钾溶液等氧化。醛生成碳原子数相同的羧酸。

$$2RCHO + O_2 \longrightarrow 2RCOOH$$

酮在加热情况下氧化，通常在羰基和 α 碳原子之间碳碳键断裂，结果得到小分子羧酸。例如：

$$RCH_2 \underset{\underset{O}{\|}}{\overset{①}{\overset{②}{—C—}}} CH_2R' \xrightarrow{[O]} \begin{array}{l} ① \ RCOOH + HOOCCH_2R' \\ ② \ RCH_2COOH + HOOCR' \end{array}$$

3. 还原反应

在铂、钯、雷尼镍、$CuO\text{-}Cr_2O_3$ 等催化剂的存在下，醛、酮可以加氢还原，醛被还原为伯醇，酮被还原为仲醇。若分子中有 $C{=}C$ 和 $C{\equiv}C$、$-NO_2$、$-C{\equiv}N$ 等不饱和基团，将同时被还原。例如：

$$\underset{\underset{H}{\overset{|}{(R')}}}{\overset{\overset{R}{|}}{C}}{=}O + H_2 \xrightarrow{Ni} \underset{\underset{H}{\overset{|}{(R')}}}{\overset{\overset{R}{|}}{CH}}{-}OH$$

$$CH_3CH{=}CHCHO + H_2 \xrightarrow{Ni} CH_3CH_2CH_2CH_2OH$$

醛、酮也可以被硼氢化钠（$NaBH_4$）、氢化铝锂（$LiAlH_4$）等化学还原剂还原。

$$CH_3CH{=}CHCHO \xrightarrow[H_2O]{NaBH_4} CH_3CH{=}CHCH_2OH$$

硼氢化钠具有较高的反应选择性，可以把羰基还原为羟基，不能还原碳碳双键、三键或其他可被还原的基团。

> ❓ **想一想** 伯醇和仲醇被氧化的产物分别是哪类物质？

4. α-氢原子的反应

（1）卤化反应 在酸、碱催化下，醛、酮分子中的 α-氢原子可以逐步地被卤素（氯、溴、碘）取代，生成 α-卤代醛、酮。

酸催化易控制在一元卤代。例如：

$$\underset{}{CH_3\overset{\overset{O}{\|}}{C}CH_3} + Br_2 \xrightarrow{H^+} CH_2Br\overset{\overset{O}{\|}}{C}CH_3 + HBr$$
$$\alpha\text{-溴代丙酮}$$

碱催化的卤化反应很难控制生成一元卤代物，而是生成多元卤代物。例如：

$$CH_3CH_2CHO + 2Cl_2 + 2OH^- \longrightarrow CH_3CCl_2CHO + 2Cl^- + 2H_2O$$

（2）卤仿反应 乙醛、甲基酮和卤素在碱性溶液中反应时，α 位甲基上的三个氢原子都可以被卤素取代，生成三卤代醛或酮。在碱作用下，碳碳键极易发生断裂，生成三卤代甲烷（卤仿）和羧酸盐。

由于乙醛、甲基酮在碱性溶液中与卤素反应的最终结果是生成卤仿，故称卤仿反应。当卤素是碘时，生成的碘仿（CHI_3）是不溶于水的亮黄色晶体，现象很明显，常利用碘仿反应来鉴定乙醛和甲基酮。

$$RCOCX_3 + OH^- \longrightarrow CX_3^- + RCOOH \longrightarrow CHX_3 + RCOO^-$$

乙醇和含有 CH_3—$\overset{\overset{\displaystyle OH}{|}}{CH}$— 构造的醇可以被卤素的碱溶液（即次卤酸盐溶液）氧化成乙醛和甲基酮，故也有卤仿反应，也可用碘仿反应鉴别。

知识点三　几种重要的醛和酮

一、甲醛

甲醛结构式为 H—$\overset{\overset{\displaystyle O}{\|}}{C}$—$H$，又名蚁醛，是无色有刺激性气味的气体，沸点为 $-19.5℃$，对人的眼、鼻和黏膜等有强烈的刺激作用。在空气中的爆炸极限为 $7\%\sim73\%$（体积分数）。甲醛易溶于水，通常以水溶液保存。

甲醛具有凝固蛋白质的作用，因而具有杀菌和防腐能力。$36\%\sim40\%$ 的甲醛水溶液（通常含 $6\%\sim12\%$ 甲醇作稳定剂）称为"福尔马林"，广泛地应用于医药和农业上，如保护动物标本、谷仓等场所消毒、小麦和棉花浸种的杀菌等。

甲醛是一种非常重要的化工原料，大量用于制造酚醛、脲醛、聚甲醛和三聚氰胺等树脂以及各种胶黏剂。甲醛还可用来生产季戊四醇、乌洛托品以及其他药剂及染料。

二、乙醛

乙醛（CH_3CHO）是无色液体，沸点为 $21℃$，有辛辣刺激性的气味，能与水、乙醇、乙醚、氯仿等溶剂混溶。乙醛对眼及皮肤有刺激作用。乙醛蒸气爆炸极限为 $40\%\sim57\%$（体积分数），厂房空气中乙醛最大允许质量浓度为 $0.1mg/L$。其结构如下：

结构式　　　　　比例模型　　　　　球棍模型

乙醛是重要的有机化工原料，主要用于生产乙酸、乙酸酐、乙酸乙酯、正丁醇、季戊四醇等。

三、丙酮

丙酮（CH_3COCH_3）是无色、易燃、易挥发的液体，沸点为 $56℃$，能与水、乙醇、乙醚、氯仿等溶剂混溶，并能溶解许多树脂、油脂、涂料等有机物，是常用的有机溶剂。丙酮具有典型的酮的化学性质，是重要的有机化工原料，用来制造环氧树脂、有机玻璃、二丙酮醇、氯仿、碘仿、乙烯酮等。其结构如下：

结构式　　　　　比例模型　　　　　球棍模型

丙酮是脂肪在肝脏中氧化分解时所生成的酮体之一。在正常生理情况下，它在肝外组织中进行氧化分解代谢。人患有糖尿病后，体内糖的代谢发生了障碍，葡萄糖难以作为营养物质在肝脏内氧化分解，并部分从尿中流失，此时，大量脂肪代谢代替葡萄糖在肝脏内氧化分解，以供给人体所需的能量，结果肝脏中生成的酮体量过多，造成血液和尿中有大量酮体出现。因此糖尿病患者的尿和汗中丙酮含量明显增加，严重时，呼出气体也具有丙酮味。

四、苯甲醛

苯甲醛（C_6H_5—CHO）是具有杏仁香味的无色液体，工业上叫作苦杏仁油。微溶于水，与乙醇、乙醚、氯仿等能混溶。它以葡萄糖苷的形式存在于杏仁、桃仁等许多种子中。在空气中放置能被氧化而析出苯甲酸结晶。它是一种重要的工业原料，用于制备肉桂醛、肉桂酸、苯乙醛和苯甲酸苄酯等，也可用于制备染料和香料等。其结构如下：

结构式　　　　比例模型　　　　球棍模型

 学习检测

1. 写出下列化合物的名称或结构式，并标明物质种类。

(1) H—C(O)—H

(2) H_3C—C(O)—CH_3

(3) 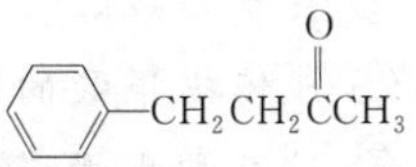 苯环—$CH_2CH_2C(O)CH_3$

(4) 苯环—CH=CHCHO

(5) 苯环—CHO

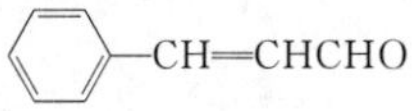

(6) 环己酮—O

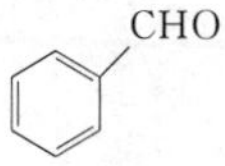

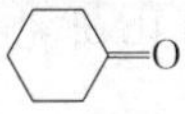

(7) 环戊基—CHO

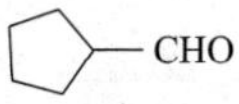

(8) 二苯酮

(9) 邻羟基苯甲醛

(10) 苯乙酮

(11) 三氯乙醛

(12) 5-溴-6-庚烯-3-酮

2. 完成下列化学反应方程式，并用球棍模型展示。

(1) $CH_3C(O)CH_3$ + (O) $\xrightarrow{\triangle}$

(2) $CH_3CH=CHCHO + H_2 \xrightarrow{Ni}$

3. 用化学方法鉴别下列化合物。

(1) 甲醛、丙醛和苯甲醛

(2) 1-丁醇、2-丁醇、丁醛和丁酮

(3) 乙醛、丙酮和苯乙醛

(4) 丙酮、丙醛、正丙醇和异丙醇

单元五　羧酸及其衍生物

 课前读吧

我国是一个食醋生产和消费的大国，酿醋历史悠久，随着人们生活水平的提高及对食醋功能的进一步揭示，食醋的用途越来越广，需求量越来越大。我国醋业在大批食品专业复合型人才和相关技术人才的共同努力下，已进入了采用自吸式深层发酵法制醋的工业化生产阶段。采用高新技术装备提高了生产效率、降低了能源消耗，保持了食品营养成分和风味，提高了食品的品质。

 学习目标

知识目标： ① 知道羧酸的结构特点；

② 说出羧酸衍生物的种类及对应结构；

③ 明确羧酸及其衍生物、多官能团化合物的命名原则。

技能目标： ① 会命名羧酸及其衍生物、多官能团化合物；

② 能依据甲酸的独特结构鉴别甲酸。

素养目标： ① 培养学生严谨认真的学习态度；

② 提高对比研究、归纳整理的能力。

 学习导入

1. 乙酸的结构有什么特点？

2. 酯的水解条件及产物是什么？

知识链接

知识点一　羧酸

一、羧酸的定义

分子中含有官能团——羧基（—COOH）的化合物称为羧酸。羧酸可以用通式 RCOOH 和 ArCOOH 表示。

羧酸的结构中既有羧基（—COOH）构造，又有酰基（ $R-\overset{O}{\overset{\|}{C}}-$ ）构造；既有羟基（—OH）构造，又有羰基（ $-\overset{O}{\overset{\|}{C}}-$ ）构造。所以它的性质重要、用途广泛。

二、羧酸的分类

按照与羧基所连的烃基种类不同，羧酸可分为脂肪酸、脂环酸和芳香酸；按照烃基饱和度不同，分为饱和酸和不饱和酸；按照分子中所含羧基的数目，羧酸可分为一元羧酸、二元羧酸和多元羧酸。

三、羧酸的命名

1. 俗名

许多羧酸最初是从天然产物中得到的，因此常根据其最初来源给予相应的俗名。例如，甲酸（HCOOH）最初是蒸馏蚂蚁得到的，所以叫作蚁酸；乙酸（CH₃COOH）最初发现于食醋中，故叫作醋酸。

> ❓ **动一动** 各小组用球棍模型搭建甲酸、乙酸，找出它们的官能团。

2. 系统命名原则

脂肪一元羧酸的命名是选择含有羧基在内的最长碳链作为主链，称为某酸，从羧基碳原子开始编号，用阿拉伯数字（或希腊字母标明位次，与羧基直接相连的碳原子为 α ，其余依次为 β ， γ ， δ …）标明取代基的位次，并将取代基的位次、数目、名称写于酸名称之前。二元酸选含两个羧基的最长碳链，编号从一个羧基碳开始，同时照顾其他取代基编号较小，例如：

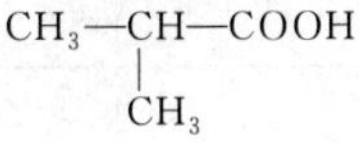

$$CH_3-\underset{\underset{CH_3}{|}}{CH}-COOH \qquad CH_3-\underset{\underset{CH_3}{|}}{CH}-\underset{\underset{CH_3}{|}}{CH}-CH_2-COOH \qquad HOOC-\underset{\underset{Cl}{|}}{CH}-CH_2-COOH$$

2-甲基丙酸　　　　　3,4-二甲基戊酸　　　　　　　　　氯代丁二酸
（α-甲基丙酸）　　　（β,γ-二甲基戊酸）

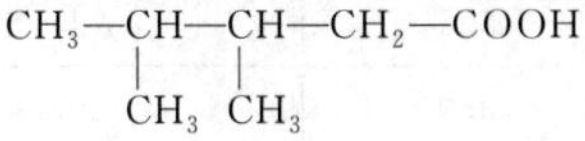

对于不饱和酸，则选取含有不饱和键和羧基在内的最长碳链为主链称为某烯酸或某炔酸，不饱和键的位次写在"某"字前面。例如：

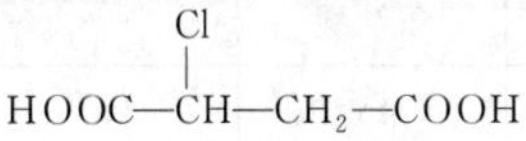

$CH_3-\underset{\underset{CH_3}{\|}}{C}=\underset{\underset{CH_3}{\|}}{C}-CH_2-COOH$	$CH_3-\underset{\underset{CH_3}{\|}}{C}=CH-COOH$
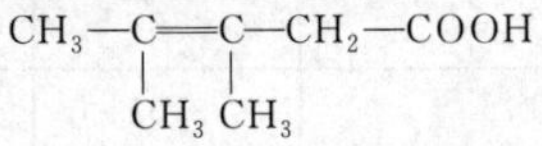 3,4-二甲基-3-戊烯酸	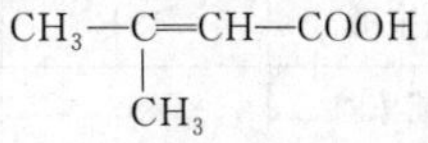 3-甲基-2-丁烯酸

脂环酸和芳香酸命名时，以脂肪酸为母体，芳基作为取代基来命名。二元酸要把两个羧基的位次都写在母体名称之前。例如：

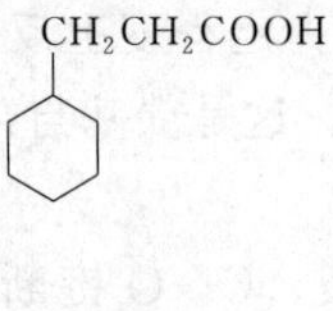

3-环己基丙酸 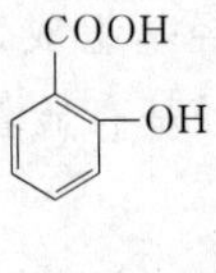　　　邻羟基苯甲酸（水杨酸） 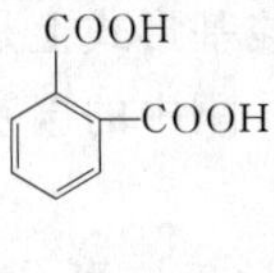　　　1,2-苯二甲酸　　　对硝基苯甲酸
　　　　　　　　　　　　　　　　　　　　　　（邻苯二甲酸）

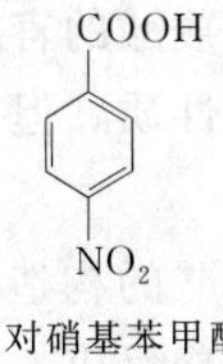

四、羧酸的物理性质

（1）物态　C_{10} 以下的脂肪族饱和酸为具有刺激性或腐败气味的液体；C_{10} 以上的羧酸为石蜡状固体；芳酸和二元酸都是晶体。固态羧酸基本上没有气味。

（2）溶解性　羧酸也能与水形成较强的氢键，在水中的溶解度也比分子量相当的醇更大。$C_1 \sim C_4$ 酸能与水混溶，从戊酸开始，随碳链增长水溶性迅速降低，C_{10} 以上的羧酸不溶于水。羧酸一般都能溶于乙醇、乙醚、氯仿等有机溶剂中。

（3）熔沸点　直链饱和脂肪酸的沸点随分子量增大而升高，比分子量相近的醇沸点高，例如，正丙醇与乙酸的分子量都是 60，正丙醇的沸点为 97.4℃，而乙酸的沸点却是 119℃，其原因就是羧酸分子间的氢键比醇分子间的氢键稳定，如图 9-3 所示。

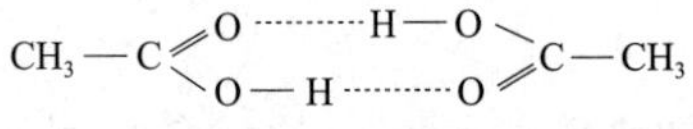

$$CH_3-C\underset{O-H\cdots\cdots O}{\overset{O\cdots\cdots H-O}{}}C-CH_3$$

图 9-3　羧酸分子间氢键示意图

直链饱和一元酸和二元酸的熔点随分子中碳原子数的增加而呈锯齿形变化，即具有偶数碳原子羧酸的熔点比其相邻的两个具有奇数碳原子羧酸的熔点都高。

一些羧酸的物理常数见表 9-6。

表 9-6　一些羧酸的物理常数

名称	俗名	熔点/℃	沸点/℃	25℃时在水中溶解度 /(g/100g 水)	pK_a(25℃)	
					pK_a 或 pK_{a1}	pK_{a2}
甲酸	蚁酸	8	100.5	∞	3.76	
乙酸	醋酸	16.6	119	∞	4.76	
丙酸	初油酸	−21	141	∞	4.87	
丁酸	酪酸	−6	164	∞	4.81	
戊酸	缬草酸	−34	187	4.97	2.82	
己酸	羊油酸	−3	205	1.08	4.88	
苯甲酸	安息香酸	122	250	0.34	4.19	
乙二酸	草酸	189(分解)	—	10.2	1.23	4.19
丙二酸	缩苹果酸	136	140(分解)	138	2.85	5.70
丁二酸	琥珀酸	182	235(分解)	6.8	4.16	5.60
己二酸	肥酸	153	303.5(分解)		4.43	5.62
顺丁烯二酸	马来酸	131	135(分解)	78.8	1.85	6.07
反丁烯二酸	延胡索酸	287	200(升华)	0.70	3.03	4.44
邻苯二甲酸	太酸	20	191(分解)	0.7	2.89	5.41

五、羧酸的化学性质

羧基是羧酸的官能团，羧基形式上是由羰基和羟基组成，它在一定程度上反映了羰基、羟基的某些性质，但又与醛、酮中的羰基和醇中的羟基有显著差别，这是羰基与羟基相互影响的结果。

根据羧酸的构造，其化学反应可分为如下四类：O—H 键断裂、C—O 键断裂、α—H 键断裂和脱羧反应。这里主要介绍酸性和酯化反应。

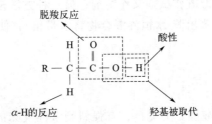

1. 酸性

羧酸在水中可解离出质子而呈酸性，能使蓝色石蕊试纸变红。大多数一元羧酸的 pK_a 值在 $3.5\sim5$ 范围内，比醇的酸性强 10 倍以上。

羧酸与无机强酸相比为弱酸，但其酸性比碳酸（$pK_a=6.38$）和酚（$pK_a\approx10$）强，饱和一元羧酸中，甲酸的酸性最强。

羧酸能与碱中和生成羧酸盐和水，能分解碳酸盐或碳酸氢盐放出二氧化碳：

$$2RCOOH+Na_2CO_3\longrightarrow 2RCOONa+CO_2\uparrow+H_2O$$

羧酸钠

羧酸也能同金属氧化物和氢氧化物反应，生成盐和水：

$$2RCOOH+CaO\longrightarrow (RCOO)_2Ca+H_2O$$

羧酸钙

$$RCOOH+NaOH\longrightarrow RCOONa+H_2O$$

羧酸的碱金属盐，如钠盐和钾盐等，都能溶于水，所以不溶于水的羧酸，将其转化为碱金属盐后，便可溶于水。利用这个性质用于鉴别、分离和精制羧酸，例如，在苯甲酸和苯酚的混合物中加碳酸钠和水溶液，振荡后分离，不溶固体为苯酚；苯甲酸转化成苯甲酸钠而进入水层，酸化水层便得到苯甲酸。

❓ **想一想** 甲酸在结构上与其他酸相比有什么特殊点，由此如何鉴别甲酸？

2. 羧酸衍生物的生成

羧基中的羟基在一定的条件下可被其他原子或基团取代，生成羧酸衍生物。

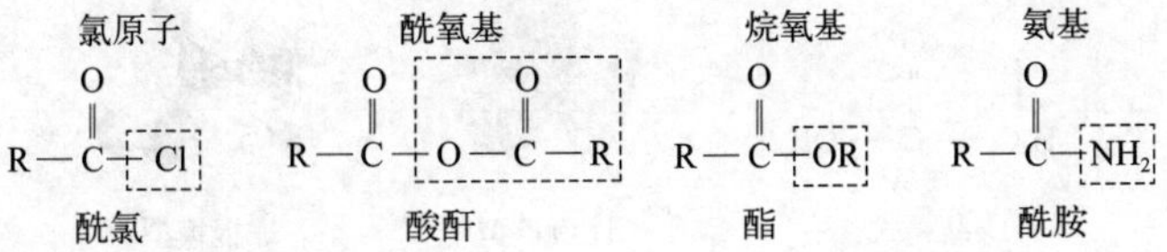

氯原子	酰氧基	烷氧基	氨基
O	O O	O	O
R—C—Cl	R—C—O—C—R	R—C—OR	R—C—NH₂
酰氯	酸酐	酯	酰胺

以酯化反应——生成乙酸乙酯为例：

在强酸（如浓 H_2SO_4、浓 HCl、CH₃—〈苯环〉—SO_3H 或强酸性离子交换树脂）催化下，羧酸与醇作用生成酯的反应称酯化反应，例如：

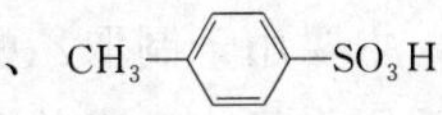

$$CH_3\overset{O}{\overset{\|}{C}}{-}OH+CH_3CH_2OH \underset{\triangle}{\overset{H^+}{\rightleftharpoons}} CH_3\overset{O}{\overset{\|}{C}}{-}OCH_2CH_3+H_2O$$

乙酸乙酯

酯化是可逆反应，其逆反应叫水解反应。酯化反应速率极为缓慢，必须在催化剂和加热条件下进行。为了提高酯的产量，一般采用增加反应物的量，通常加过量的酸或醇，在大多数情况下，是加过量的醇，醇既作试剂又作溶剂；另一种方法是从反应体系中蒸出沸点较低的酯或水（或加入苯，通过蒸出苯-水恒沸混合物将水带出），使平衡向右移动。

六、几种重要的羧酸

1. 甲酸

甲酸（HCOOH）俗称蚁酸，为无色、有强烈刺激性气味的液体，沸点为 100.5℃，能与水、乙醇、乙醚混溶。甲酸是饱和一元酸中酸性最强的，具有极强的腐蚀性，能刺激皮肤起泡。它存在于红蚂蚁体液中，也是蜂毒的主要成分。其结构如下：

| 结构式 | 比例模型 | 球棍模型 |

甲酸的结构特殊，羧基与氢原子相连，既有羧基结构，又有醛基结构。

$$醛基 \longrightarrow \boxed{\underset{H-\underset{|}{C}-OH}{\overset{O}{\parallel}}} \longleftarrow 羧基$$

因此甲酸具有还原性，是一种还原剂。它能被托伦试剂和费林试剂氧化，能使高锰酸钾溶液褪色。这些性质常用于甲酸的定性鉴别。

甲酸与浓硫酸共热分解生成一氧化碳和水，这是实验室制备纯一氧化碳的方法。

$$HCOOH \xrightarrow[60\sim80℃]{H_2SO_4} CO\uparrow + H_2O$$

甲酸在工业上用作印染时的酸性还原剂、媒染剂、防腐剂、橡胶凝聚剂。

2. 乙酸

乙酸（CH_3COOH）俗称醋酸，常温时为无色透明、具有刺激性气味的液体，沸点为 119℃，熔点为 16.6℃。低于熔点时无水乙酸凝固成冰状固体，俗称冰醋酸。乙酸能与水、乙醇、乙醚、四氯化碳等混溶。其结构如下：

| 结构式 | 比例模型 | 球棍模型 |

乙酸是人类最早使用的有机酸，可用于调味（食醋中含 6%～8% 乙酸）。乙酸在工业上应用很广，它是重要的有机化工原料，主要用于制取乙酸乙烯酯，也用于制造乙酸酐、氯乙酸及各种乙酸酯。乙酸不易被氧化，常用作氧化反应的溶剂。

3. 乙二酸

乙二酸（HOOC—COOH）俗称草酸，为无色透明单斜晶体，常含有两分子结晶水，易溶于水和乙醇，不溶于乙醚。无水草酸的熔点为 189℃，加热至 160℃以上时分解为甲酸及 CO_2，甲酸再分解为 CO 和水。

乙二酸是酸性最强的二元羧酸。其钙盐溶解度极小，常用这一性质检验钙离子或乙二酸。乙二酸易被氧化，在定量分析中常用来标定高锰酸钾溶液的浓度。

$$5HOOC—COOH+2KMnO_4+3H_2SO_4\longrightarrow K_2SO_4+2MnSO_4+10CO_2+8H_2O$$

乙二酸能与多种金属离子形成水溶性络盐，例如：

$$Fe^{3+}+3H_2C_2O_4\Longrightarrow[Fe(C_2O_4)_3]^{3-}+6H^+$$

因此乙二酸可用来除去铁锈或蓝墨水的污渍，在工业上可用作媒染剂和漂白剂。

4. 苯甲酸

苯甲酸（ 〇—COOH ）俗称安息香酸，是白色晶体，熔点为 122.4℃，难溶于冷水，易溶于沸水、乙醇、氯仿和乙醚中。它有抑制霉菌的作用，故苯甲酸及其钠盐常用作食物和某些药物制剂的防腐剂，但现在逐渐为山梨酸钾所替代。

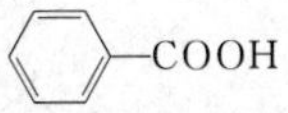

5. 邻羟基苯甲酸

邻羟基苯甲酸（ 〇 COOH OH ）俗称水杨酸，是合成染料和医药的原料，医药上除药用外，还可用作防腐剂，并可配制杀菌、消毒膏。它是无色晶体，有刺激性气味，熔点为 159℃，迅速加热可升华，能随水蒸气挥发。微溶于水，能溶于乙醇、乙醚等有机溶剂。它具有羧酸和酚的性质。与酸酐（如乙酸酐）反应生成酚酯。

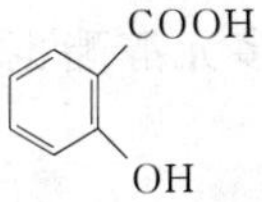

例如：

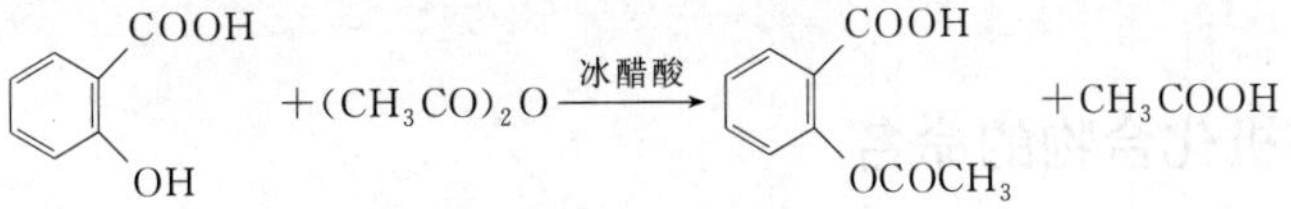

〇 COOH OH +(CH_3CO)_2O $\xrightarrow{\text{冰醋酸}}$ 〇 COOH OCOCH_3 +CH_3COOH

乙酰水杨酸（阿司匹林）

乙酰水杨酸俗称阿司匹林，是解热镇痛剂，也可用于医治心血管病、预防血栓等。

知识点二　羧酸衍生物

一、羧酸衍生物的定义和分类

羧酸分子中羧基上的羟基被卤原子（—X）、酰氧基（—OCOR）、烷氧基（—OR）、氨基（—NH_2）取代后生成的化合物称为羧酸衍生物，分别称为酰卤、酸酐、酯和酰胺。它们分子中都含有羧酸分子中去掉羟基后剩余基团——酰基（ $(Ar)R—\overset{O}{\overset{\|}{C}}—$ ），故它们统称为酰化物。

二、羧酸衍生物的命名

酰基的名称为对应羧酸名称去掉"酸"后加上"酰基"。例如：

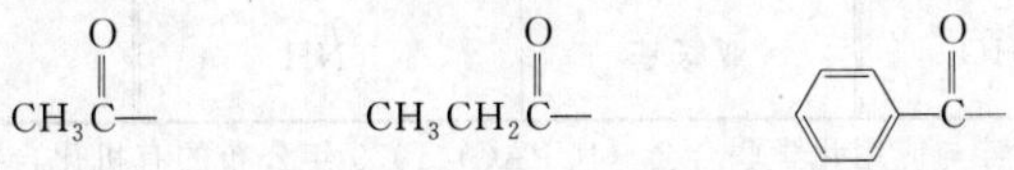

$CH_3\overset{O}{\overset{\|}{C}}—$　　$CH_3CH_2\overset{O}{\overset{\|}{C}}—$　　〇$\overset{O}{\overset{\|}{C}}—$

乙酰基　　　　丙酰基　　　　苯甲酰基

（1）酰卤和酰胺都是以其相应的酰基命名。例如：

乙酰氯　　　　苯甲酰氯　　　　乙酰胺　　　　苯甲酰胺

（2）酸酐是以"酐"为母体，前面加上酸的名字。相同羧酸形成的酸酐，"二"字可省；不同羧酸形成的酸酐，简单的羧酸写在前，复杂的羧酸写在后面。例如：

（二）乙酸酐　　　　乙丙（酸）酐　　　　（二）苯甲酸酐　　　　邻苯二甲酸酐

（3）酯的命名是按照形成它的酸和醇称为某酸某酯，多元醇酯也可把酸的名称放在后面。例如：

乙酸乙烯酯　　　　　　　苯甲酸乙酯　　　　　　　乙酸乙酯

> ❓ **动一动**　各小组用球棍模型搭建各类羧酸衍生物中的一种物质，说出对应的名字。

三、多官能团有机化合物的命名

在同一个分子中有多个官能团时，以表9-7中处于最前面的一个官能团为优先基团，由它决定母体名称，其他官能团都作为取代基来命名。命名时，按最低系列原则和立体化学中的次序规则在母体名称前冠以取代基的位次、数目和名称。例如：

邻羟基苯甲醛　　　　对甲酰基苯甲酸　　　　对硝基苯磺酸　　　　间氨基苯甲醛

表 9-7　一些重要官能团的优先次序[①]

官能团名称	官能团结构	官能团名称	官能团结构	官能团名称	官能团结构
羧酸	$\overset{O}{\overset{\|}{-C-OH}}$	酮基	$>C=O$	三键	$-C\equiv C-$
磺酸基	$-SO_3H$	醇羟基	$-OH$	双键	$>C=C<$
酯基	$-COOR$	酚羟基	$-OH$	烷氧基	$-O-R$
卤代甲酰基	$-COX$	巯基	$-SH$	烷基	$-R$
氨基甲酰基	$-CONH_2$	氢过氧基	$-O-O-H$	卤原子	$-X$
腈基	$-C\equiv N$	氨基	$-NH_2$	硝基	$-NO_2$
醛基	$-CHO$	亚氨基	$>NH$		

注：①本次序是按照国际纯粹与应用化学联合会（IUPAC）1979年公布的有机化合物命名法和我国目前化学界约定俗成的次序排列而成的。

四、羧酸衍生物的物理性质

（1）物态　酰氯和酸酐一般都是对黏膜有刺激性的无色液体或固体。大多数酯是具有愉快香味的液体，可用作香料（例如乙酸异戊酯等）。

（2）溶解性　酰氯、酸酐的水溶性比相应的羧酸小，低级的遇水分解。C_4 及 C_4 以下的酯有一定的水溶性，但随碳原子数增加而大大降低。低级酰胺可溶于水，羧酸衍生物都可溶于有机溶剂。

（3）熔沸点　酰卤、酸酐和酯类化合物的分子间不能通过氢键缔合，酰胺分子间能形成氢键，所以酰卤、酸酐和酯的沸点比分子量相近的羧酸要低得多；酰胺的沸点比相应的羧酸高。图 9-4 为酰胺分子间氢键示意图。

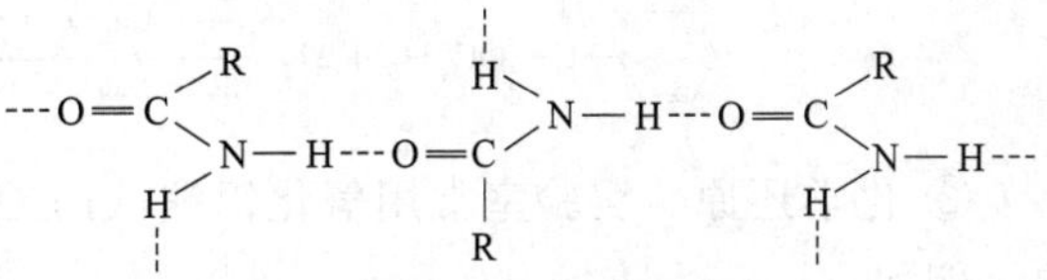

图 9-4　酰胺分子间氢键示意图

（4）相对密度　大多数酯的相对密度小于 1，而酰氯、酸酐和酰胺的相对密度几乎都大于 1。

五、羧酸衍生物的化学性质

1. 水解反应

羧酸衍生物在一定的条件下可以发生水解、醇解和氨解。羧酸衍生物反应活性顺序为：

$$酰卤 > 酸酐 > 酯 > 酰胺$$

这里仅介绍水解反应，通式如下：

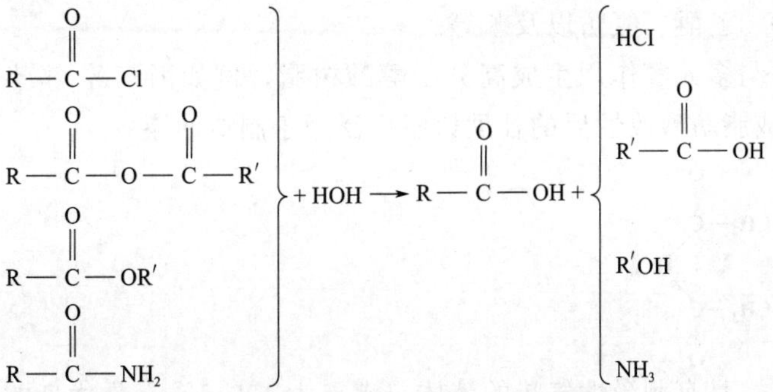

酰氯极易水解，且反应猛烈；酸酐一般需要加热才能水解，低级酰氯、酸酐能较快地被空气中水汽水解，因此在制备及贮存这两类化合物时，必须隔绝水汽；酯和酰胺水解不仅需要长时间加热回流，还需要酸或碱催化。

酯在酸催化下水解是酯化反应的逆过程，水解不完全。

$$CH_3-\overset{O}{\underset{||}{C}}-OC_2H_5 + H_2O \underset{\triangle}{\overset{H_2SO_4}{\rightleftharpoons}} CH_3-\overset{O}{\underset{||}{C}}-OH + CH_3CH_2OH$$

在碱作用下水解完全，碱实际上不仅是催化剂而且是参与反应的试剂，产物为羧酸盐和相应的醇。生成的羧酸盐可从平衡体系中除去，故在足量碱的存在下水解可进行到底。

$$CH_3-\overset{O}{\underset{||}{C}}-OC_2H_5 + H_2O \overset{NaOH}{\longrightarrow} CH_3-\overset{O}{\underset{||}{C}}-ONa + CH_3CH_2OH$$

酯在碱性溶液中水解又称皂化。酯的水解反应可用于分析酯的结构。

2. 还原反应

酰卤、酸酐、酯和酰胺一般都比羧酸容易被还原。以酯为例，催化氢化和化学还原可以把酯还原为伯醇。

① 催化氢化。酯在催化剂 $Cu_2O+Cr_2O_3$ 的存在下通入氢气，可还原成醇，该试剂可使不饱和键氢化，但苯环不受影响。例如：

$$\text{C}_6\text{H}_5\text{—CO—OC}_2\text{H}_5 + \text{H}_2 \xrightarrow[200\sim250℃,\ 14\sim28\text{MPa}]{Cu_2O+Cr_2O_3} \text{C}_6\text{H}_5\text{—CH}_2\text{OH} + \text{C}_2\text{H}_5\text{OH}$$

② 化学还原。实验室常用氢化铝锂（$LiAlH_4$）作还原剂，分子中碳碳不饱和键不受影响。例如：

$$\text{R—CO—OR}' \xrightarrow{LiAlH_4} \text{RCH}_2\text{OH} + \text{R}'\text{OH}$$

$$\text{CH}_3\text{—CO—OC}_2\text{H}_5 \xrightarrow{LiAlH_4} 2\text{CH}_3\text{CH}_2\text{OH}$$

六、重要的羧酸衍生物

1. 邻苯二甲酸酐

邻苯二甲酸酐为无色鳞片状晶体，熔点为 $131℃$，沸点为 $284℃$，易升华，难溶于冷水，可溶于热水、乙醇、乙醚、氯仿以及苯等。

邻苯二甲酸酐与多元醇作用生成高分子醇酸树脂，例如丙三醇-邻苯二甲酸酐树脂（甘酞树脂）。用松香或脂肪酸改性后的甘酞树脂广泛用于制造油漆。

2. 乙酸酐

乙酸酐是无色、具有刺激性气味的液体，沸点为 $139.5℃$，是优良的溶剂，它具有酸酐的通性，是重要的化工原料，在工业生产中它大量用于制造醋酸纤维、合成染料、香料、涂料。

3. 尿素 【NH_2—CO—NH_2】

尿素又称脲，是哺乳动物体内蛋白质代谢的最终产物，成年人每日排出的尿中约含 $30g$ 尿素。它是白色晶体，熔点为 $132.7℃$，易溶于水和乙醇，不溶于乙醚。除了用作肥料外，也是合成药物、农药和塑料等的原料。

尿素是碳酸的二酰胺，由于含有两个氨基，所以显碱性，但碱性很弱，故不能用石蕊试纸检验。它能与硝酸、草酸等形成不溶性的盐，常利用这种性质从尿中分离尿素。

1. 写出下列化合物的名称或结构式。

(1)  COOH—COOH

(2) 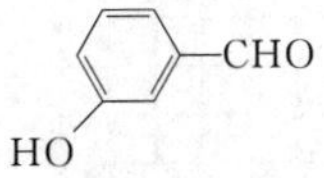 [苯环 HO位置, CHO取代]

(3) 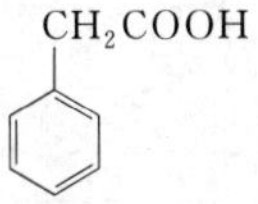 [苯环 CH₂COOH]

(4) 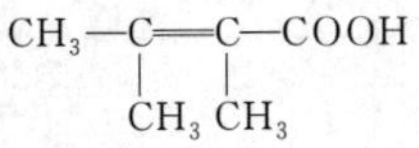 $CH_3-C=C-COOH$，下方 CH_3 CH_3

(5) 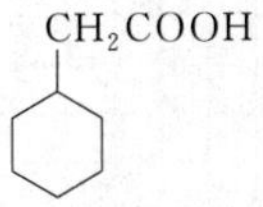 [环己烷 CH₂COOH]

(6) 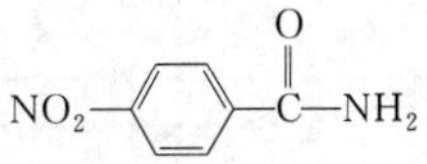 O_2N—[苯环]—$\overset{O}{\underset{}{C}}NH_2$

(7) 乙酸

(8) 水杨酸

(9) 乙酸酐

(10) 苯甲酰氯

(11) 苯甲酸乙酯

(12) 丙酸乙酯

2. 用化学方法鉴别下列化合物。

(1) 甲酸、乙酸、丙酮和乙醛

(2) 苯酚、苯甲醛、苯乙酮和苯甲酸

3. 完成下列方程式。

(1) $CH_3CH_2COOC_2H_5 + NaOH \longrightarrow$

(2) $CH_3COOH + CH_3CH_2OH \longrightarrow$

4. 化合物 A、B 的分子式都是 $C_4H_6O_2$，它们都不溶于 NaOH 溶液，也不与 Na_2CO_3 作用，但可使溴水褪色，有类似乙酸乙酯的香味。它们与 NaOH 共热后，A 生成 CH_3COONa 和 CH_3CHO，B 生成甲醇和羧酸钠盐。该钠盐用硫酸中和后蒸馏出的有机物可使溴水褪色。写出 A、B 的构造式及有关反应式。

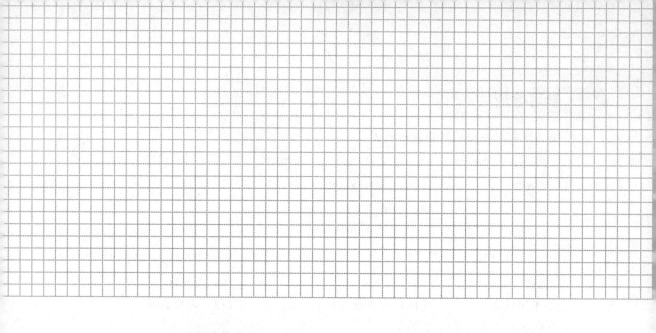

模块十
有机实验操作

情境描述

　　某化工厂检验室有机物质检验岗位要进行实践操作大比拼，包括有机物质的提纯、分离、合成、精制、质量检测等理论和基本操作，员工小王积极性高，依托本单位的实际工作项目，抓紧时间练习，在大比拼中取得了很好的成绩。在备赛的过程中，小王还利用已有原材料自己研究制备肥皂，供清扫卫生使用，受到公司领导的好评。

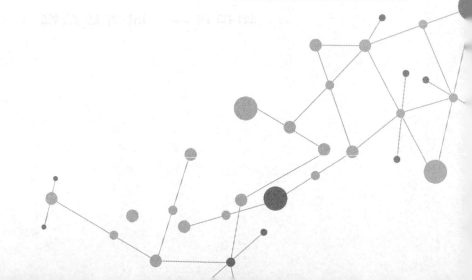

单元一　典型实验原理

课前读吧

　　世界技能大赛被誉为"世界技能奥林匹克"竞赛，其竞技水平代表了当今职业技能发展的世界先进水平。2022 年世界技能大赛特别赛奥地利站的比赛圆满结束，经过三天紧张激烈的比拼，中国选手以高超的技艺、坚定的信念，在全体团队成员协作努力下获得"化学实验室技术"项目金牌，实现了我国该项目金牌"零"的突破。

学习目标

知识目标：① 知道回流、蒸馏、萃取等原理；
　　　　　　② 说出回流、蒸馏、萃取等操作要点。
技能目标：能进行回流、蒸馏、萃取等操作。
素养目标：① 提高学生创新能力；
　　　　　　② 塑造精益求精的化工工匠精神。

学习导入

1. 回流和蒸馏的不同作用是什么？
2. 怎么区分萃取和洗涤？

知识链接

知识点一　回流及蒸馏

一、回流

　　很多有机化学反应需要使反应物在较长时间内保持沸腾才能完成。为防止反应物或溶剂的蒸气逸出，常采用回流冷凝装置。如图 10-1 所示，其中图 10-1(a) 是可以隔绝潮气的回流装置；图 10-1(b) 是可吸收反应中生成气体的回流装置；图 10-1(c) 是回流时，可同时滴加液体的装置。回流时控制液体蒸气上升的高度一般以不超过冷凝管的 1/3 为宜。

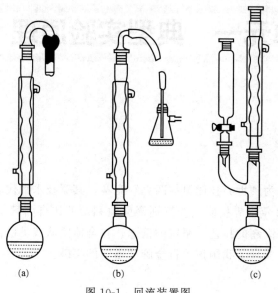

图 10-1　回流装置图

二、蒸馏

1. 原理

液态物质受热沸腾为蒸气，蒸气经冷凝又转变为液体，这个操作过程就称蒸馏。蒸馏是纯化和分离液态物质的一种常用方法。

纯的液态物质在一定压力下具有确定的沸点，不同的物质具有不同的沸点。蒸馏操作就是利用不同物质的沸点差异对液态混合物进行分离和纯化，当液态混合物受热时，由于低沸点物质易挥发，首先被蒸出，而高沸点物质因不易挥发或挥发出的少量气体易被冷凝而滞留在蒸馏瓶中，从而使混合物得以分离。因此可借助蒸馏的方法来测定物质的沸点和定性地检验物质的纯度。

不过，只有当组分沸点相差在 30℃ 以上时，蒸馏才有较好的分离效果。如果组分沸点差异不大，就需要采用精馏操作对液态混合物进行分离和纯化。

需要指出的是，某些有机化合物往往能和其他组分形成二元或三元恒沸混合物，他们也有一定的沸点，因此不能认为沸点一定的物质都是纯物质。

2. 装置

蒸馏装置主要由汽化、冷凝和接收三大部分组成。主要仪器有蒸馏瓶、蒸馏头、温度计、直形冷凝管、接液管、接收瓶等。

图 10-2 是普通蒸馏装置。图 10-3 是沸点在 140℃ 以上液体的蒸馏装置，使用空气冷凝管冷凝。图 10-4 是蒸馏较多溶剂的装置。由于液体可从漏斗中不断地加入，既可调节滴入和蒸出的速度，又可避免使用较大的蒸馏瓶，使蒸馏连续进行。

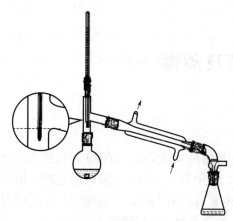

图 10-2　普通蒸馏装置

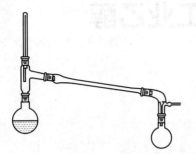

图 10-3　沸点 140℃以上液体的蒸馏装置

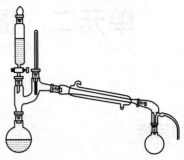

图 10-4　蒸馏较多溶剂的装置

知识点二　萃取和洗涤

　　萃取和洗涤是根据物质在不同溶剂中的溶解度不同的原理来进行分离操作。萃取和洗涤在原理上是一样的，只是目的不同。从混合物中抽取的物质，如果是我们所需要的，这种操作称为萃取或提取；如果是我们所不要的，这种操作称为洗涤。

　　通常用分液漏斗来进行液体的萃取。分液漏斗的使用：

　　首先要对分液漏斗检漏，检查分液漏斗的盖子和旋塞是否严密，以防分液漏斗在使用过程中发生泄漏而造成损失。（检查的方法通常是先用水试验）

　　然后将液体和萃取用的溶剂（或洗液）由分液漏斗上口倒入，盖上顶塞，振荡漏斗，使两液层充分接触。振荡的操作方法一般是先把分液漏斗倾斜，使漏斗上口略朝下（图 10-5）。右手捏住漏斗上口颈部并用食指根部压紧顶塞，以免顶塞松开，左手握住活塞，握持塞子的方式既要能防止振荡时活塞转动或脱落，又要便于灵活地转开活塞。振荡后分液漏斗保持倾斜状态，旋开活塞放出蒸气，使内外压力平衡。

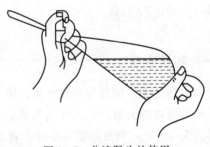

图 10-5　分液漏斗的使用

　　振荡数次之后，将分液漏斗放在铁环上静置，当明显分层后，先打开上面的顶塞（或者使活塞的槽与外部的小孔对准），使得与大气相通，把分液漏斗的下端靠在接收器的壁上，旋开下面的活塞，让液体流下，当液面间的界限接近旋塞时，关闭旋塞，静置片刻，这时下层液体往往会增多一些，再把下层液体仔细放出，然后把剩下的上层液体从上口引到另一个容器里，下层液体切不可从活塞放出，以免被残留在漏斗颈上的第一种液体所沾污。

　　在萃取过程中，将一定量的溶剂进行多次萃取，其效果要比一次萃取好。

学习检测

1. 简述蒸馏的原理和作用。
2. 简述萃取和洗涤的原理和作用。

单元二　提纯工业乙醇

学习目标

知识目标： ① 知道沸点的定义；
② 明确乙醇提纯的步骤。

技能目标： ① 能利用蒸馏提纯乙醇；
② 能进行乙醇折射率测定。

素养目标： ① 提高理论联系实际的能力；
② 提升分析解决问题的能力；
③ 提高分析检验的能力。

学习导入

乙醇和水是否能完全分离？为什么？

知识链接

一、实验原理

液体的沸点跟外部压强有关，沸点是液体的饱和蒸气压等于外界压强时的温度。当液体所受的压强增大时，它的沸点升高；压强减小时，沸点降低。乙醇的沸点是 78.5℃，水的沸点是 100℃，利用蒸馏操作对二者的液态混合物进行分离和纯化，当液态混合物受热时，低沸点的乙醇首先被蒸出，而高沸点的水滞留在蒸馏瓶中，从而使混合物得以分离，但由于二者沸点差值小于 30℃，不能完全分离。

二、操作步骤

（1）前期准备　将所用玻璃仪器洗涤、烘干。将 50mL 工业酒精、7g 生石灰装入 100mL 圆底烧瓶，摇匀后用橡胶塞塞紧并放置过夜。

（2）回流　在装有放置过夜的物料的圆底烧瓶中加入 3 粒沸石，再加上球形冷凝管，冷凝管上接盛有无水氯化钙干燥管，装配好回流装置并在电热套上加热回流 40min。

（3）蒸馏　回流结束后，待反应体系稍冷，将其改装成普通蒸馏装置（图 10-2）。

① 打开电热套，缓慢升温。

② 在整个过程中，每 5min 记录一次温度。

③ 调整电热套强度和冷凝水流速，控制温度在 78～80℃。

④ 控制接液管馏出液流出速度为每秒 1～2 滴。

⑤ 弃去前馏分和后馏分，量取馏出液乙醇的体积，计算回收率。

⑥ 将蒸馏乙醇、蒸馏废液分别盛装、回收。

⑦ 冷却至室温，拆除蒸馏装置，洗涤整理。

（4）对比实验　取馏分1mL于小试管中，加入无水硫酸铜，观察现象。用无水乙醇作对比实验，并得出结论。

（5）后处理　在圆底烧瓶里白色固体中加入少量水搅拌成糊状后，慢慢滴加1∶4盐酸，至白色固体完全溶解后刷洗干净即可。

（6）回收率计算　回收率 $= \dfrac{V_{馏出}}{V_{投入}} \times 100\%$。

（7）测定回收乙醇的折射率。

温馨提示

（1）回流装置、蒸馏装置都按照从下到上、从左到右的顺序连接仪器并固定，拆除顺序与搭建顺序相反。

（2）烧瓶中物料的加入量为烧瓶容积的1/3～1/2，不超过2/3为合适，加沸石。

（3）沸石是一种多孔性的物质。当液体受热沸腾时，沸石内的小气泡就成为汽化中心，使液体保持平稳沸腾。如果蒸馏已经开始，但忘了投沸石，应先停止加热，待液体稍冷片刻后再补加沸石。千万不要直接投放沸石，以免引发暴沸。

（4）连接冷凝水，保证"下口进水、上口出水"。

（5）为了确保实验安全，回流、蒸馏操作时都应先通水后加热，结束后先停止加热后关冷却水，中途不得断水。

（6）控制温度，使回流或蒸馏速度为1～2滴/s。

（7）无论何时，都不能将蒸馏烧瓶蒸干，以防意外。

学习检测

总结回流和蒸馏过程应注意哪些问题。

单元三　乙酸乙酯的合成

学习目标

知识目标：① 理解乙酸乙酯的合成原理；

　　　　　② 说出乙酸乙酯的合成装置所需仪器；

　　　　　③ 明确乙酸乙酯的合成步骤。

技能目标：① 能够控制反应条件合成乙酸乙酯；

　　　　　② 能够洗涤、精制乙酸乙酯；

　　　　　③ 能够收集乙酸乙酯。

素养目标：① 强化化工分析检验工作的职业素养；

　　　　　② 提高学生解决异常情况的能力。

学习导入

怎样能增加乙酸乙酯的产率？

知识链接

一、合成原理

有机酸与醇可进行酯化反应生成酯。没有催化剂存在时，酯化反应很慢；当采用酸作催化剂时，可以大大地加快酯化反应的速度。酯化反应是一个可逆反应。为使平衡向生成酯的方向移动，常常使反应物之一过量，或将生成物从反应体系中及时除去，或者两者兼用。

主反应：$CH_3COOH + C_2H_5OH \underset{120℃}{\overset{浓\ H_2SO_4}{\rightleftharpoons}} CH_3COOC_2H_5 + H_2O$

副反应：$2CH_3CH_2OH \underset{140℃}{\overset{浓\ H_2SO_4}{\longrightarrow}} CH_3CH_2OCH_2CH_3 + H_2O$

$CH_3CH_2OH \underset{170℃}{\overset{浓\ H_2SO_4}{\longrightarrow}} CH_2{=}CH_2 + H_2O$

主要试剂及产品的物理常数见表 10-1。

表 10-1　主要试剂及产品的物理常数

药品名称	分子量	密度/(g/mL)	沸点/℃	折射率	水溶解度/(g/100mL)
冰醋酸	60.05	1.049	118	1.376	易溶于水
乙醇	46.07	0.789	78.4	1.361	易溶于水

药品名称	分子量	密度/(g/mL)	沸点/℃	折射率	水溶解度/(g/100mL)
乙酸乙酯	88.11	0.9005	77.1	1.372	微溶于水
浓硫酸	98.08	1.84	—	—	易溶于水

二、装置示意图

乙酸乙酯合成和提纯装置见图 10-6。

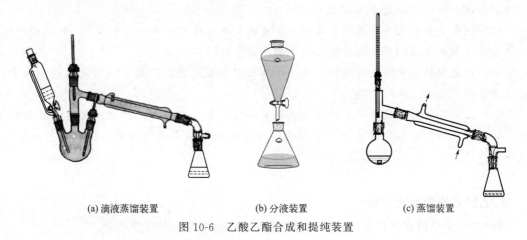

(a) 滴液蒸馏装置　　　　　　　(b) 分液装置　　　　　　　(c) 蒸馏装置

图 10-6　乙酸乙酯合成和提纯装置

三、主要操作步骤

1. 乙酸乙酯的合成

在三口烧瓶中，加入 12mL 乙醇，在振摇与冷却下分批加入 8mL 浓硫酸，混匀后加入几粒沸石。在滴液漏斗内加入 12mL 乙醇和 15mL 冰醋酸并混匀。

用电热套开始加热，当温度升至约 120℃时，开始滴加乙醇和冰醋酸的混合液，并调节好滴加速度，使滴入速度与馏出乙酸乙酯的速度大致相等，同时维持反应温度在 115～120℃，滴加过程约 1h。

滴加完毕后在 115～120℃下继续加热 15min，再升温至 130℃，若无液体馏出可停止加热。等体系冷却后收集粗乙酸乙酯（合成过程每 5 分钟记录一次温度）。

2. 乙酸乙酯的提纯

（1）洗涤

① 在粗乙酸乙酯中加入约 1mL 饱和碳酸钠溶液洗涤，边搅拌边冷却，直至无 CO_2 逸出，并用 pH 试纸检验酯层呈中性。然后将此混合液移入分液漏斗中，充分振摇，静置分层后，分出水层。

② 接着用约 50mL 饱和氯化钠溶液洗涤酯层，静置分层后，分出水层。

③ 再用约 50mL 饱和氯化钙溶液分两次洗涤酯层，分出水层。

（2）干燥　将酯层倒入锥形瓶中，并放入约 1g 的无水硫酸镁，配上塞子，充分振摇至液体澄清透明，再放置干燥。

（3）蒸馏　将干燥后的乙酸乙酯用漏斗经脱脂棉过滤至干燥的蒸馏烧瓶中，加入几粒沸石，安装好蒸馏装置，加热进行蒸馏。

收集乙酸乙酯馏分，记录精制乙酸乙酯的产量。

 **温馨提示**

（1）实验进行前，用来蒸馏的玻璃仪器都应是干燥的。

（2）在馏出液中除了酯和水外，还含有未反应的少量乙醇和乙酸，也还有副产物乙醚，故加饱和碳酸钠溶液主要除去其中的酸。多余的碳酸钠在后续的洗涤过程可被除去，可用石蕊试纸检验产品是否呈碱性。

（3）饱和食盐水主要洗涤粗产品中的少量碳酸钠，还可洗除一部分水。此外，由于饱和食盐水的盐析作用，可大大降低乙酸乙酯在洗涤时的损失。

（4）用氯化钙饱和溶液洗涤时，氯化钙与乙醇形成配合物而溶于饱和氯化钙溶液中，由此除去粗产品中所含的乙醇。

（5）乙酸乙酯与水或醇可分别生成共沸混合物，若三者共存则生成三元共沸混合物。因此，酯层中的乙醇不除净或干燥不够时，由于形成低沸点的共沸混合物，会影响酯的产率。

3. 乙酸乙酯的质量评价

将产品送至色谱室进行色谱分析，测定乙酸乙酯的纯度，并计算产率。

 学习检测

简述粗品乙酸乙酯洗涤的步骤和作用。

单元四　熔点测定

学习目标

知识目标：① 知道熔点的定义；
　　　　　② 说出熔点测定的意义；
　　　　　③ 知道熔点测定的两种方法。
技能目标：① 能正确认知熔点仪；
　　　　　② 能用毛细管法和盖玻片法测定熔点。
素养目标：① 培养合作、敬业、严谨的化工职业品格；
　　　　　② 提高对比分析、检验的能力。

学习导入

1. 熔点测定的方法有哪些？
2. 熔点测定有什么意义？

知识链接

一、测定原理

　　熔点是固体有机化合物的物理常数之一。在大气压力下，化合物受热由固态转化为液态时的温度称为该化合物的熔点。严格地说，所谓熔点指的是在大气压力下化合物的固-液两相达到平衡时的温度。通常纯的有机化合物都具有确定的熔点，而且从固体初熔到全熔的温度范围（称熔程或熔距）很窄，一般不超过 $0.5\sim1$℃。但是，如果样品中含有杂质，就会导致熔点下降、熔距变宽。因此，通过测定熔点，观察熔距，可以很方便地鉴别未知物，并判断其纯度。

　　这一性质可用来鉴别两种具有相近或相同熔点的化合物究竟是否为同一化合物。方法十分简单，只需要将这两种化合物混合在一起，并观测其熔点。如果熔点下降，而且熔距变宽，那必定是两种性质不同的化合物。需要指出的是，有少数化合物，受热时易发生分解。因此，即使其纯度很高，也不具有确定的熔点，而且熔距较宽。

二、测定方法

　　熔点测定可用传统的提勒熔点管，这里介绍熔点仪测熔点的两种方法。

1. 毛细管法

试样填装：将 $0.1g$ 左右干燥后样品（如乙酰苯胺）研细放在表面皿上，堆起来，将事先准备好的熔点管（即毛细管）的管口朝下，插入样品粉末中，然后管口朝上垂直立起，把熔点管密封端在桌面上蹾几下，利用自由落体运动使样品粉末落入并填实管底，如此反复几次，装样高度为2~3mm，最后擦去管外黏附的粉末。每种试样应准备2~3支填充好的熔点管。

熔点测定：将毛细管封口一端插入熔点仪，打开电源，调显微镜焦距，使试样晶粒清晰呈现后进行测定。样品结晶的棱角开始变圆时为初熔，结晶形状完全消失为终熔。记录初熔和终熔温度。

 温馨提示

（1）样品一定要研细，否则装样时不易填实。

（2）装样时未填实，会在样品中产生小的空气室，使样品受热不均匀，熔程拉长。

（3）每次测定都必须用新的熔点管重新装样测定。

2. 盖玻片法

将盖玻片水洗，用酒精棉蘸酒精擦干，将干燥研细的试样放于表面皿上，用毛细管蘸少量试样于两盖玻片之间（0.1mg），置于加热炉凹槽内，打开电源，调显微镜焦距，使试样晶粒清晰呈现，开始测定。记录初熔和终熔温度。

一次测定完成后，关闭电源，用镊子取下盖玻片，待冷却至温度降到40℃以下，再做下一次测定。

 温馨提示

（1）盖玻片上溶剂必须挥发干。防止溶剂与试样反应、溶解试样或影响测定。

（2）熔点仪使用后温度高，防止烫伤，不要用手取盖玻片。

 学习检测

简述毛细管法药品填装的方法。

单元五　制备肥皂

学习目标

知识目标：① 知道皂化反应原理；
　　　　　② 理解肥皂制备的过程和要点。

技能目标：① 能进行肥皂制备的相关计算；
　　　　　② 能制备肥皂。

素养目标：① 提高探讨、研究的能力；
　　　　　② 提高操作能力和创新能力；
　　　　　③ 树立化工审美意识。

学习导入

1. 肥皂制备过程中，盐析起什么作用？
2. 制备既好看又好用的肥皂要注意哪些问题？

知识链接

一、反应原理

皂化：油脂与 NaOH 或 KOH 混合，得到高级脂肪酸的钠/钾盐和甘油的反应，称为皂化反应。

$$\begin{array}{l} CH_2OOCR_1 \\ | \\ CH_2OOCR_2 + 3NaOH \longrightarrow CH_2OH + R_1COONa + R_2COONa + R_3COONa \\ | \\ CH_2OOCR_3 \end{array}$$

盐析：高级脂肪酸钠在氯化钠溶液中的溶解度较小，加入饱和氯化钠溶液的作用是使肥皂析出，便于下一步的精制，同时除去多余的 NaOH（减少腐蚀性），从而得到肥皂。

二、肥皂的制备步骤

1. 肥皂制备的相关计算

利用肥皂配方计算器（在工作任务十二中），计算出 50g 油脂所需要的水、NaOH 的量，油脂种类很多，可以选取多种，但成品的性质均要达到要求。

例如：在计算器中选取椰子油 5g、棕榈油 5g、橄榄油 10g、乳木果脂 5g、猪油 25g，计算求得水 17.7g、NaOH7.1g，得到预计的成品性质见表 10-2。

表 10-2　成品性质表

指标	计算数值	建议范围
INS	143.2	136～165
适肌力	7.11	＞7
清洁力	7.26	＞5
起泡力	6.46	＞4
硬度	10.35	＞5
不易化	8.72	＞5
安定性	7.39	＞5

2. 皂基的制备

以上述配比为例，进行操作：

（1）将水相（NaOH 溶液）加入油相（油脂混合物）中，并加入 20mL 乙醇，热水浴加热，用表面皿盖住烧杯口，并不停地搅拌。

 温馨提示

搅拌要轻，以免用力过大皂液溅到皮肤而受伤，如果体积变小或变黏稠，加入乙醇和水（1∶1）的溶液，以保持一定体积。

（2）皂化过程持续搅拌约 40min，混合液表面无油珠状也无油味时，停止加热和搅拌。

（3）将混合液倒入饱和氯化钠溶液中，轻轻搅拌，使肥皂析出，制得肥皂粗产品，即皂基。

 温馨提示

皂化过程当搅拌到混合液变成像麦芽糖似的黏稠状态，或者以搅拌棒划过皂液表面，留下明显痕迹时，停止加热和搅拌。

（4）抽滤，用冰水洗涤沉淀物。

（5）将洗涤好的沉淀物倒入 70℃的氯化钠溶液中，进行搅拌，再次抽滤，收集沉淀物并洗涤。

（6）压干皂基。

3. 肥皂的精制

（1）按照皂基∶乙醇∶丙三醇（甘油）为 10∶10∶9（甘油留一半备用）的比例，将混合物加热至 65℃澄清，此时体积减小至 1/2～1/3。

（2）温度降至 50℃，加色素 1mL、1～2 滴香精和 1～2 滴精油等。

（3）入模：将混合液倒入模型中（模型事先涂甘油）。

（4）脱模：24 小时以后可以脱模。

 温馨提示

(1) 由于肥皂入模有气泡会造成肥皂表面产生"白点"，因此入模前在模具上涂抹一层甘油。

(2) 肥皂脱模过早皂体表面还有不少水分，接触到空气中的 CO_2，产生皂粉，所以肥皂入模后最好封上保鲜膜或放至保温箱中 2～3 天，减少皂粉的产生。

学习检测

总结酯化反应和皂化反应的原理、反应类型比较。

任务实施

见工作任务九：提纯工业乙醇及质量评价

见工作任务十：合成乙酸乙酯及质量评价

见工作任务十一：熔点测定

见工作任务十二：合成肥皂

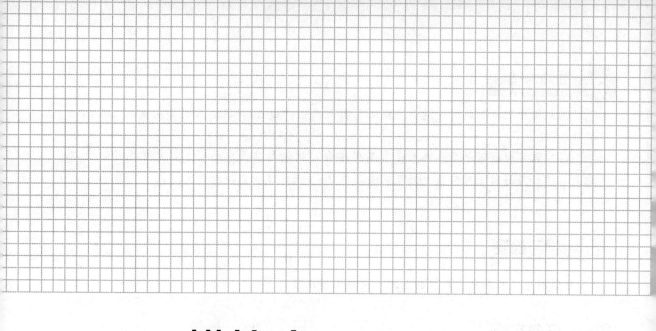

模块十一
实验室安全基础知识

情境描述

　　某化工企业为迎接市应急管理局安全检查，安排各部门进行安全自查和安全知识学习，质检部张部长对所有化验员进行安全守则、化学药品安全储存等内容的安全培训，并带领化验员对安全标志、仪器设备进行巡检。在水、电、气、温度、压力等实验条件下，做好安全管理工作，确保实验人员的安全和健康，做到安全无死角，以迎检促生产。

单元一　走进化学实验室

课前读吧

一位攀树能手指挥一个人爬到一棵很高的树上去砍树枝。在那人爬到很高且非常危险的时候，他什么话都不说，直到那人砍完树枝往下来到屋檐的时候，他才提醒说："要小心一点，别踩空。"我问道："现在这个高度直接跳下来也不要紧，为什么还要特意提醒一下呢？"他回答说："正是如此才要提醒呀。在高处时，即使不提醒，他本人也知道是非常危险的情况，自然会小心谨慎。只有在相对比较安全的地方，才会大意，掉以轻心。"

学习目标

知识目标：① 说出实验人员的安全守则；
　　　　　② 归纳实验室一般急救办法；
　　　　　③ 概述灭火器的使用范围。

技能目标：① 能够正确处理实验室"三废"；
　　　　　② 能够正确使用实验室安全防护设施设备；
　　　　　③ 能够正确认领各种玻璃仪器。

素养目标：① 树立法治观念；
　　　　　② 具有珍爱生命、安全防护、保护环境的意识。

学习导入

用完的化学试剂可以当垃圾丢掉吗？

知识链接

━━━ 知识点一　实验室安全常识 ━━━

一、化学实验室人员安全守则

（1）实验人员必须认真学习实验操作规程和有关的安全技术规程，了解仪器设备的性能及操作中可能发生事故的原因，掌握预防和处理事故的方法。

（2）进行危险性操作时，如危险物料的现场取样、易燃易爆物的处理、使用极毒物质等均应有第二人陪伴。陪伴者应能清楚地看到操作地点，并观察操作的全过程。

（3）禁止在实验室内吸烟、进食、喝茶及饮水。不能用实验器皿盛放食物，不能在实验室的冰箱存放食物。离开实验室前用肥皂洗手。

（4）实验室严禁喧哗打闹，保持实验室秩序井然。工作时应穿工作服，长头发要扎起来，不能光着脚或穿拖鞋进入实验室。进行有危险性工作时要佩戴防护用具，如防护眼镜、防护手套、防护口罩，甚至防护面具等。

（5）实验室所有药品、仪器不得带出室外；禁止任意混合各种试剂药品，以免发生意外。

（6）废纸、碎玻璃等物应扔入废物桶中，不得扔入水槽，保持下水道畅通；每日工作完毕时，应检查电、水、气、窗等，之后锁门离开。

二、实验室安全设施

实验室内应备有通风设备、灭火消防器材、洗眼器、喷淋器、急救箱、安全标志提示卡和个人防护器材等。

1. 安全设备

实验室常见的安全设备见图 11-1。

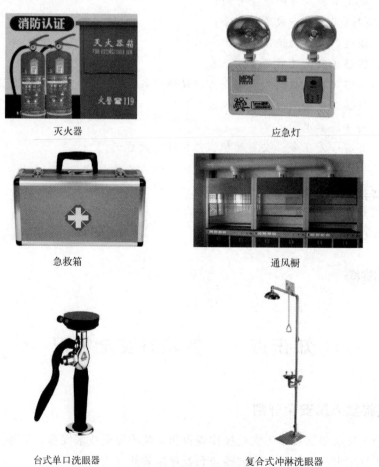

灭火器

应急灯

急救箱

通风橱

台式单口洗眼器

复合式冲淋洗眼器

图 11-1　安全设备

2. 安全标志提示

安全标志是一种国际通用的信息，实验室常见安全标志见图 11-2。

严禁烟火　　　　　禁止打闹

当心火灾　　　　当心腐蚀　　　　当心中毒

当心爆炸　　　　当心触电

佩戴防毒面具　　　佩戴防尘口罩　　　穿防护服

佩戴防护眼镜　　　佩戴防护手套　　　注意通风

图 11-2　实验室常见安全标志

3. 个人防护

实验室常见的个人防护用品见图 11-3。

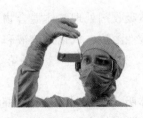

整体展示　　　　　　白大褂

图 11-3

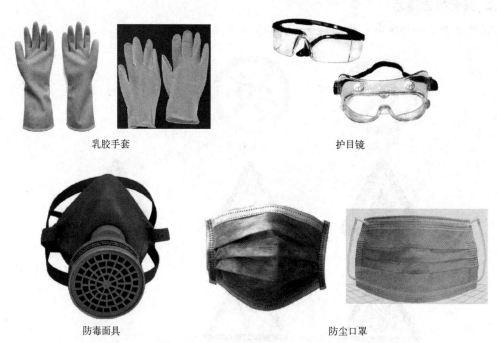

乳胶手套　　　　　　　　　　　　　护目镜

防毒面具　　　　　　　　　　　　　防尘口罩

图 11-3　实验室常见的个人防护用品

❓ **练一练**　请查看基础化学实验室提供的灭火器型号，利用网络查阅其适用范围。

知识点二　有害化学物质处理

化学实验室的"三废"种类繁多，实验过程中产生的有毒气体和废水排放到空气中或下水道，会对环境造成污染，威胁人们的健康。如 SO_2、NO、Cl_2 等对人体的呼吸道有强烈的刺激，对植物也有伤害；As、Pb 和 Hg 等化合物进入人体后，不易分解和排出，长期积累会引起胃痛、皮下出血、肾功能损伤等；氯仿、四氯化碳等能致肝癌；多环芳烃能致膀胱癌和皮肤癌；铬的氧化物接触皮肤破损处会引起溃烂不止等。故对实验过程中产生的有毒有害物质进行处理十分必要。

一、废气的常用处理方法

（1）溶液吸收法　溶液吸收法是用适当的液体吸收剂处理气体混合物，除去其中有害气体的方法。常用的液体吸收剂有水、碱性溶液、酸性溶液、氧化剂溶液和有机溶剂，它们可用于净化含有 SO_2、NO_2、HF、SiF_4、HCl、Cl_2、NH_3、汞蒸气、酸雾、沥青烟和有机物蒸气的废气。

（2）固体吸收法　固体吸收法是使废气与固体吸收剂接触，废气中的污染物（吸收质）吸附在固体表面从而被分离出来。此法主要用于净化废气中低浓度的污染物质，常用的吸附剂及其处理物质见表 11-1。

表 11-1　常用吸附剂及处理物质

固体吸附剂	处理物质
活性炭	H_2S、SO_2、CO、CO_2、NO_2、CCl_4、CS_2、CH_2Cl_2、Cl_2、苯、甲苯、二甲苯、丙酮、乙醇、乙醚、甲醛、汽油、乙酸乙酯、苯乙烯、氯乙烯、恶臭物
浸渍活性炭	SO_2、Cl_2、H_2S、HF、HCl、Hg、$HCHO$、CO、CO_2、NH_3、烯烃、胺、酸雾、硫醇
活性氧化铝	H_2O、H_2S、HF、SO_2
浸渍活性氧化铝	Hg、HCl、$HCHO$、酸雾
硅胶	H_2O、C_2H_2、SO_2、NO_2
分子筛	H_2O、H_2S、HF、SO_2、NO_2、CCl_4、C_mH_n、CO_2
焦炭粉粒	沥青烟
白云石粉	沥青烟
蚯蚓类	恶臭类物质

二、废液的常用处理方法

（1）中和法　对于酸含量小于 3‰～5‰ 的酸性废水或碱含量小于 1‰～3‰ 的碱性废水，常采用中和处理方法。无硫化物的酸性废水，可用浓度相当的碱性废水中和；含重金属离子较多的酸性废水，可通过加入碱性试剂（如 $NaOH$、Na_2CO_3）进行中和。

（2）萃取法　采用与水互不相溶，但能良好溶解污染物的萃取剂，使其与废水充分混合，提取污染物，达到净化废水的目的。例如含酚废水就可以二甲苯作为萃取剂。

（3）化学沉淀法　在废水中加入某种化学试剂，使之与其中的污染物发生化学反应，生成沉淀，然后进行分离。此法适用于除去废水中的重金属离子（如汞、铬、铜、铅、锌、镍、镉等）、碱金属离子（钙、镁）及某些非金属（砷、氟、硫、硼等）。如氢氧化物沉淀法可用 $NaOH$ 作为沉淀剂处理含重金属离子的废水；硫化物沉淀法是用 Na_2S、H_2S、CaS 或 $(NH_4)_2S$ 等作为沉淀剂除汞、砷；铬酸盐法是用 $BaCO_3$ 或 $BaCl_2$ 作为沉淀剂除去废水中的铬氧化物等。

（4）氧化还原法　水中溶解的有害无机物或有机物，可通过化学反应将其氧化或还原，转化成无害的新物质或易从水中分离除去的形态。常用的氧化剂主要是漂白粉，用于含氰废水、含硫废水、含酚废水及含氨氮废水的处理。常用的还原剂有 $FeSO_4$ 或 Na_2SO_3，用于还原 6 价铬；还有活泼金属如铁屑、铜屑、锌粒等，用于除去废水中的汞。

对于有机溶剂，若废液量较多，有回收价值的溶剂应蒸馏回收使用。无回收价值的少量废液可以用水稀释排放。若废液量大，可用焚烧法进行处理。不易燃烧的有机溶剂，可用易燃溶剂稀释后再焚烧。

此外，还有活性炭吸附法、离子交换法、电化学净化法等。

三、废渣的常用处理方法

废渣主要采用掩埋法。有毒的废渣必须先进行化学处理，然后深埋在远离居民区的指定地点，以免毒物溶于地下水而混入饮用水中；无毒废渣可直接掩埋，掩埋地点应有记录。

四、汞中毒的预防及处理

（1）预防　汞是不少实验室经常接触的物质，是在温度−39℃以上唯一能保持液态的金属。它易挥发，其蒸气极毒。若实验人员经常在含汞量达到 1×10^{-5} mg/L 的空气中活动，就会慢性中毒。

使用汞的实验室应有通风设备，保持室内空气流通，因为汞蒸气重，多沉积于空间的下部，所以其排风口应设在房间的下部。汞应储存于厚壁带塞的瓷瓶或玻璃瓶中，每瓶不宜放得太多，以免过重使瓶破碎。汞的操作最好在瓷盘中进行，以减少散落机会。为了减少汞的蒸发，降低空气中汞蒸气的含量，通常在汞液面上覆盖一层水层或甘油层。

（2）处理　对于溅落于台面或地面的汞，应尽可能地拣拾起来。颗粒直径大于1mm的汞可用滴管吸取，或用拾汞片（铜汞齐片）收取（拾汞片制备法：将约0.2mm厚的条形铜片浸入用硝酸酸化过的硝酸汞溶液中，这时汞即镀于铜片上成拾汞片）。把散落的汞全部收拾之后，再撒上多硫化钙、硫黄、漂白粉等任一物质的粉末，或喷洒20%三氯化铁溶液，使汞转化成不挥发的难溶盐，干后清扫干净。

对于吸附在墙壁上、地板上以及设备表面上的汞，可采用加热熏碘的方法除去。下班前关闭门窗，按每平方米0.5g碘的数量，加热熏蒸碘，碘蒸气即可固定散落的汞。

三氯化铁及碘对金属有腐蚀作用，使用这两种物质时要注意对室内精密仪器的保护。

> ❓ **想一想**　实验室汞温度计破碎，应如何处理散落的汞？

知识点三　常见玻璃仪器

化学实验室经常大量地使用玻璃仪器，这是因为玻璃具有一系列优良的性质，如高的化学稳定性、热稳定性，良好的透明度，一定的机械强度，并可按需要制成各种不同的形状。改变玻璃的化学组成，可以制出各种不同要求的玻璃。

一、无机及化学分析模块

无机及化学分析模块使用的大部分是玻璃量器和容器，玻璃的主要成分是 SiO_2、CaO、Na_2O、K_2O。引入 B_2O_3、ZnO、Al_2O_3 等会形成不同用途的玻璃量器和容器。目前职业技能大赛使用的玻璃仪器大部分是硼-硅含量比较高、精密度比较高、质量比较好的进口仪器。

无机及化学分析常用玻璃仪器规格、用途见表11-2。

表11-2　无机及化学分析常用玻璃仪器一览表

名称	常见规格	主要用途	使用注意事项
烧杯	（有刻度、无刻度）以容积（mL）表示：50，100，150，200，250，500，1000，2000 等	配制溶液、溶解样品，反应容器，代替水槽等	①加热时擦干外壁，置于石棉网上，使其受热均匀，不可烧干；②反应液体积不能超过烧杯容积的 2/3

名称	常见规格	主要用途	使用注意事项
锥形瓶	（具塞或无塞、广口或细口） 以容积（mL）表示：50，100，150，200，250 等	加热、处理试样；震荡方便，适合容量分析	①盛液不能太多； ②加热时应垫石棉网或置于水浴中； ③磨口锥形瓶加热时要打开瓶塞
碘量瓶	以容积（mL）表示：50，100，250，500，1000 等	碘量法或其他生成挥发性物质的定量分析	①磨口要保持原配塞； ②加热时应置于石棉网上，使其受热均匀，一般不可烧干
量筒、量杯	以容积（mL）表示：5，10，15，20，25，50，100，200，500 等	粗略地量取一定体积的液体	①应竖直放在桌面上，读数时视线应和液面水平，读取与弯月面最低点相切的刻度； ②不能作为反应容器，不能加热，不能在烘箱中烘烤，不可量热的液体； ③操作时要沿壁加入或倒出液体
试管	（试管、离心试管）以容积（mL）表示：5，10，15，20，50 等	反应容器，便于观察，盛药量少；离心试管可在离心机中通过离心作用分离溶液和沉淀	①反应液体不超过试管容积的 1/2，加热时不超 1/3； ②加热液体时，管口不要对人，并将试管倾斜与桌面成 45°； ③加热固体时，管口略向下倾斜； ④离心试管只能水浴加热
滴定管	滴定管分酸式、碱式两种，也有酸、碱都可以用的聚四氟乙烯塞的，以容积（mL）表示：25，50 等；管身颜色为棕色或无色	容量分析滴定	①活塞要原配；漏水的不能使用； ②不能加热； ③不能长期存放碱液； ④碱式管不能放与乳胶管作用的滴定液

名称	常见规格	主要用途	使用注意事项
容量瓶	以容积(mL)表示,量入式(In)	配制准确体积的标准溶液或被测溶液	①非标准的磨口塞要保持原配;漏水的不能用;②不能在烘箱内烘烤,不能加热,不能用毛刷洗刷;③不能代替试剂瓶用来存放溶液
移液管	以所能度量的最大容积(mL)表示:1,2,5,10,20,25,50等,单标线大肚型	准确地移取一定体积的液体	(完全或不完全流出式)①不能加热;②上端和尖端不可磕破
吸量管	以所能度量的最大容积(mL)表示:1,2,5,10,15,20,25等,有分刻度直管型	准确地移取各种不同体积的液体	(完全或不完全流出式)①不能加热;②上端和尖端不可磕破
试剂瓶	以容积(mL)表示:60,100,250,500,1000,5000等,有广口瓶、细口瓶两种,又分磨口、不磨口,无色、棕色等	细口瓶用于存放液体试剂;广口瓶用于装固体试剂;棕色瓶用于存放见光易分解的试剂	①不能加热;②不能在瓶内配制操作过程中放出大量热量的溶液;③磨口塞要保持原配;④放碱液的瓶子应使用橡胶塞,以免长时间后打不开
滴瓶	以容积(mL)表示:30,60,100等,分无色、棕色两种	装需滴加的试剂	①滴管专用,不得弄乱弄脏;②棕色瓶盛放见光易分解或不稳定的试剂;③取用试剂时,滴管要保持垂直,不接触接收容器内壁

名称	常见规格	主要用途	使用注意事项
干燥器	以内径(cm)表示,分普通、真空干燥两种	保持烘干或灼烧过物质的干燥;也可干燥少量制备的产品	①底部放变色硅胶或其他干燥剂,盖磨口处涂适量凡士林;②不可将红热的物体放入,放入热的物体后要每隔一定时间开一开盖子,以调节干燥器内压力
称量瓶	以外径(mm)×高(mm)表示,分高形、低形	低形用于烘干样品;高形用于称量基准物、样品	①烘烤时不可盖紧磨口塞,磨口塞要原配;②称量时不可直接用手拿,应戴手套或垫洁净纸条拿取;③不用时应洗净,在磨口处垫上纸条,或反扣盖子
漏斗	以直径(cm)表示:30,40,60,100,120 等,分短颈、长颈	过滤沉淀;倾注液体	①不能直接加热;②过滤时,漏斗颈尖端必须紧靠承接滤液的容器壁;③用长颈漏斗加液时,漏斗颈应插入液面内
表面皿	以口径(cm)表示	盖烧杯和漏斗,以免溶液溅出或灰尘落入	不可直接用火加热,直径要略大于所盖容器

二、有机合成模块

有机合成实验中最常用的就是玻璃仪器。在合成反应中经常需要加热、冷却,要接触各种化学试剂,其中有许多腐蚀性的试剂,甚至要经受一定的压力,因此对玻璃仪器的质量、玻璃材质均要求较高,一般采用硼硅盐硬质 95 料或 GG-17 硬质玻璃制造。有机合成常见的玻璃仪器见表 11-3。

表 11-3　有机合成常见的玻璃仪器一览表

名称	常见规格	主要用途	使用注意事项
蒸馏头	磨口仪器	用于蒸馏，与温度计、蒸馏瓶、冷凝管相连管	①磨口处需洁净，不得有脏物；②注意不要让口结死，用后立即洗净
烧瓶	（有普通型、磨口型、长颈、短颈、平底、圆底、单口、三口等）以容积(mL)表示：50，100，150，200，250，500 等	加热或蒸馏液体	①避免直接火源加热，可用电热套和各种加热浴加热；②盛放液体体积为烧瓶容量的 1/3～2/3
冷凝管	以外套管长(cm)表示，分空气、直形、球形、蛇形冷凝管几种	用于冷却蒸馏出的液体，蛇形管适用于冷凝低沸点液体蒸气，空气冷凝管用于冷凝沸点高于150℃的液体蒸气，球形冷凝管冷却面积大，适用于加热回流	①不可骤冷骤热；②注意从下口进冷却水，上口出水；③开冷却水需缓慢，水流不能太大
尾接管	有磨口、普通两种，分单尾、双尾、三尾等	承接液体，上口接冷凝管，下口接接收瓶	①磨口处需洁净，不得有脏物；②注意不要让口结死，用后立即洗净
分液漏斗	有梨形、球形、锥形等，以容积(mL)表示：50，100，250 等	用于互不相溶的液-液分离；用于萃取分离和富集(多用梨形)；制备反应中加液(多用球形或滴液漏斗)	磨口旋塞必须原配，漏水的漏斗不能使用，不能加热

名称	常见规格	主要用途	使用注意事项
干燥管	以大小表示,有直形、弯形、U形几种	盛装干燥剂,干燥气体	①干燥剂置于球形部分,不宜过多,松紧适中,干燥剂变潮后要更换;②球形两端放少许棉花填充;③大头进气,小头出气

实验室操作过程中除了用到上述玻璃仪器外,还需电热套、水浴锅、干燥箱、酸度计、洗瓶、滤纸、pH试纸等,使用时请参见说明书或听教师介绍。

三、玻璃仪器的洗涤和干燥

1. 玻璃仪器的洗涤

各种玻璃仪器是否干净,常常影响到分析结果的可靠性与准确性,所以保证所使用的玻璃仪器干净是十分重要的。洗涤玻璃仪器的方法很多,应根据实验的要求、污物性质和污染的程度来选用。

(1)用水刷洗　根据要洗涤的玻璃仪器的形状选择合适的毛刷,如试管刷、烧杯刷、瓶刷、滴定管刷等。用毛刷蘸水洗刷,可使可溶性物质溶去,也可使附着在仪器上的尘土和不溶物脱落下来,但往往洗不去油污和有机物质。

(2)用合成洗涤剂或肥皂液洗　用毛刷蘸取洗涤剂少许,先反复刷洗,然后边刷边用水冲洗,直到倾去水后,器壁不再挂水珠时,再用少量蒸馏水或去离子水分多次洗涤,即可使用。

(3)用工业盐酸或(1+1)硝酸　用于洗去碱性物质及大多数无机物残渣。采用浸泡与浸煮器具的方法。

(4)用浓硫酸-重铬酸钾洗液洗　这种洗液是由等体积的浓硫酸和饱和的重铬酸钾溶液配成的,具有很强的氧化性,对有机物和油污的去垢能力特别强。在进行精确的定量实验时,往往遇到一些口小管细的仪器,很难用其他方法洗涤,就可以用洗液来洗。

用洗液洗仪器时,先往仪器内加少量洗液(其用量约为仪器总容量的1/5),然后将仪器倾斜并慢慢转动,使仪器的内壁全部为洗液润湿,这样反复操作,最后把洗液倒回原来瓶内,再用水把残留在仪器上的洗液洗去,最后用蒸馏水再洗三次。

如果用洗液把仪器浸泡一段时间或者用热的洗液洗涤,则效果更好。

当洗液用到出现绿色时(重铬酸钾还原成硫酸铬的颜色)就失去了去污能力,不能继续使用。

洗液具有很强的腐蚀性,会灼伤皮肤和破坏衣物。如果不慎把洗液洒在皮肤、衣物或实验台上,应立即用水冲洗。使用时应注意安全。

(5)洗净标准　已洗净的器壁上,不应附着有不溶物或油污,器壁可以被水润湿。器壁上只留下一层既薄又均匀的水膜,并无水珠附着在上面或成股流下,这样的仪器才算洗得干净。

凡是已经洗净的仪器,决不能再用布或纸去擦拭。否则,至少布或纸的纤维将会留在器壁上沾污仪器。

2. 玻璃仪器的干燥

洗净的仪器如需干燥可采用以下方法：

（1）烘干　洗净的仪器倒去水分，放在电热烘箱（控制在105～120℃）内烘干（图11-4），放置仪器时，应注意使仪器的口朝下（倒置不稳的仪器则应平放）。也可用气流烘干器烘干（图11-5）。

图 11-4　电热烘箱　　　　　　图 11-5　气流烘干器

（2）烤干　烧杯和蒸发皿可以放在石棉网上用小火烤。试管则可以直接用火烤干，但必须把试管口向下，以免水珠倒流炸裂试管。并要不时地来回移动试管，把水珠赶掉。最后，烤到不见水珠时，使管口向上，以便把水汽赶尽。

（3）晾干　洗净的仪器可倒置在干的实验柜内（倒置后不稳定的仪器如量筒等，则应平放）或仪器架上晾干。

（4）用有机溶剂干燥　有些有机溶剂可以和水互相混溶，最常用的是酒精和丙酮。在仪器内加入少量酒精或丙酮混合，把仪器倾斜，转动仪器，器壁上的水即与酒精或丙酮混合，然后倾出酒精或丙酮、水。最后留在仪器内的酒精或丙酮挥发，仪器干燥。

应该注意的是，带有刻度的计量仪器不能用加热的方法进行干燥，因为加热会影响这些仪器的精密度。

四、仪器磨口的保护

仪器的磨口如不能很好地爱护，极易损坏。因此使用标准磨口仪器时必须注意以下几点：

（1）磨口部分必须洁净，用毕立即洗净。洗涤前应先将涂过的真空脂擦尽，然后才能用洗涤剂清洗。若黏附有固体杂物、硬质杂物，会损坏磨口，使磨口对接不严密，导致漏气。

（2）洗涤磨口时不得用粗糙的去污粉，以免使磨口擦伤而漏气。

（3）一般用途可不涂润滑脂，以免沾污反应物或产物。若反应中有强碱，则应涂润滑剂，以免磨口连接处因碱腐蚀粘牢而无法拆开；进行真空减压操作时磨口处应涂以真空润滑脂，以免漏气。

（4）安装标准磨口仪器时，应注意正确安装，整齐、稳妥，使磨口连接处不受歪斜的应力，否则易使仪器折断。

学习检测

1. 请简要叙述烧杯、量筒、锥形瓶使用注意事项。

2. 请清洗一只烧杯，并结合玻璃仪器洗净标准检查是否已经洗净。

单元二　化学试剂标识和储存

 课前读吧

2011 年 10 月，某大学化工实验楼四楼因药物储柜内的三氯氧磷、氰乙酸乙酯等化学试剂存放不当，遇水自燃，引起火灾。由于公安消防支队救援力量调集迅速，指挥得当，扑救及时，火势得到控制，没有蔓延到其他楼层。火灾导致四楼实验室的电脑和资料全部烧毁，所幸未造成人员伤亡。

学习目标

知识目标：① 说出化学试剂的级别；
　　　　　② 概述化学试剂使用注意事项。
技能目标：① 能正确辨识化学品标签及标志；
　　　　　② 能够依据试剂性质合理进行储存；
　　　　　③ 能联系实际提出试剂储存可行建议。
素养目标：① 具有交流意见、分享成果的意识；
　　　　　② 具有安全意识、责任意识。

学习导入

你所在的学校的化学试剂储存是否有需要改进的地方呢？

知识链接

知识点一　化学试剂的标识

化学试剂大多数具有一定的毒性及危险性，认真查看试剂瓶标签、认识危险品标志是安全操作的基础条件，有利于对危险的认识和判断。

一、化学品安全标签

具体信息见图 11-6。

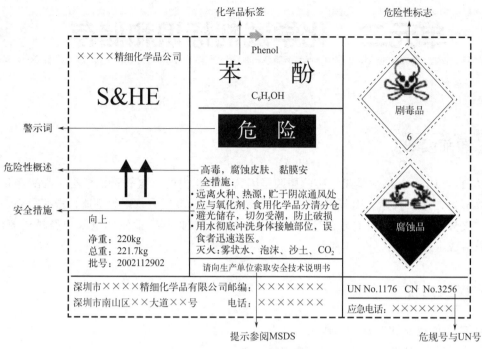

化学品标签　　　　　　　　　　　　　　　危险性标志

××××精细化学品公司

S&HE

警示词

危险性概述

安全措施

向上

净重：220kg
总重：221.7kg
批号：2002112902

Phenol

苯　　酚

C₆H₅OH

危　险

高毒，腐蚀皮肤、黏膜安
全措施：
· 远离火种、热源，贮于阴凉通风处
· 应与氧化剂、食用化学品分清分仓
· 避光储存，切勿受潮，防止破损
· 用水彻底冲洗身体接触部位，误
　食者迅速送医。
灭火：雾状水、泡沫、沙土、CO₂

请向生产单位索取安全技术说明书

深圳市××××精细化学品有限公司邮编：××××××
深圳市南山区××大道××号　　　电话：×××××××

剧毒品

6

腐蚀品

UN No.1176　CN No.3256

应急电话：×××××××

提示参阅MSDS　　　　　　　　　　　危规号与UN号

图 11-6　化学品安全标签

二、危险化学品标志

在基础化学实验室中常见的危险化学品标志见表 11-4。

表 11-4　常见的危险化学品标志

标志	含义	举例
	易燃	硫黄、甲醇、乙醇、一氧化碳、钾、钠
	易爆	氢气、甲烷
	氧化性	高锰酸钾、重铬酸钾、硝酸
	腐蚀性	盐酸、氢氧化钠、氢氧化钙、高锰酸钾

标志	含义	举例
☠	剧毒	甲醇、氰化钠、氰化氢
☣	有毒	苯、甲苯、丙酮、甲醇、苯甲酸、苯胺、高锰酸钾
⚠	危险、有刺激性	氢氧化钙、正丁醇、乙醇、高锰酸钾
🗺	污染生态系统	高锰酸钾、重铬酸钾
⬦	压缩气体	乙炔、氟利昂

❓ 练一练　请连线：

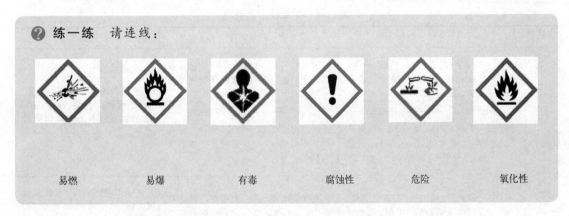

| 易燃 | 易爆 | 有毒 | 腐蚀性 | 危险 | 氧化性 |

知识点二　化学试剂的存储

化学试剂大多数具有一定的毒性及危险性，应根据试剂的毒性、易燃性和潮解性等不同的特点，以不同的方式妥善保管。

一、总体存储要求

实验室内只宜存放少量短期内使用的药品，严禁在实验室内存放总量20L以上的瓶装易燃液体。大量试剂应放在试剂库内，且易燃易爆试剂应放试剂库的铁柜中，柜的顶部要有通风口。

对于一般试剂，如无机盐，应有序地存放在药品柜内，可按元素周期表类别，或按酸、碱、盐、氧化物等分类存放。化学试剂柜样柜见图11-7。

图11-7　化学试剂柜样柜

存放试剂时，要注意化学试剂的存放期限，某些试剂在存放过程中会逐渐变质，甚至形成危害物。如醚类、四氢呋喃、烯烃、液体石蜡等，在见光条件下，若接触空气可形成过氧化物，放置时间越久越危险。某些具有还原性的试剂，如苯三酚、$TiCl_3$、四氢硼钠、$FeSO_4$、维生素C、维生素E以及金属铁丝、铝、镁、锌粉等易被空气中氧所氧化变质。

二、分类存储要求

化学试剂必须分类隔离存放，不能混放在一起，通常把试剂分成下面几类，见表11-5。

表11-5　化学试剂的分类

类别		代表物质	存放条件	附注
危险品	易燃类	石油醚、氯乙烷、乙醚、汽油、二硫化碳、缩醛、丙酮、苯、乙酸乙酯、乙酸甲酯等	闪点在−4℃以下的试剂，要求单独存放于阴凉通风处，理想存放温度为−4～4℃	易燃类液体极易挥发成气体，遇明火即燃烧，通常把闪点在25℃以下的液体均列入易燃类
		丁酮、甲苯、甲醇、乙醇、异丙醇、二甲苯、乙酸丁酯、乙酸戊酯、三聚甲醛、吡啶等	闪点在25℃以下的试剂，存放最高室温不得超过30℃，特别要注意远离火源	
	剧毒类	氰化钾、氰化钠、三氧化二砷、二氯化汞、硫酸二甲酯、某些生物碱和毒苷等	置于阴凉干燥处，锁在专门的毒品柜中，与酸类试剂隔离。皮肤有伤口时，禁止操作这类物质	专指由消化道侵入极少量即能引起中毒致死的试剂。半数致死量在50mg/kg以下者称为剧毒物品
	强腐蚀类	发烟硫酸、硫酸、发烟硝酸、盐酸、氢氟酸、氢溴酸、氯磺酸、氯乙酸、甲酸、乙酸酐、五氧化二磷、无水三氯化铝、氢氧化钠、氢氧化钾、硫化钠、苯酚等	存放处要求阴凉通风，与其他药品隔离放置，应选用抗腐蚀性的材料，如耐酸水泥制成架子来放置这类药品。料架不宜过高，也不要放在高架上，最好放在地面靠墙处，以保证存放安全	指对人体皮肤、黏膜、眼、呼吸道和物品等有极强腐蚀性的液体和固体（包括蒸气）

类别		代表物质	存放条件	附注
危险品	燃爆类	钾、钠、锂、钙、氢化铝锂、电石等	钾和钠应保存在煤油中	遇水反应十分猛烈,发生燃烧爆炸
		硝酸纤维、三硝基甲苯、三硝基苯、叠氮或重氮化合物等	要轻拿轻放	试剂本身就是炸药或极易爆炸
		黄磷	应保存在水中,切割时也应在水中进行	与空气接触发生强烈的氧化作用而引起燃烧的物质
		硫化磷、赤磷、镁粉、锌粉、铝粉、萘、樟脑等	存放温度不超过 30℃,与易燃物、氧化剂均须隔离存放。料架用水泥砌成,有槽,槽内铺消防砂	着火点低,受热、冲击、摩擦或与氧化剂接触能急剧燃烧甚至爆炸的物质
	强氧化剂类	硝酸铵、硝酸钾、高氯酸、高氯酸钠、铬酸酐、重铬酸钾及其他铬酸盐、高锰酸钾及其他高锰酸盐、氯酸钾、过硫酸铵及其他过硫酸盐、过氧化钠、过氧化钾等	存放处要求阴凉通风,最高温度不得超过 30℃。要与酸类以及木屑、炭粉、硫化物、糖类等易燃物、可燃物或易被氧化物(即还原性物质)等隔离,堆垛不宜过高过大,注意散热	过氧化物或含氧酸及其盐,在适当条件下会发生爆炸,并可与有机物、镁、铝、硫等易燃固体形成爆炸混合物;有的能与水起剧烈反应,如过氧化物遇水有发生爆炸的危险
	放射性类	一般实验室不可能有放射性物质		操作这类物质需要特殊防护设备和知识,以保护人身安全,并防止放射性物质的污染与扩散
非危险品	低温存放类	甲基丙烯酸甲酯、苯乙烯、丙烯腈、乙烯基乙炔及其他可聚合的单体、过氧化氢、氢氧化铵(一水合氨)等	存放于 10℃ 以下	此类试剂需要低温存放才不至于聚合变质或发生其他事故
	贵重类	钯黑、氯化钯、氯化铂、铂、铱、铂石棉、氯化金、金粉、稀土元素等	应与一般试剂分开存放,加强管理,建立领用制度	单价贵的特殊试剂、超纯试剂和稀有元素及其化合物均属于此类
	指示剂类	甲基橙、酚酞、铬黑 T 等	指示剂可按酸碱指示剂、氧化还原指示剂、络合滴定指示剂及荧光吸附指示剂分类排列	
	一般类	氯化钠等	一般试剂分类存放于阴凉通风,温度低于 30℃ 的柜内即可	

❓ **想一想** 剧毒类试剂应如何存放?使用时,操作者应注意哪些事项?

知识点三　化学试剂的选用

　　化学试剂是实验中不可缺少的物质。试剂选择与用量是否恰当,将直接影响实验结果的好坏。对于实验者来说,了解试剂的性质、分类、规格及使用常识是非常必要的。

一、化学试剂的分级和规格

对于试剂质量，我国有国家标准或部颁标准，规定了各级化学试剂的纯度，表 11-6 列出了我国化学试剂的分级。

表 11-6　化学试剂的分级

级别	习惯等级	代号	标签颜色	附注
一级	保证试剂优级纯	G. R.	绿色	纯度很高，适用于精确分析和研究工作，有的可作为基准物质
二级	分析试剂分析纯	A. R.	红色	纯度较高，适用于一般分析及科研用
三级	化学试剂化学纯	C. P.	蓝色	适用于工业分析与化学实验
四级	实验试剂	L. R.	黄色	只适用于一般化学实验

以重铬酸钾的国家标准（GB/T 642—1999）为例：优级纯、分析纯的 $K_2Cr_2O_7$ 含量不少于 99.8%，化学纯 $K_2Cr_2O_7$ 含量不少于 99.5%。

除了上述四级外，还有一些未经有关部门明确规定，但多年来一直沿用的化学试剂，部分列于表 11-7 中。

表 11-7　特殊规格的化学试剂

规格	代号	用途	备注
高纯物质	EP	配制标准溶液	包括超纯、特纯、高纯、光谱纯
基准试剂		标定标准溶液	已有国家标准
pH 基准缓冲溶液		配制 pH 基准缓冲物质	已有国家标准
色谱纯试剂	GC LC	气相色谱分析专用 液相色谱分析专用	
指示剂	IND	配制指示剂溶液	
生化制剂	BR	配制生物化学检验试液	标签为咖啡色
生物染色剂	BS	配制微生物标本染色液	标签为玫瑰红色
光谱纯试剂	SP	用于光谱分析	

二、化学试剂的选择和使用

化学试剂的选用应以分析要求，包括分析任务、分析方法、结果准确度等为依据，来选用。如：

(1) 痕量分析要选用高纯或优级纯试剂，以降低空白值和避免杂质干扰；

(2) 在以大量酸碱进行样品处理时，酸碱也应选择优级纯试剂；

(3) 作仲裁分析也常选用优级纯、分析纯试剂；

(4) 一般车间控制分析，选用分析纯、化学纯试剂；

(5) 某些制备实验、冷却浴或加热浴的药品，可选用工业品等。

在使用化学试剂时要注意以下事项：

(1) 所有试剂、溶液以及药品的包装瓶上必须有标签。标签要完整、清晰地标明试剂的名称、级别、规格、质量、安全标志；溶液还应标明浓度、配制日期等。万一标签脱落，应按照原样贴牢。

（2）化学试剂不能作为药用或食用，也绝不可用舌头品尝。

（3）为了保证试剂不受污染，应当用清洁的药匙从试剂瓶中取出试剂；液体试剂可用洗干净的量筒量取。

（4）取用试剂时，瓶塞要按规定放置。玻璃磨口塞、橡胶塞、塑料内封盖要翻过来倒放在洁净处。

（5）取用完毕后立即盖好密封，防止污染其他物质或变质。

（6）从试剂瓶内取出的、没有用完的剩余试剂，不可倒回原瓶。

学习检测

1. 结合 NaCl、乙醇、$KMnO_4$、酚酞的空试剂瓶上的标签，总结所得到的信息，还需补充哪些内容？

2. 分析纯的符号为_____，标签颜色为_____；绿色标签的为_____试剂，CP是_____试剂，标签颜色为_____。

3. 画出易燃、易爆、腐蚀性的安全标志图。

任务实施

见工作任务十三：走进基础化学实验室

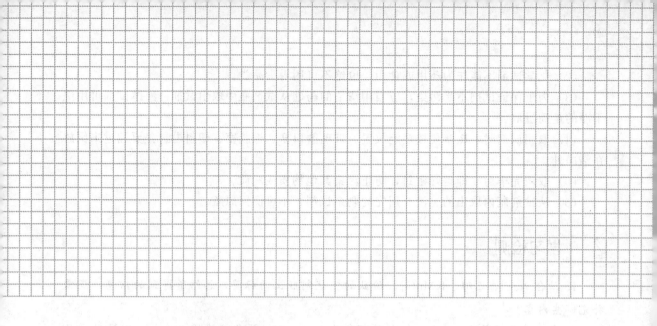

附录

附录 1　常见弱电解质的标准解离常数 (298.15K)

1. 酸

名称	化学式	$K_a^\ominus$		$pK_a^\ominus$
砷酸	H_3AsO_4	$K_{a1}^\ominus$	5.50×10^{-3}	2.26
		$K_{a2}^\ominus$	1.74×10^{-7}	6.76
		$K_{a3}^\ominus$	5.13×10^{-12}	11.29
亚砷酸	H_3AsO_3		5.13×10^{-10}	9.29
硼酸	H_3BO_3		5.81×10^{-10}	9.236
焦硼酸	$H_2B_4O_7$	$K_{a1}^\ominus$	1.00×10^{-4}	4.00
		$K_{a2}^\ominus$	1.00×10^{-9}	9.00
碳酸	H_2CO_3	$K_{a1}^\ominus$	4.47×10^{-7}	6.35
		$K_{a2}^\ominus$	4.68×10^{-11}	10.33
铬酸	H_2CrO_4	$K_{a1}^\ominus$	1.80×10^{-1}	0.74
		$K_{a2}^\ominus$	3.20×10^{-7}	6.49
氢氟酸	HF		6.31×10^{-4}	3.20
亚硝酸	HNO_2		5.62×10^{-4}	3.25
过氧化氢	H_2O_2		2.4×10^{-12}	11.62
磷酸	H_3PO_4	$K_{a1}^\ominus$	6.92×10^{-3}	2.16
		$K_{a2}^\ominus$	6.23×10^{-8}	7.21
		$K_{a3}^\ominus$	4.80×10^{-13}	12.32
焦磷酸	$H_4P_2O_7$	$K_{a1}^\ominus$	1.23×10^{-1}	0.91
		$K_{a2}^\ominus$	7.94×10^{-3}	2.10
		$K_{a3}^\ominus$	2.00×10^{-7}	6.70
		$K_{a4}^\ominus$	4.79×10^{-10}	9.32
氢硫酸	H_2S	$K_{a1}^\ominus$	8.90×10^{-8}	7.05
		$K_{a2}^\ominus$	1.26×10^{-14}	13.9
亚硫酸	H_2SO_3	$K_{a1}^\ominus$	1.40×10^{-2}	1.85
		$K_{a2}^\ominus$	6.31×10^{-2}	7.20
硫酸	H_2SO_4	$K_{a2}^\ominus$	1.02×10^{-2}	1.99
偏硅酸	H_2SiO_3	$K_{a1}^\ominus$	1.70×10^{-10}	9.77
		$K_{a2}^\ominus$	1.58×10^{-12}	11.80
甲酸	HCOOH		1.772×10^{-4}	3.75
乙酸	CH_3COOH		1.74×10^{-5}	4.76
草酸	$H_2C_2O_4$	$K_{a1}^\ominus$	5.9×10^{-2}	1.23
		$K_{a2}^\ominus$	6.46×10^{-5}	4.19

名称	化学式	$K_a^\ominus$		$pK_a^\ominus$
酒石酸	HOOC(CHOH)$_2$COOH	$K_{a1}^\ominus$	1.04×10^{-3}	2.98
		$K_{a2}^\ominus$	4.57×10^{-5}	4.34
苯酚	C$_6$H$_5$OH		1.02×10^{-10}	9.99
抗坏血酸	C$_6$H$_8$O$_6$	$K_{a1}^\ominus$	5.0×10^{-5}	4.10
		$K_{a2}^\ominus$	1.5×10^{-10}	11.79
柠檬酸	HOC(CH$_2$COOH)$_2$COOH	$K_{a1}^\ominus$	7.24×10^{-4}	3.14
		$K_{a2}^\ominus$	1.70×10^{-5}	4.77
		$K_{a3}^\ominus$	4.07×10^{-7}	6.39
苯甲酸	C$_6$H$_5$COOH		6.45×10^{-5}	4.19
邻苯二甲酸	C$_6$H$_4$(COOH)$_2$	$K_{a1}^\ominus$	1.30×10^{-3}	2.89
		$K_{a2}^\ominus$	3.09×10^{-6}	5.51

2. 碱

名称	化学式	$K_b^\ominus$		$pK_b^\ominus$
氨水	NH$_3$·H$_2$O		1.79×10^{-5}	4.75
甲胺	CH$_3$NH$_2$		4.20×10^{-4}	3.38
乙胺	C$_2$H$_5$NH$_2$		4.30×10^{-4}	3.37
二甲胺	(CH$_3$)$_2$NH		5.90×10^{-4}	3.23
二乙胺	(C$_2$H$_5$)$_2$NH		6.31×10^{-4}	3.2
苯胺	C$_6$H$_5$NH$_2$		3.98×10^{-10}	9.40
乙二胺	H$_2$NCH$_2$CH$_2$NH$_2$	$K_{b1}^\ominus$	8.32×10^{-5}	4.08
		$K_{b2}^\ominus$	7.10×10^{-8}	7.15
乙醇胺	HOCH$_2$CH$_2$NH$_2$		3.2×10^{-5}	4.50
三乙醇胺	(HOCH$_2$CH$_2$)$_3$N		5.8×10^{-7}	6.24
六次甲基四胺	(CH$_2$)$_6$N$_4$		1.35×10^{-9}	8.87
吡啶	C$_5$H$_5$N		1.80×10^{-9}	8.70

附录 2 　一些共轭酸碱的解离常数

酸	$K_a^\ominus$	碱	$K_b^\ominus$
HNO$_3$	4.6×10^{-4}	NO$_2^-$	2.2×10^{-11}
HF	3.53×10^{-4}	F$^-$	2.83×10^{-11}
HAc	1.76×10^{-5}	Ac$^-$	5.68×10^{-10}
H$_2$CO$_3$	4.3×10^{-7}	HCO$_3^-$	2.3×10^{-8}
H$_2$S	9.1×10^{-8}	HS$^-$	1.1×10^{-7}
H$_2$PO$_4^-$	6.23×10^{-8}	HPO$_4^{2-}$	1.61×10^{-7}

酸	$K_a^{\ominus}$	碱	$K_b^{\ominus}$
NH_4^+	5.65×10^{-10}	NH_3	1.77×10^{-5}
HCN	4.93×10^{-10}	CN^-	2.03×10^{-5}
HCO_3^-	5.61×10^{-11}	CO_3^{2-}	1.78×10^{-4}
HS^-	1.1×10^{-12}	S^{2-}	9.1×10^{-3}
HPO_4^{2-}	2.2×10^{-12}	PO_4^{3-}	4.5×10^{-2}

附录3　常见难溶电解质的溶度积 (298.15K)

化学式	$K_{sp}^{\ominus}$	$pK_{sp}^{\ominus}$	化学式	$K_{sp}^{\ominus}$	$pK_{sp}^{\ominus}$
AgBr	5.35×10^{-13}	12.27	CaF_2	3.45×10^{-11}	10.46
Ag_2CO_3	8.46×10^{-12}	11.07	CdS	8.0×10^{-27}	26.10
AgCl	1.77×10^{-10}	9.75	$CoS(\alpha)$	4.0×10^{-21}	20.40
Ag_2CrO_4	1.12×10^{-12}	11.95	$CoS(\beta)$	2.0×10^{-25}	24.70
AgI	8.52×10^{-17}	16.07	$Cr(OH)_3$	6.3×10^{-31}	30.20
AgOH	2.0×10^{-8}	7.71	CuBr	6.27×10^{-9}	8.20
Ag_2S	6.3×10^{-50}	49.20	CuCl	1.72×10^{-7}	6.76
$Al(OH)_3$（无定形）	1.3×10^{-33}	32.89	CuI	1.27×10^{-12}	11.90
$BaCO_3$	2.58×10^{-9}	8.59	CuS	6.3×10^{-36}	35.20
BaC_2O_4	1.6×10^{-7}	6.79	Cu_2S	2.5×10^{-48}	47.60
$BaCrO_4$	1.17×10^{-10}	9.93	CuSCN	1.77×10^{-13}	12.75
$BaSO_4$	1.08×10^{-10}	9.97	$FeC_2O_4\cdot2H_2O$	3.2×10^{-7}	6.50
$CaCO_3$	3.36×10^{-9}	8.47	$Fe(OH)_2$	4.87×10^{-17}	16.31
$CaC_2O_4\cdot H_2O$	2.32×10^{-9}	8.63	$Fe(OH)_3$	2.79×10^{-39}	38.55
FeS	6.3×10^{-18}	17.20	$PbCO_3$	7.40×10^{-14}	13.13
Hg_2Cl_2	1.43×10^{-18}	17.84	PbC_2O_4	4.8×10^{-10}	9.32
Hg_2I_2	5.2×10^{-29}	28.72	$PbCrO_4$	2.8×10^{-13}	12.55
HgS(红)	4.0×10^{-53}	52.40	PbF_2	3.3×10^{-8}	7.48
HgS(黑)	1.6×10^{-52}	51.80	PbI_2	9.8×10^{-9}	8.01
$MgCO_3$	6.82×10^{-6}	5.17	$Pb(OH)_2$	1.43×10^{-20}	19.84
$MgC_2O_4\cdot2H_2O$	4.83×10^{-6}	5.32	PbS	8.0×10^{-28}	27.10
MgF_2	5.16×10^{-11}	10.29	$PbSO_4$	2.53×10^{-8}	7.60
$MgNH_4PO_4$	2.5×10^{-13}	12.60	$SrCO_3$	5.60×10^{-10}	9.25
$Mg(OH)_2$	5.61×10^{-12}	11.25	$SrSO_4$	3.44×10^{-7}	6.46
$Mn(OH)_2$	1.9×10^{-13}	12.72	$Sn(OH)_2$	5.45×10^{-27}	26.26
MnS	2.5×10^{-13}	12.60	$Sn(OH)_4$	1.0×10^{-56}	56.00

化学式	$K_{sp}^{\ominus}$	$pK_{sp}^{\ominus}$	化学式	$K_{sp}^{\ominus}$	$pK_{sp}^{\ominus}$
$Ni(OH)_2$	5.48×10^{-16}	15.26	$Zn(OH)_2$(无定形)	3×10^{-17}	16.5
$NiS(\alpha)$	3.2×10^{-19}	18.49	$ZnS(\alpha)$	1.6×10^{-24}	23.80
$NiS(\beta)$	1.0×10^{-24}	24.00	$ZnS(\beta)$	2.5×10^{-22}	21.60

附录4 常见氧化还原电对的标准电极电势 $\varphi^{\ominus}$

1. 在酸性溶液中

电对	电极反应	$\varphi^{\ominus}/V$
Al^{3+}/Al	$Al^{3+}+3e\Longrightarrow Al$	-1.662
Mn^{2+}/Mn	$Mn^{2+}+2e\Longrightarrow Mn$	-1.185
Zn^{2+}/Zn	$Zn^{2+}+2e\Longrightarrow Zn$	-0.7618
Cr^{3+}/Cr	$Cr^{3+}+3e\Longrightarrow Cr$	-0.744
Ag_2S/Ag^-	$Ag_2S+2e\Longrightarrow 2Ag+S^{2-}$	-0.691
$CO_2/H_2C_2O_4$	$2CO_2+2H^++2e\Longrightarrow H_2C_2O_4$	-0.481
Fe^{2+}/Fe	$Fe^{2+}+2e\Longrightarrow Fe$	-0.447
$PbSO_4/Pb$	$PbSO_4+2e\Longrightarrow Pb+SO_4^{2-}$	-0.3588
$PbCl_2/Pb$	$PbCl_2+2e\Longrightarrow Pb+2Cl^-$	-0.2675
Ni^{2+}/Ni	$Ni^{2+}+2e\Longrightarrow Ni$	-0.257
Sn^{2+}/Sn	$Sn^{2+}+2e\Longrightarrow Sn$	-0.1375
Pb^{2+}/Pb	$Pb^{2+}+2e\Longrightarrow Pb$	-0.1262
Fe^{3+}/Fe	$Fe^{3+}+3e\Longrightarrow Fe$	-0.037
H^+/H_2	$2H^++2e\Longrightarrow H_2$	0.0000
S/H_2S	$S+2H^++2e\Longrightarrow H_2S(aq)$	0.142
Sn^{4+}/Sn^{2+}	$Sn^{4+}+2e\Longrightarrow Sn^{2+}$	0.151
Cu^{2+}/Cu^+	$Cu^{2+}+e\Longrightarrow Cu^+$	0.153
$AgCl/Ag$	$AgCl+e\Longrightarrow Ag+Cl^-$	0.22233
Hg_2Cl_2/Hg	$Hg_2Cl_2+2e\Longrightarrow 2Hg+2Cl^-$	0.26808
Cu^{2+}/Cu	$Cu^{2+}+2e\Longrightarrow Cu$	0.3419
$S_2O_3^{2-}/S$	$S_2O_3^{2-}+6H^++4e\Longrightarrow 2S+3H_2O$	0.5
MnO_4^-/MnO_4^{2-}	$MnO_4^-+e\Longrightarrow MnO_4^{2-}$	0.558
Fe^{3+}/Fe^{2+}	$Fe^{3+}+e\Longrightarrow Fe^{2+}$	0.771
Hg_2^{2+}/Hg	$Hg_2^{2+}+2e\Longrightarrow 2Hg$	0.7973
Ag^+/Ag	$Ag^++e\Longrightarrow Ag$	0.7996
Hg^{2+}/Hg	$Hg^{2+}+2e\Longrightarrow Hg$	0.851
Cu^{2+}/CuI	$Cu^{2+}+I^-+e\Longrightarrow CuI$	0.86
Hg^{2+}/Hg_2^{2+}	$2Hg^{2+}+2e\Longrightarrow Hg_2^{2+}$	0.920

电对	电极反应	$\varphi^{\ominus}/V$
MnO_2/Mn^{2+}	$MnO_2+4H^++2e \Longleftrightarrow Mn^{2+}+2H_2O$	1.224
O_2/H_2O	$O_2+4H^++4e \Longleftrightarrow 2H_2O$	1.229
$Cr_2O_7^{2-}/Cr^{3+}$	$Cr_2O_7^{2-}+14H^++6e \Longleftrightarrow 2Cr^{3+}+7H_2O$	1.33
Cl_2/Cl^-	$Cl_2(g)+2e \Longleftrightarrow 2Cl^-$	1.35827
PbO_2/Pb^{2+}	$PbO_2+4H^++2e \Longleftrightarrow Pb^{2+}+2H_2O$	1.455
I_2/I^-	$I_2+2e \Longleftrightarrow 2I^-$	0.535
MnO_4^-/Mn^{2+}	$MnO_4^-+8H^++5e \Longleftrightarrow Mn^{2+}+4H_2O$	1.51
MnO_4^-/MnO_2	$MnO_4^-+4H^++3e \Longleftrightarrow MnO_2+2H_2O$	1.679
$PbO_2/PbSO_4$	$PbO_2+SO_4^{2-}+4H^++2e \Longleftrightarrow PbSO_4+2H_2O$	1.6913
H_2O_2/H_2O	$H_2O_2+2H^++2e \Longleftrightarrow 2H_2O$	1.776
Co^{3+}/Co^{2+}	$Co^{3+}+e \Longleftrightarrow Co^{2+}$	1.92

2. 在碱性溶液中

电对	电极反应	$\varphi^{\ominus}/V$
$Mn(OH)_2/Mn$	$Mn(OH)_2+2e \Longleftrightarrow Mn+2OH^-$	-1.56
$[Zn(CN)_4]^{2-}/Zn$	$[Zn(CN)_4]^{2-}+2e \Longleftrightarrow Zn+4CN^-$	-1.34
ZnO_2^{2-}/Zn	$ZnO_2^{2-}+2H_2O+2e \Longleftrightarrow Zn+4OH^-$	-1.215
$[Sn(OH)_6]^{2-}/HSnO_2^-$	$[Sn(OH)_6]^{2-}+2e \Longleftrightarrow HSnO_2^-+3OH^-+H_2O$	-0.93
SO_4^{2-}/SO_3^{2-}	$SO_4^{2-}+H_2O+2e \Longleftrightarrow SO_3^{2-}+2OH^-$	-0.93
$HSnO_2^-/Sn$	$HSnO_2^-+H_2O+2e \Longleftrightarrow Sn+3OH^-$	-0.909
H_2O/H_2	$2H_2O+2e \Longleftrightarrow H_2+2OH^-$	-0.8277
$Ni(OH)_2/Ni$	$Ni(OH)_2+2e \Longleftrightarrow Ni+2OH^-$	-0.72
AsO_4^{3-}/AsO_2^-	$AsO_4^{3-}+2H_2O+2e \Longleftrightarrow AsO_2^-+4OH^-$	-0.71
SO_3^{2-}/S	$SO_3^{2-}+3H_2O+4e \Longleftrightarrow S+6OH^-$	-0.59
$SO_3^{2-}/S_2O_3^{2-}$	$2SO_3^{2-}+3H_2O+4e \Longleftrightarrow S_2O_3^{2-}+6OH^-$	-0.571
S/S^{2-}	$S+2e \Longleftrightarrow S^{2-}$	-0.47627
CrO_4^{2-}/CrO_2^-	$CrO_4^{2-}+4H_2O+3e \Longleftrightarrow Cr(OH)_4^-+4OH^-$	-0.13
O_2/HO_2^-	$O_2+H_2O+2e \Longleftrightarrow HO_2^-+OH^-$	-0.076
$S_4O_6^{2-}/S_2O_3^{2-}$	$S_4O_6^{2-}+2e \Longleftrightarrow 2S_2O_3^{2-}$	0.08
$[Co(NH_3)_6]^{3+}/[Co(NH_3)_6]^{2+}$	$[Co(NH_3)_6]^{3+}+e \Longleftrightarrow [Co(NH_3)_6]^{2+}$	0.108
MnO_2/Mn^{2+}	$Mn(OH)_3+e \Longleftrightarrow Mn(OH)_2+OH^-$	0.15
$Cr_2O_7^{2-}/Cr^{3+}$	$Co(OH)_3+e \Longleftrightarrow Co(OH)_2+OH^-$	0.17
Ag_2O/Ag	$Ag_2O+H_2O+2e \Longleftrightarrow 2Ag+2OH^-$	0.342
O_2/OH^-	$O_2+2H_2O+4e \Longleftrightarrow 4OH^-$	0.401
MnO_4^-/MnO_4^{2-}	$MnO_4^-+e \Longleftrightarrow MnO_4^{2-}$	0.56
MnO_4^-/MnO_2	$MnO_4^-+2H_2O+3e \Longleftrightarrow MnO_2+4OH^-$	0.595
H_2O_2/OH^-	$H_2O_2+2e \Longleftrightarrow 2OH^-$	0.88

注：附录数据主要来自
1. 徐晓强，陈月，刘洪宇．普通化学．北京：化学工业出版社，2015.
2. 浙江大学普通化学教研组．普通化学．6 版．北京：高等教育出版社，2011.

参考文献

［1］ 天津大学无机化学教研室．无机化学．4 版．北京：高等教育出版社，2010．

［2］ 金贞玉，聂丽莎．基础化学．北京：教育科学出版社，2008．

［3］ 徐晓强，陈月，刘洪宇．普通化学．北京：化学工业出版社，2015．

［4］ 浙江大学．无机及分析化学．北京：高等教育出版社，2007．

［5］ 黄君礼．水分析化学．2 版．北京：中国工业建筑出版社，2007．

［6］ 苏小云，陈灏．无机化学．北京：国家开放大学出版社，1994．

［7］ 齐向阳．化工安全技术．2 版．北京：化学工业出版社，2018．

［8］ 华东理工大学分析化学教研组．分析化学．6 版．北京：高等教育出版社，2009．

［9］ 姜洪文，王英健．化工分析．北京：化学工业出版社，2016．

［10］ 浙江大学普通化学教研组．普通化学．6 版．北京：高等教育出版社，2011．

［11］ 王积涛，张宝申，王永梅，等．有机化学．天津：南开大学出版社，2006．

［12］ 陈洪超．有机化学．2 版．北京：高等教育出版社，2004．

［13］ 徐寿昌．有机化学．北京：高等教育出版社，2013．

［14］ 傅建熙．有机化学．北京：高等教育出版社，2000．

［15］ 徐晓强，刘洪宇，魏翠娥．基础化学实验．北京：高等教育出版社，2013．

［16］ 强亮生，王慎敏．精细化工综合实验．哈尔滨：哈尔滨工业大学出版社，2015．

［17］ 夏玉宇，朱燕，李洁．化学实验室手册．3 版．北京：化学工业出版社，2017．

［18］ 王炳强，谢茹胜．世界技能大赛化学实验室技术培训教材．北京：化学工业出版社，2020．

［19］ Eckhard Ignatowitz（德）．化学工程与技术．周铭，徐晓强，陈星，等译．北京：化学工业出版社，2022．

元素周期表

IUPAC 2013

氧化态(单质的氧化态为0, 未列入; 常见的为红色)

以 $^{12}C=12$ 为基准的原子量 (注◆的是半衰期最长同位素的原子量)

图例说明(以 95 号元素为例):
- 原子序数
- 元素符号(红色的为放射性元素)
- 元素名称(注★的为人造元素)
- 价层电子构型

示例:95 **Am** 镅 $5f^7 7s^2$ 243.0613(6)◆ (氧化态 +3 +4 +5 +6)

分区: s区元素 | p区元素 | d区元素 | ds区元素 | f区元素 | 稀有气体

电子层:K L M N O P Q

主表

第1周期
- 1 **H** 氢 $1s^1$ 1.008
- 2 **He** 氦 $1s^2$ 4.002602(2)

第2周期
- 3 **Li** 锂 $2s^1$ 6.94
- 4 **Be** 铍 $2s^2$ 9.0121831(5)
- 5 **B** 硼 $2s^2 2p^1$ 10.81
- 6 **C** 碳 $2s^2 2p^2$ 12.011
- 7 **N** 氮 $2s^2 2p^3$ 14.007
- 8 **O** 氧 $2s^2 2p^4$ 15.999
- 9 **F** 氟 $2s^2 2p^5$ 18.998403163(6)
- 10 **Ne** 氖 $2s^2 2p^6$ 20.1797(6)

第3周期
- 11 **Na** 钠 $3s^1$ 22.98976928(2)
- 12 **Mg** 镁 $3s^2$ 24.305
- 13 **Al** 铝 $3s^2 3p^1$ 26.9815385(7)
- 14 **Si** 硅 $3s^2 3p^2$ 28.085
- 15 **P** 磷 $3s^2 3p^3$ 30.973761998(5)
- 16 **S** 硫 $3s^2 3p^4$ 32.06
- 17 **Cl** 氯 $3s^2 3p^5$ 35.45
- 18 **Ar** 氩 $3s^2 3p^6$ 39.948(1)

第4周期
- 19 **K** 钾 $4s^1$ 39.0983(1)
- 20 **Ca** 钙 $4s^2$ 40.078(4)
- 21 **Sc** 钪 $3d^1 4s^2$ 44.955908(5)
- 22 **Ti** 钛 $3d^2 4s^2$ 47.867(1)
- 23 **V** 钒 $3d^3 4s^2$ 50.9415(1)
- 24 **Cr** 铬 $3d^5 4s^1$ 51.9961(6)
- 25 **Mn** 锰 $3d^5 4s^2$ 54.938044(3)
- 26 **Fe** 铁 $3d^6 4s^2$ 55.845(2)
- 27 **Co** 钴 $3d^7 4s^2$ 58.933194(4)
- 28 **Ni** 镍 $3d^8 4s^2$ 58.6934(4)
- 29 **Cu** 铜 $3d^{10} 4s^1$ 63.546(3)
- 30 **Zn** 锌 $3d^{10} 4s^2$ 65.38(2)
- 31 **Ga** 镓 $4s^2 4p^1$ 69.723(1)
- 32 **Ge** 锗 $4s^2 4p^2$ 72.630(8)
- 33 **As** 砷 $4s^2 4p^3$ 74.921595(6)
- 34 **Se** 硒 $4s^2 4p^4$ 78.971(8)
- 35 **Br** 溴 $4s^2 4p^5$ 79.904
- 36 **Kr** 氪 $4s^2 4p^6$ 83.798(2)

第5周期
- 37 **Rb** 铷 $5s^1$ 85.4678(3)
- 38 **Sr** 锶 $5s^2$ 87.62(1)
- 39 **Y** 钇 $4d^1 5s^2$ 88.90584(2)
- 40 **Zr** 锆 $4d^2 5s^2$ 91.224(2)
- 41 **Nb** 铌 $4d^4 5s^1$ 92.90637(2)
- 42 **Mo** 钼 $4d^5 5s^1$ 95.95(1)
- 43 **Tc** 锝 $4d^5 5s^2$ 97.90721(3)◆
- 44 **Ru** 钌 $4d^7 5s^1$ 101.07(2)
- 45 **Rh** 铑 $4d^8 5s^1$ 102.90550(2)
- 46 **Pd** 钯 $4d^{10}$ 106.42(1)
- 47 **Ag** 银 $4d^{10} 5s^1$ 107.8682(2)
- 48 **Cd** 镉 $4d^{10} 5s^2$ 112.414(4)
- 49 **In** 铟 $5s^2 5p^1$ 114.818(1)
- 50 **Sn** 锡 $5s^2 5p^2$ 118.710(7)
- 51 **Sb** 锑 $5s^2 5p^3$ 121.760(1)
- 52 **Te** 碲 $5s^2 5p^4$ 127.60(3)
- 53 **I** 碘 $5s^2 5p^5$ 126.90447(3)
- 54 **Xe** 氙 $5s^2 5p^6$ 131.293(6)

第6周期
- 55 **Cs** 铯 $6s^1$ 132.90545196(6)
- 56 **Ba** 钡 $6s^2$ 137.327(7)
- 57~71 **La~Lu** 镧系
- 72 **Hf** 铪 $5d^2 6s^2$ 178.49(2)
- 73 **Ta** 钽 $5d^3 6s^2$ 180.94788(2)
- 74 **W** 钨 $5d^4 6s^2$ 183.84(1)
- 75 **Re** 铼 $5d^5 6s^2$ 186.207(1)
- 76 **Os** 锇 $5d^6 6s^2$ 190.23(3)
- 77 **Ir** 铱 $5d^7 6s^2$ 192.217(3)
- 78 **Pt** 铂 $5d^9 6s^1$ 195.084(9)
- 79 **Au** 金 $5d^{10} 6s^1$ 196.966569(5)
- 80 **Hg** 汞 $5d^{10} 6s^2$ 200.592(3)
- 81 **Tl** 铊 $6s^2 6p^1$ 204.38
- 82 **Pb** 铅 $6s^2 6p^2$ 207.2(1)
- 83 **Bi** 铋 $6s^2 6p^3$ 208.98040(1)
- 84 **Po** 钋 $6s^2 6p^4$ 208.98243(2)◆
- 85 **At** 砹 $6s^2 6p^5$ 209.98715(5)◆
- 86 **Rn** 氡 $6s^2 6p^6$ 222.01758(2)◆

第7周期
- 87 **Fr** 钫 $7s^1$ 223.01974(2)◆
- 88 **Ra** 镭 $7s^2$ 226.02541(2)◆
- 89~103 **Ac~Lr** 锕系
- 104 **Rf** 𬬻★ $6d^2 7s^2$ 267.122(4)◆
- 105 **Db** 𬭊★ $6d^3 7s^2$ 270.131(4)◆
- 106 **Sg** 𬭳★ $6d^4 7s^2$ 269.129(3)◆
- 107 **Bh** 𬭛★ $6d^5 7s^2$ 270.133(2)◆
- 108 **Hs** 𬭶★ $6d^6 7s^2$ 270.134(2)◆
- 109 **Mt** 鿏★ $6d^7 7s^2$ 278.156(5)◆
- 110 **Ds** 𫟼★ 281.165(4)◆
- 111 **Rg** 𬬭★ 281.166(6)◆
- 112 **Cn** 鿔★ 285.177(4)◆
- 113 **Nh** 鿭★ 286.182(5)◆
- 114 **Fl** 𫓧★ 289.190(4)◆
- 115 **Mc** 镆★ 289.194(6)◆
- 116 **Lv** 𫟷★ 293.204(4)◆
- 117 **Ts** 鿬★ 293.208(6)◆
- 118 **Og** 鿫★ 294.214(5)◆

★ 镧系

- 57 **La** 镧 $5d^1 6s^2$ 138.90547(7)
- 58 **Ce** 铈 $4f^1 5d^1 6s^2$ 140.116(1)
- 59 **Pr** 镨 $4f^3 6s^2$ 140.90766(2)
- 60 **Nd** 钕 $4f^4 6s^2$ 144.242(3)
- 61 **Pm** 钷 $4f^5 6s^2$ 144.91276(2)◆
- 62 **Sm** 钐 $4f^6 6s^2$ 150.36(2)
- 63 **Eu** 铕 $4f^7 6s^2$ 151.964(1)
- 64 **Gd** 钆 $4f^7 5d^1 6s^2$ 157.25(3)
- 65 **Tb** 铽 $4f^9 6s^2$ 158.92535(2)
- 66 **Dy** 镝 $4f^{10} 6s^2$ 162.500(1)
- 67 **Ho** 钬 $4f^{11} 6s^2$ 164.93033(2)
- 68 **Er** 铒 $4f^{12} 6s^2$ 167.259(3)
- 69 **Tm** 铥 $4f^{13} 6s^2$ 168.93422(2)
- 70 **Yb** 镱 $4f^{14} 6s^2$ 173.045(10)
- 71 **Lu** 镥 $4f^{14} 5d^1 6s^2$ 174.9668(1)

★ 锕系

- 89 **Ac** 锕★ $6d^1 7s^2$ 227.02775(2)◆
- 90 **Th** 钍★ $6d^2 7s^2$ 232.0377(4)
- 91 **Pa** 镤★ $5f^2 6d^1 7s^2$ 231.03588(2)
- 92 **U** 铀★ $5f^3 6d^1 7s^2$ 238.02891(3)
- 93 **Np** 镎★ $5f^4 6d^1 7s^2$ 237.04817(2)◆
- 94 **Pu** 钚★ $5f^6 7s^2$ 244.06421(4)◆
- 95 **Am** 镅★ $5f^7 7s^2$ 243.06138(2)◆
- 96 **Cm** 锔★ $5f^7 6d^1 7s^2$ 247.07035(3)◆
- 97 **Bk** 锫★ $5f^9 7s^2$ 247.07031(4)◆
- 98 **Cf** 锎★ $5f^{10} 7s^2$ 251.07959(3)◆
- 99 **Es** 锿★ $5f^{11} 7s^2$ 252.0830(3)◆
- 100 **Fm** 镄★ $5f^{12} 7s^2$ 257.09511(5)◆
- 101 **Md** 钔★ $5f^{13} 7s^2$ 258.09843(3)◆
- 102 **No** 锘★ $5f^{14} 7s^2$ 259.1010(7)◆
- 103 **Lr** 铹★ $5f^{14} 6d^1 7s^2$ 262.110(2)◆

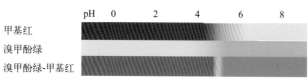

图 4-5　混合指示剂变色对比图

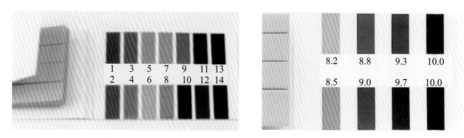

(a) 广泛pH试纸　　　　　　　　　　　(b) 精密pH试纸(8.2~10.0)

图 4-6　pH 试纸

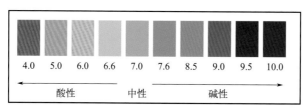

图 4-14　pH 与酸碱性示意图

高等职业教育教材

基础化学

（工作页）

高　波　刘婷婷　崔　帅·主编

化学工业出版社

·北京·

目 录

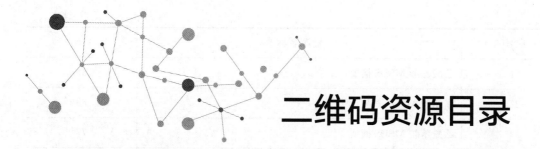

二维码资源目录

序号	资源名称	页码
21	乙酸乙酯 MSDS 摘要	69
22	冰醋酸 MSDS 摘要	69
23	乙酰苯胺 MSDS 摘要	77
24	测定熔点时各阶段影像图片	77
25	WRX-4 型熔点仪及操作步骤	77
26	手工皂配方计算器	83
27	氢氧化钠 MSDS 摘要	83
28	盐酸 MSDS 摘要	92

项目：		姓名：		班级：	
任务：		日期：		组别：	

工作任务一　配制标准溶液

一、任务描述

在化工企业中，化验室化验员在质检过程中化验结果与真实值偏差很大，经检查是标准溶液配制错误，需在相关计算、配制方法选择及配制操作各环节提升。本任务以 Na_2CO_3 和 HCl 为例练习直接配制法和间接配制法。正确地配制标准溶液，准确地标定标准溶液的浓度及妥善保管，对提高滴定分析的准确度具有重大意义。

二、任务提示

1. 工作方法

- 以小组合作的方式完成所有工作内容，要相互配合，积极沟通。
- 线上预习溶液配制方法，以 Na_2CO_3 和 HCl 为例，以小组为单位完成溶液配制工作计划。
- 按照工作计划，选取适当的防护用具、玻璃仪器、天平、化学试剂，按步骤进行操作。
- 出现小组内无法解决的问题及时与老师沟通。
- 进行组内讨论、总结，组间进行交流，在全班进行汇报。

2. 工作内容

- 正确使用容量瓶、烧杯、玻璃棒、干燥器、称量瓶等玻璃仪器，天平等设备。
- 减量法称量 1.5～1.7g 碳酸钠，在容量瓶中定容成 250mL 溶液。
- 完成称量的数据记录，并进行 Na_2CO_3 浓度的计算，贴标签。
- 由浓盐酸配制 1L 0.1mol/L 的 HCl 溶液，贴标签。
- 利用自查评分表进行自查。

3. 知识储备

- Na_2CO_3、HCl 的理化性质及安全技术说明书内容。
- 分析天平的使用及减量法原理。
- 容量瓶的使用方法。

盐酸 MSDS 摘要

4. 安全环保

- 按照实验室管理及行业规范要求，穿戴白大褂（实验服）、手套、口罩、护目镜等，安静有序进行实验操作。
- 注意盐酸的腐蚀性、玻璃划伤、水电等安全问题，稀释盐酸，要在通风橱中进行。

碳酸钠 MSDS 摘要

· 注意玻璃仪器损坏后应放入指定位置回收。产生的废液要中和成中性后集中处理，不得随意排放。

· 实验操作过程要严格遵守 5S【整理（seiri）、整顿（seiton）、清扫（seiso）、清洁（setketsu）、素养（shitsuke）五个项目】管理要求。

· 如出现危险情况及时向教师报告，按教师意见处理。

★我非常肯定，以上要求及盐酸、碳酸钠的安全技术说明书内容我已经认真阅读，都已知晓。

承诺人签字：_____

三、任务过程

（一）获取信息

1. 配制标准溶液通常有_____和_____两种。

2. 配制 Na_2CO_3 标准溶液应采用_____法；配制 0.1mol/L 的 HCl 溶液采用_____法。

3. 请写出稀释公式：_____。

4. 请回答：溶液的配制步骤有哪些？
_____。

（二）计划与决策

要求：各小组通过预习列出碳酸钠溶液配制和盐酸溶液配制所需的仪器、试剂和初始工作计划，进行组间交流研讨，最后将决策后的终版计划列于表中。

1. 配制碳酸钠所需的仪器及材料

序号	名称	规格	数量	备注
1	分析天平			
2	干燥器			
3	称量瓶			
4	烧杯			
5	容量瓶			
6	玻璃棒			
7	胶头滴管			
8	洗瓶			
9				
10				

2. 配制盐酸溶液所需的仪器及材料

序号	名称	规格	数量	备注
1	烧杯			
2	玻璃棒			

序号	名称	规格	数量	备注
3	量筒			
4	试剂瓶			
5	手套			
6	护目镜			
7	口罩			
8	白大褂			

3. 工作计划

序号	计划步骤	所用仪器与材料	责任人与分工	工作时间
1	穿好白大褂,准备书本、笔等教学材料			
2	预热分析天平			
3	选择所需的玻璃仪器,核对数目,清洗后摆放整齐			
碳酸钠溶液配制				
4	碳酸钠称量:用分析天平减量法称取 1.5～1.7g 固体无水碳酸钠于小烧杯中,记录数据,戴手套并保持天平室整洁			
5	250mL 容量瓶试漏、清洗			
6	在小烧杯中将碳酸钠溶解,用玻璃棒引流到容量瓶中			
7	将小烧杯及玻璃棒用少量水清洗三次,将全部清洗用水引流到容量瓶中			
8	用烧杯或洗瓶加水至容量瓶刻度的 2/3 处时,平摇			
9	再加水至离刻度线 1cm 处,改用胶头滴管滴加至刻度线,摇匀即可,贴标签备用			
10	碳酸钠浓度计算过程为:			
盐酸溶液配制				
11	需要移取的浓盐酸的体积,计算过程为:			
12	查阅盐酸的 MSDS 后,佩戴护目镜、手套、口罩等防护用具,在通风橱中,用量筒按计算值量取浓盐酸			
13	将浓盐酸倒入盛有一定体积蒸馏水的烧杯中,搅拌均匀后倒入干净的无色细口试剂瓶中			
14	将量筒和烧杯洗涤三次,洗涤液倒入上述试剂瓶中			
15	记录清楚用水量,共配制 1L 盐酸溶液,需蒸馏水总用量为:____mL,贴标签备用			
16	清洗仪器、收拾卫生,值日			

（三）实施与检查

1. 提示

（1）请按照计划执行，做好记录。

（2）请注意小组合作，明确分工，主动沟通，遇到问题及时与同学、老师交流、研究，必要时可优化计划。

2. 实施与检查

序号	实施过程	时间	现场记录（现象、异常等）	检查及改进
1				
2				
3				
4				
5				
6				
7				
8				
9				
10				
11				
12				
13				
14				
15				
16				

（四）工作评价

序号	项目	配分	考核细则	扣分说明	扣分	得分
一	考勤	5	出勤情况	迟到扣1分，早退扣1分，病假扣2分，事假扣1分，旷课扣5分		
二	准备情况	10	实验服、教学资料齐全	每错一项扣2分，最多扣10分		
			安静有序			
			仪器设备检查			
			玻璃仪器洗涤			
			天平预热			
三	基准物质称量	15	检查天平水平	每错一项扣4分，最多扣15分		
			减量法操作			
			复原天平并填写天平记录单			
			数据记录及时完整			

序号	项目	配分	考核细则	扣分说明	扣分	得分
四	Na$_2$CO$_3$ 溶液的配制	28	试剂在烧杯中全部溶解	每错一项扣 4 分，最多扣 28 分		
			容量瓶试漏			
			移液动作规范			
			三分之二处平摇			
			准确稀释至刻度线			
			摇匀动作正确			
			贴标签			
五	HCl 溶液的配制	12	在通风橱中取用浓盐酸	每错一项扣 3 分，最多扣 12 分		
			取用量正确			
			稀释步骤正确			
			贴标签			
六	文明操作	10	正确佩戴手套、口罩、护目镜等	漏一项扣 3 分，最多扣 10 分		
			分工、合作、节约			
七	工作结果	10	仪器清洗	每错一项扣 5 分，最多扣 10 分		
			整理工作台			
八	数据处理	10	完整、正确、不缺项	每错一项扣 5 分，最多扣 10 分		
九	分数汇总	100				
考核时若发生仪器破损及严重违章操作，按不合格处理						

四、总结与提高

（一）自我总结

总结溶液配制的内容及要点。

（二）思考练习

1. 请摘抄盐酸的 MSDS 有关危害及防护内容，并讨论你采取的防护措施是否得当，需怎样改正。

2. 你配制的两种溶液中哪种溶液需要标定？为什么？

（三）讨论拓展

1. 如何配制 30mL 质量分数为 0.05％ 的甲基橙指示剂？

2. 如何用体积分数为 95％ 的乙醇配制成 500mL 75％ 的消毒酒精？

任务确认签名：

学生：＿＿＿＿＿＿＿＿　　　　老师：＿＿＿＿＿＿＿＿

日期：＿＿＿＿＿＿＿＿　　　　日期：＿＿＿＿＿＿＿＿

项目：	姓名：	班级：
任务：	日期：	组别：

工作任务二　盐酸溶液的标定

一、任务描述

在化工企业中，判断原材料、辅料、产品或溶液的酸碱性对企业生产质量监控及设备保养具有现实意义，例如在净洗剂十二烷基苯磺酸钠的生产中，常用准确浓度的盐酸标定原料氢氧化钠，使其含量达到工艺要求范围，为得到准确浓度的盐酸溶液，本任务用碳酸钠标定盐酸溶液。

二、任务提示

1. 工作方法

- 以小组合作的方式完成所有工作内容，要相互配合，积极沟通。
- 线上预习操作过程，查阅盐酸的安全技术说明书，以小组为单位完成工作计划。
- 按照工作计划，选取适当的防护用具、玻璃仪器、化学试剂，按步骤进行操作。
- 出现小组内无法解决的问题及时与老师沟通。
- 进行组内讨论、总结，组间进行交流，在全班进行汇报。

2. 工作内容

- 正确使用酸式滴定管、量筒、烧杯、锥形瓶、玻璃棒等玻璃仪器，天平等设备。
- 减量法称量 0.1～0.2g 碳酸钠 3 份，配制甲基橙指示剂，标定盐酸溶液。
- 完成称量、滴定的数据记录，并进行盐酸准确浓度的计算。
- 学习体积校正及温度校正查询及应用。
- 利用自查评分表进行自查。

3. 知识储备

- 酸碱质子理论。酸碱指示剂的工作原理及变色范围。
- 盐酸标定原理。
- 滴定分析的计算。
- 误差及产生原因。
- Na_2CO_3、HCl、甲基橙的理化性质及安全技术说明书内容。

甲基橙 MSDS 摘要

4. 安全环保

- 按照实验室管理及行业规范要求，穿戴白大褂、手套、口罩、护目镜等，安静有序进行实验操作。
- 注意玻璃仪器损坏后应放入指定位置回收。
- 产生的废液要中和成中性后集中处理，不得随意排放。

- 实验操作过程要严格遵守 5S 管理要求。
- 如出现危险情况及时向教师报告，按教师意见处理。

★我非常肯定，以上要求及盐酸、甲基橙的安全技术说明书的内容我已经认真阅读，都已知晓。

承诺人签字：＿＿＿＿＿＿＿

三、任务过程

（一）获取信息

1. 盐酸标定的原理

2. 极差及相对极差的计算公式

极差：

相对极差：

（二）计划与决策

要求：各小组通过预习列出盐酸标定所需的仪器、试剂和初始工作计划，进行组间交流研讨，最后将决策后的终版计划列于表中。

1. 仪器及材料

序号	名称	规格	数量	备注
1	分析天平			
2	电子天平			
3	干燥器			
4	称量瓶			
5	酸式滴定管			
6	锥形瓶			
7	量筒			
8	烧杯			

序号	名称	规格	数量	备注
9	玻璃棒			
10	洗瓶			
11	细口试剂瓶			
12				
13				
14				
15				

2. 所需试剂

序号	名称	质量/体积/含量	规格	备注
1	盐酸			
2	无水碳酸钠			
3	甲基橙			

3. 工作计划

序号	计划步骤	所用仪器与材料	责任人与分工	工作时间
1	穿戴好白大褂,准备书本、笔等教学材料			
2	预热分析天平、电子天平			
3	选择所需的玻璃仪器,核对数目,清洗后摆放整齐			
4	配制0.05%的甲基橙水溶液:用电子天平称量0.02g甲基橙与40mL水配成溶液摇匀即可,放入棕色滴瓶保存,贴标签备用			
5	碳酸钠称量:校准分析天平后,用减量法称取0.1~0.2g固体无水碳酸钠3份于3个锥形瓶中,记录数据。称量全过程戴手套并保持天平室整洁			
6	碳酸钠溶解:在3个锥形瓶中分别加蒸馏水50mL,使试剂完全溶解			
7	每个锥形瓶中各加甲基橙指示剂2~3滴			
8	查阅盐酸的MSDS后,佩戴护目镜、手口罩等防护用具			
9	试漏并洗涤酸式滴定管,在其中装入待标定的盐酸溶液至零刻度,滴定碳酸钠溶液至终点,溶液颜色由黄色到橙色,记录体积			
10	平行滴定三次,记录体积及溶液温度,保持实验台面整洁			
11	进行数据处理,收拾卫生,值日			
12				
13				
14				
15				

序号	计划步骤	所用仪器与材料	责任人与分工	工作时间
16				
17				

（三）实施与检查

1. 提示

（1）请按照计划执行，做好记录。

（2）请注意小组合作，明确分工，主动沟通，遇到问题及时与同学、老师交流、研究，必要时可优化计划。

2. 实施与检查

序号	实施过程	时间	现场记录（现象、异常等）	检查及改进
1				
2				
3				
4				
5				
6				
7				
8				
9				
10				
11				
12				
13				
14				
15				

3. 数据记录及处理

记录项目	1	2	3
m［称量瓶＋药品（倾样前）］/g			
m［称量瓶＋药品（倾样后）］/g			
$m(Na_2CO_3)$/g			
滴定管初读数/mL	0.00	0.00	0.00
滴定管终读数/mL			
体积校正值/mL			
溶液温度/℃			

记录项目	1	2	3
体积补正值/(mL/L)			
溶液温度校正值/mL			
实际消耗 HCl 体积/mL			
$c(HCl)/(mol/L)$			
$\bar{c}(HCl)/(mol/L)$			
极差/(mol/L)			
相对极差/%			

请在下方写出所有的计算过程：

名称	公式及过程
质量	
体积校正值	
温度校正值	
盐酸浓度	
盐酸平均浓度	
极差	
相对极差	

（四）工作评价

序号	项目	配分	考核细则	扣分说明	扣分	得分
一	考勤	5	出勤情况	迟到扣1分,早退扣1分,病假扣2分,事假扣3分,旷课扣5分		
二	准备情况	10	实验服、教学资料齐全	每错一项扣2分,最多扣10分		
			安静有序			
			检查仪器设备			
			玻璃仪器洗涤			
			天平预热			
三	Na_2CO_3 称量及溶解	16	检查天平水平	每错一项扣2分,最多扣16分		
			清扫天平			
			天平校准			
			减量法操作动作正确			
			复原天平及周围环境			
			填写天平记录单			
			数据记录及时完整			
			试剂全部溶解			

序号	项目	配分	考核细则	扣分说明	扣分	得分
四	甲基橙配制	6	称量	每错一项扣2分，最多扣6分		
			溶解			
			储存、贴标签			
五	滴定操作	27	滴定管试漏正确	每错一项扣3分，最多扣27分		
			洗涤干净			
			润洗方法正确			
			装液、排气泡、调零点			
			滴定操作正确			
			终点控制熟练			
			终点判断准确			
			读数正确			
			原始数据记录及时			
六	文明操作	8	正确佩戴手套、口罩、护目镜	每错一项扣1分，最多扣3分		
			合作、互助、节约	酌情赋分		
七	工作结果	8	仪器清洗	每错一项扣3分，最多扣8分		
			整理工作台			
			"三废"合理处理			
八	工作页填写及数据处理	20	完整、正确、不缺项	每错一项扣2分，最多扣20分		
九	分数汇总	100				

考核时若发生仪器破损及严重违章操作，按不合格处理

四、总结与提高

（一）自我总结

1. 在操作过程中，小组间做了哪些交流，解决了哪些问题？

2. 分析自己操作过程中的误差原因，提出改进意见。

（二）思考练习

1. 酸式滴定管的处理过程有哪些？

2. 质量、体积、物质的量浓度分别保留小数点后几位？

（三）技能拓展

请尝试使用国标法标定盐酸。

任务确认签名：

学生：_____   老师：_____

日期：_____   日期：_____

附表：

1. 体积校正值样表

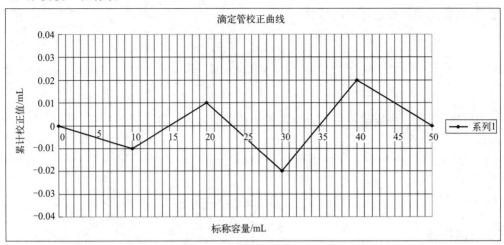

2. 不同温度下标准滴定溶液的体积补正值（GB/T 601—2016）

1000mL 溶液由 t℃ 换为 20℃ 时的补正值/（mL/L）

温度/℃	水和 0.05mol/L 以下的各种水溶液	0.1mol/L 和 0.2mol/L 的各种水溶液	盐酸溶液 $[c(HCl)=$ 0.5mol/L]	盐酸溶液 $[c(HCl)=$ 1mol/L]	硫酸溶液 $[c(1/2H_2SO_4)=$ 0.5mol/L]，氢氧化钠溶液 $[c(NaOH)=$ 0.5mol/L]	硫酸溶液 $[c(1/2H_2SO_4)=$ 1mol/L]，氢氧化钠溶液 $[c(NaOH)=$ 1mol/L]	碳酸钠溶液 $[c(1/2Na_2CO_3)=$ 1mol/L]	氢氧化钾-乙醇溶液 $[c(KOH)=$ 0.1mol/L]
15	+0.77	+0.9	+0.9	+1.0	+1.1	+1.3	+1.3	+5.2
16	+0.64	+0.7	+0.8	+0.8	+0.9	+1.1	+1.1	+4.2
17	+0.50	+0.6	+0.6	+0.6	+0.7	+0.8	+0.8	+3.1
18	+0.34	0.4	+0.4	+0.4	+0.5	+0.6	+0.6	+2.1
19	+0.18	+0.2	+0.2	+0.2	+0.2	+0.3	+0.3	+1.0
20	0.00	0.00	0.00	0.0	0.0	0.0	0.0	0.0
21	−0.18	−0.2	−0.2	−0.2	−0.2	−0.3	−0.3	−1.1
22	−0.38	−0.4	−0.4	−0.5	−0.5	−0.6	−0.6	−2.2
23	−0.58	−0.6	−0.7	−0.7	−0.8	−0.9	−0.9	−3.3
24	−0.80	−0.9	−0.9	−1.0	−1.0	−1.2	−1.2	−4.2
25	−1.03	−1.1	−1.1	−1.2	−1.3	−1.5	−1.5	−5.3
26	−1.26	−1.4	−1.4	−1.4	−1.5	−1.8	−1.8	−6.4
27	−1.51	−1.7	−1.7	−1.7	−1.8	−2.1	−2.1	−7.5
28	−1.76	−2.0	−2.0	−2.0	−2.1	−2.4	−2.4	−8.5
29	−2.01	−2.3	−2.3	−2.3	−2.4	−2.8	−2.8	−9.6
30	−2.30	−2.5	−2.5	−2.6	−2.8	−3.2	−3.1	−10.6
31	−2.58	−2.7	−2.7	−2.9	−3.1	−3.5		−11.6
32	−2.86	−3.0	−3.0	−3.2	−3.4	−3.9		−12.6

注：1. 本表数值是以 20℃ 为标准温度以实测法测出。

2. 表中带有 "+" "−" 号的数值是以 20℃ 为分界。室温低于 20℃ 的补正值为 "+"，高于 20℃ 的补正值为 "−"。

3. 本表的用法，如下：

如 1L 硫酸溶液 $[c(1/2H_2SO_4)=1mol/L]$ 由 25℃ 换算为 20℃ 时，其体积补正值为 −1.5mL，故 40.00mL 换算为 20℃ 时的体积为：

$$40.00-\frac{1.5}{1000}\times40.00=39.94(mL)$$

项目：	姓名：	班级：
任务：	日期：	组别：

工作任务三　混合碱的测定

一、任务描述

在印染企业中，碱作为印染助剂有着广泛的应用，检测混合碱的各组分含量对印染质量控制具有重要意义。例如某印染厂将烧碱和纯碱按一定比例配制成混合碱作为匀染剂，以达到预期的匀染效果。为了明确混合碱的组成及各组分的准确含量，本任务利用"双指示剂法"，以盐酸为标准溶液测定混合碱。

二、任务提示

1. 工作方法

· 以小组合作的方式完成所有工作内容，要相互配合，积极沟通。

· 线上预习操作过程，查阅氢氧化钠、碳酸钠、碳酸氢钠、盐酸的安全技术说明书，以小组为单位完成工作计划。

· 按照工作计划，选取适当的防护用具、玻璃仪器、化学试剂，按步骤进行操作。

· 出现小组内无法解决的问题及时与老师沟通。

· 进行组内讨论、总结，组间进行交流，在全班进行汇报。

2. 工作内容

· 正确使用酸式滴定管、量筒、烧杯、锥形瓶、容量瓶、玻璃棒等玻璃仪器，天平等设备。

· 减量法称量 1.5～2.0g 混合碱定容成 250mL 溶液、利用双指示剂法进行混合碱含量的测定。

· 完成称量、滴定的数据记录，并进行混合碱成分分析及各组分含量的计算。

· 学习体积校正及温度校正查询及应用。

· 利用自查评分表进行自查。

碳酸氢钠 MSDS 摘要

3. 知识储备

· 酸碱质子理论。酸碱指示剂的工作原理及变色范围。

· 混合碱分析原理。

· 浓度表示法的相关计算。

· 误差及产生原因。

· Na_2CO_3、$NaHCO_3$、$NaOH$、HCl 的理化性质及安全技术说明书内容。

酚酞 MSDS 摘要

4. 安全环保

• 按照实验室管理及行业规范要求，穿戴白大褂、手套、口罩、护目镜等，安静有序进行实验操作。

• 注意玻璃仪器损坏后应放入指定位置回收。

• 产生的废液要中和成中性后集中处理，不得随意排放。

• 实验操作过程要严格遵守 5S 管理要求。

• 如出现危险情况及时向教师报告，按教师意见处理。

★我非常肯定，以上要求及盐酸、氢氧化钠、碳酸钠、碳酸氢钠的安全技术说明书的内容我已经认真阅读，都已知晓。

承诺人签字：＿＿＿＿＿＿＿＿＿

三、任务过程

（一）获取信息

1. 混合碱的组成可能是＿＿＿＿＿、＿＿＿＿＿＿＿＿或＿＿＿＿＿＿＿＿。

2. 双指示剂分别指什么？使用顺序及对应的终点颜色变化是什么？

（二）计划与决策

要求：各小组通过预习列出混合碱分析所需的仪器、试剂和初始工作计划，进行组间交流研讨，最后将决策后的终版计划列于表中。

1. 仪器及材料

序号	名称	规格	数量	备注
1				
2				
3				
4				
5				
6				
7				
8				

序号	名称	规格	数量	备注
9				
10				
11				
12				
13				

2. 所需试剂

序号	名称	质量/体积/含量	规格	备注
1				
2				
3				
4				
5				

3. 工作计划

序号	计划步骤	所用仪器与材料	责任人与分工	工作时间
1				
2				
3				
4				
5				
6				
7				
8				
9				
10				
11				
12				
13				
14				
15				

（三）实施与检查

1. 提示

（1）请按照计划执行，做好记录。

（2）请注意小组合作，明确分工，主动沟通，遇到问题及时与同学、老师交流、研究，必要时可优化计划。

2. 实施与检查

序号	实施过程	时间	现场记录（现象、异常等）	检查及改进
1				
2				
3				
4				
5				
6				
7				
8				
9				
10				
11				
12				
13				
14				
15				

3. 数据记录及处理

记录项目	1	2	3
m[称量瓶＋药品(倾样前)]/g			
m[称量瓶＋药品(倾样后)]/g			
m(混合碱)/g			
第一终点初读数/mL	0.00	0.00	0.00
第一终点终读数 V_1/mL			
体积校正值/mL			
溶液温度/℃			
体积补正值/(mL/L)			
溶液温度校正值/mL			
第一终点实际消耗 V_1(HCl)/mL			
第二终点初读数/mL	0.00	0.00	0.00
第二终点终读数 V_2/mL			
体积校正值/mL			
溶液温度/℃			
体积补正值/(mL/L)			
溶液温度校正值/mL			
第二终点实际消耗 V_2(HCl)/mL			
若 $V_1 > V_2$			
w(NaOH)/%			

记录项目	1	2	3
$\overline{w}(NaOH)/\%$			
$w(Na_2CO_3)/\%$			
$\overline{w}(Na_2CO_3)/\%$			
若 $V_1 < V_2$			
$w(NaHCO_3)/\%$			
$\overline{w}(NaHCO_3)/\%$			
$w(Na_2CO_3)/\%$			
$\overline{w}(Na_2CO_3)/\%$			
若 $V_1 = V_2$			
$w(NaHCO_3)/\%$			
$\overline{w}(NaHCO_3)/\%$			

（四）工作评价

序号	项目	配分	考核细则	扣分说明	扣分	得分
一	考勤	5	出勤情况	迟到扣1分，早退扣1分，病假扣2分，事假扣3分，旷课扣5分		
二	准备情况	10	实验服、教学资料齐全	每错一项扣2分，最多扣10分		
			安静有序			
			检查仪器设备			
			玻璃仪器洗涤			
			天平预热			
三	混合碱称量	14	检查天平水平	每错一项扣2分，最多扣14分		
			清扫天平			
			天平校准			
			减量法操作动作正确			
			复原天平及周围环境			
			填写天平记录单			
			数据记录及时完整			
四	试液配制	8	正确试漏	每错一项扣2分，最多扣8分		
			转移动作规范			
			定容规范、准确			
			摇匀动作正确			
五	移取溶液	8	移液管润洗正确	每错一项扣2分，最多扣8分		
			不吸空、不重吸			
			看刻度线熟练、正确			
			放液动作正确			

序号	项目	配分	考核细则	扣分说明	扣分	得分
六	滴定操作	20	滴定管试漏正确	每错一项扣3分，最多扣20分		
			洗涤干净			
			润洗方法正确			
			装液、排气泡、调零点			
			滴定操作正确			
			终点控制熟练			
			终点判断准确			
			读数正确			
			原始数据记录及时			
七	文明操作	7	正确佩戴手套、口罩、护目镜	每错一项扣1分，最多扣3分		
			合作、互助、节约	酌情赋分		
八	工作结果	8	仪器清洗	每错一项扣3分，最多扣8分		
			整理工作台			
			"三废"合理处理			
九	工作页填写及数据处理	20	完整、正确、不缺项	每错一项扣2分，最多扣20分		
十	分数汇总	100				
考核时若发生仪器破损及严重违章操作，按不合格处理						

四、总结与提高

（一）自我总结

1. 在操作过程中还有哪些可以优化、提升的内容？

2. 混合碱分析过程中最大的难点是什么？你如何解决的？

（二）思考练习

当滴定接近第一终点时，为什么要充分摇动锥形瓶？

（三）技能拓展

请尝试使用 $BaCl_2$ 法测定混合碱含量。

任务确认签名：

学生：＿＿＿＿＿＿   老师：＿＿＿＿＿＿

日期：＿＿＿＿＿＿   日期：＿＿＿＿＿＿

项目：	姓名：	班级：
任务：	日期：	组别：

工作任务四　酸度测定

一、任务描述

在化工企业污水处理终端，发现水质检测不达标，经查找是污水酸度超出絮凝工艺范围导致，影响后续气浮、分离等工艺处理而造成环境污染。企业重视酸度对质量控制、安全生产及绿色环保的重要作用，要求中心化验室必须对各车间、各工段污水酸度进行定时检测，因检测频次、精度要求较高，利用酸度计可比酸碱滴定、pH 试纸更快速、准确地完成检测。本任务练习利用酸度计测定溶液酸度。

二、任务提示

1. 工作方法
- 以小组合作的方式完成所有工作内容，要相互配合，积极沟通。
- 线上预习酸度计的操作过程及要点，以小组为单位完成工作计划。
- 按照工作计划，选取适当的防护用具、仪器及化学试剂，按步骤进行操作。
- 出现小组内无法解决的问题及时与老师沟通。
- 进行组内讨论、总结，组间进行交流，在全班进行汇报。

2. 工作内容
- 配制 KCl 饱和溶液及缓冲溶液。
- pH 复合电极准备。
- 校准酸度计，测定待测液的酸度，并记录数据。
- 利用自查评分表进行自查。

pHS-3C 型酸度计介绍

3. 知识储备
- 酸碱质子理论。
- 缓冲溶液及缓冲作用。
- pH 计算方法。
- 安全环保理念。

4. 安全环保
- 按照实验室管理及行业规范要求，穿戴白大褂、手套、口罩、护目镜等，安静有序进行实验操作。
- 按 pHS-3C 型酸度计操作规程进行操作。
- 产生的废液要集中处理，不得随意排放。
- 实验操作过程要严格遵守 5S 管理要求。

- 如出现危险情况及时向教师报告，按教师意见处理。

★我非常肯定，以上要求及酸度计使用说明书的内容我已经认真阅读，都已知晓。

承诺人签字：＿＿＿＿＿＿＿＿

三、任务过程

（一）获取信息

1. 复合电极的参比填充液是什么？使用和保存复合电极要注意哪些问题？

2. 更换待测溶液测量时是否需要清洗电极？为什么？

（二）计划与决策

要求：各小组通过预习列出溶液酸度测定所需的仪器、试剂和初始工作计划，进行组间交流研讨，最后将决策后的终版计划列于表中。

1. 仪器及材料

序号	名称	规格	数量	备注
1				
2				
3				
4				
5				
6				
7				
8				
9				

2. 所需试剂

序号	名称	质量/体积/含量	规格	备注
1				
2				
3				
4				
5				
6				

3. 工作计划

序号	计划步骤	所用仪器与材料	责任人与分工	工作时间
1				
2				
3				
4				
5				
6				
7				
8				
9				
10				
11				
12				
13				
14				
15				
16				
17				
18				
19				
20				

（三）实施与检查

1. 提示

（1）请按照计划执行，做好记录。

（2）请注意小组合作，明确分工，主动沟通，遇到问题及时与同学、老师交流、研究，必要时可优化计划。

2. 实施与检查

序号	实施过程	时间	现场记录（现象、异常等）	检查及改进
1				
2				
3				
4				
5				
6				

序号	实施过程	时间	现场记录 （现象、异常等）	检查及改进
7				
8				
9				
10				
11				
12				
13				
14				
15				
16				
17				
18				
19				
20				

3. 数据记录

待测溶液	pH 试纸 预测值	pH 测定值			温度	平均值
		1 次	2 次	3 次		

（四）工作评价

序号	项目	配分	考核细则	扣分说明	扣分	得分
一	考勤	5	出勤情况	迟到扣 1 分、早退扣 1 分、 病假扣 2 分、事假扣 3 分、 旷课扣 5 分		
二	准备 情况	10	实验服、教学资料齐全 安静有序、按组就座 仪器、试剂齐全	每错一项扣 4 分、 最多扣 10 分		
三	缓冲溶液 配制	10	容量瓶使用方法正确 定容准确 溶液配制数目正确	每错一项扣 5 分、 最多扣 10 分		
四	复合电极 准备	15	唤醒电极 用蒸馏水冲洗 用滤纸吸干 存放正确	每错一项扣 5 分、 最多扣 15 分		

序号	项目	配分	考核细则	扣分说明	扣分	得分
五	二点定位	15	酸度计认知正确	每错一项扣4分，最多扣15分		
			进行温度测量			
			一点定位正确			
			二点定位正确			
六	待测液测定	15	电极清洗方法	每错一项扣4分，最多扣15分		
			待测液测定方法			
			及时记录数据			
			工作页清晰、完整			
七	文明操作	10	合作意识、沟通意识	每错一项扣5分，最多扣10分		
八	工作结果	20	酸度计、电极整理	漏一项扣5分，最多扣20分		
			工作台、水槽整理			
			"三废"合理处理			
九	分数汇总	100				

考核时若发生仪器破损及严重违章操作，按不合格处理

四、总结与提高

（一）自我总结

总结关键操作要点。（提示：请结合自己的操作总结促进实验成功的关键操作要点）

（二）思考练习

1. 进入待测溶液酸度测定阶段，还需不需要再按"定位"键或者"斜率"键？

2. 仪器不用时，短路插头是否要接上？为什么？

（三）技能拓展

为校企合作单位服务，按企业标准检测实际工段的水样，检测结果报送企业。

任务确认签名：

学生：_____   老师：_____

日期：_____   日期：_____

附表：

缓冲溶液 pH 值与温度关系对照表

温度/℃	0.05mol/kg 邻苯二甲酸氢钾 pH 值	0.025mol/kg 混合物磷酸盐 pH 值	0.01mol/kg 四硼酸钠 pH 值
5	4.00	6.95	9.39
10	4.00	6.92	9.33
15	4.00	6.90	9.28
20	4.00	6.88	9.23
25	4.00	6.86	9.18
30	4.01	6.85	9.14
35	4.02	6.84	9.11
40	4.03	6.84	9.07
45	4.04	6.84	9.04
50	4.06	6.83	9.03
55	4.07	6.83	8.99
60	4.09	6.84	8.97

项目：	姓名：	班级：
任务：	日期：	组别：

工作任务五　水中 Cl⁻ 含量的测定

一、任务描述

在某化工企业丁二烯车间，萃取塔和脱重塔塔顶气相物料需要经过冷凝才能进行液化，在液化过程中需要通过循环水来辅助降温。循环水中氯离子的含量是检测指标之一，只有氯离子含量在一定范围内才能保证杀菌效果，同时避免氯离子含量过高损害金属管道。为得到准确的氯离子浓度，本任务利用莫尔法测定循环水中氯离子含量。

二、任务提示

1. 工作方法

- 以小组合作的方式完成所有工作内容，要相互配合，积极沟通。
- 线上预习操作过程，查阅硝酸银、铬酸钾的安全技术说明书，以小组为单位完成工作计划。
- 按照工作计划，选取适当的防护用具、玻璃仪器、化学试剂，按步骤进行操作。
- 出现小组内无法解决的问题及时与老师沟通。
- 进行组内讨论、总结，组间进行交流，在全班进行汇报。

2. 工作内容

- 正确使用酸式滴定管、容量瓶、移液管、量筒、烧杯、玻璃棒等玻璃仪器，天平等设备。
- 硝酸银标准溶液的配制和标定、水中 Cl⁻ 含量的测定。
- 完成称量、滴定的数据记录，并进行计算。
- 体积校正及温度校正查询及应用。
- 利用自查评分表进行自查。

3. 知识储备

- 溶液配制方法。
- 分步沉淀的原理。
- 滴定分析的计算。
- 误差及产生原因。
- $AgNO_3$、K_2CrO_4 的理化性质及安全技术说明书内容。

硝酸银 MSDS 摘要

4. 安全环保

- 按照实验室管理及行业规范要求，穿戴白大褂、手套、口罩、护目镜等，安静有序进行实验操作。

铬酸钾 MSDS 摘要

- 本操作需要使用硝酸银，要注意实验台面和地面的清洁。
- 注意玻璃仪器损坏后应放入指定位置回收。产生的废液要中和成中性后集中处理，不得随意排放。
- 实验操作过程要严格遵守 5S 管理要求。
- 如出现危险情况及时向教师报告，按教师意见处理。

★我非常肯定，以上要求及 $AgNO_3$、K_2CrO_4 的安全技术说明书的内容我已经认真阅读，都已知晓。

承诺人签字：＿＿＿＿＿＿＿＿

三、任务过程

（一）获取信息

1. 水中 Cl^- 含量的测定原理（莫尔法）

2. 使用 $AgNO_3$、K_2CrO_4 时应做好哪些防护工作？

3. 用 $AgNO_3$ 标准溶液滴定 Cl^- 时，为什么必须剧烈震荡？

（二）计划与决策

要求：各小组通过预习列出莫尔法测定水中 Cl^- 含量所需的仪器、试剂和初始工作计划，进行组间交流研讨，最后将决策后的终版计划列于表中。

1. 仪器及材料

序号	名称	规格	数量	备注
1				
2				
3				
4				
5				
6				
7				
8				
9				
10				
11				
12				

2. 所需试剂

序号	名称	质量/体积/含量	规格	备注
1				
2				
3				

3. 工作计划

序号	计划步骤	所用仪器与材料	责任人与分工	工作时间
1				
2				
3				
4				
5				
6				
7				
8				
9				
10				
11				
12				
13				
14				
15				

（三）实施与检查

1. 提示

（1）请按照计划执行，做好记录。

（2）请注意小组合作，明确分工，主动沟通，遇到问题及时与同学、老师交流、研究，必要时可优化计划。

2. 实施与检查

序号	实施过程	时间	现场记录（现象、异常等）	检查及改进
1				
2				
3				
4				
5				
6				
7				
8				
9				
10				
11				
12				
13				
14				
15				

3. 数据记录及处理

记录项目	1	2	3
$AgNO_3$ 的配制和标定			
$m(NaCl)$（倾样前）/g			
$m(NaCl)$（倾样后）/g			
$m(NaCl)$/g			
滴定管初读数/mL	0.00	0.00	0.00
滴定管终读数/mL			
体积校正值/mL			
溶液温度/℃			
体积补正值/(mL/L)			
溶液温度校正值/mL			
实际消耗 $AgNO_3$ 体积/mL			
$c(AgNO_3)$/(mol/L)			

记录项目	1	2	3
$\overline{c}(AgNO_3)/(mol/L)$			
水中 Cl^- 的测定			
滴定管初读数/mL	0.00	0.00	0.00
滴定管终读数/mL			
体积校正值/mL			
溶液温度/℃			
体积补正值/(mL/L)			
溶液温度校正值/mL			
实际消耗 $AgNO_3$ 体积/mL			
$\rho(Cl^-)/(mg/L)$			
$\overline{\rho}(Cl^-)/(mg/L)$			
极差/(mg/L)			
相对极差/%			

（四）工作评价

序号	项目	配分	考核细则	扣分说明	扣分	得分
一	考勤	5	出勤情况	迟到扣1分,早退扣1分,病假扣2分,事假扣3分,旷课扣5分		
二	准备情况	10	实验服、教学资料齐全	每错一项扣2分,最多扣10分		
			安静有序			
			仪器设备检查			
			玻璃仪器洗涤干净			
			天平预热			
三	基准物质称量	15	检查天平水平、清扫	每错一项扣3分,最多扣15分		
			减量法操作动作正确			
			复原天平及周围环境			
			填写天平记录单			
			数据记录及时完整			
四	电子天平使用	6	称量操作规范、称量准确	每错一项扣3分,最多扣6分		
五	$AgNO_3$ 溶液的配制	6	试剂在烧杯中全部溶解	每错一项扣2分,最多扣6分		
			放在棕色试剂瓶中			
			贴标签			
六	水样移取	10	润洗方法正确	每错一项扣2分,最多扣10分		
			不吸空			

序号	项目	配分	考核细则	扣分说明	扣分	得分
六	水样移取	10	调节液面操作熟练	每错一项扣2分，最多扣10分		
			移液管竖直			
			移液管尖靠壁			
			放液后停留约15秒			
七	滴定操作	20	滴定管试漏、润洗等前处理正确	每错一项扣2分，最多扣20分		
			滴定操作正确			
			终点控制熟练			
			终点判断准确			
			读数正确			
			原始数据记录及时			
八	文明操作	6	正确佩戴手套、口罩、护目镜	每错一项扣2分，最多扣6分		
			安全、节约、合作			
九	工作结果	6	仪器清洗	每错一项扣2分，最多扣6分		
			整理工作台			
			"三废"合理处理			
十	工作页填写及数据处理	16	完整、正确、不缺项	每错一项扣2分，最多扣16分		
十一	分数汇总	100				
考核时若发生仪器破损及严重违章操作，按不合格处理						

四、总结与提高

（一）自我总结

1. 自己在操作过程中有哪些优点？表扬一下自己！

2. 自己操作过程中出现了哪些意外状况？是如何改进的？

（二）思考练习

1. 为什么配制 $AgNO_3$ 用的蒸馏水必须没有 Cl^-？

2. 莫尔法中，为什么溶液的 pH 控制在 6.5～10？

（三）技能拓展

请尝试法扬斯法测定水中 Cl^- 的含量。

任务确认签名：

学生：＿＿＿＿＿＿　　　老师：＿＿＿＿＿＿

日期：＿＿＿＿＿＿　　　日期：＿＿＿＿＿＿

项目：		姓名：		班级：
任务：		日期：		组别：

工作任务六　高锰酸钾的配制和标定

一、任务描述

某污水处理公司利用高锰酸钾作为氧化剂和消毒剂，达到净水的作用。但由于高锰酸钾的稳定性不好，遇到光照易分解，在使用高锰酸钾之前必须标定其浓度，因此该公司规定周期性检测高锰酸钾的含量，从而保证其使用的有效浓度。本任务利用高锰酸钾作为自身指示剂，选用草酸钠为基准物质标定其浓度。

二、任务提示

1. 工作方法

• 以小组为单位完成所有工作任务，请同组人员相互配合，积极沟通。

• 线上预习滴定操作过程，查阅高锰酸钾、草酸钠的安全技术说明书，小组合作完成工作计划。

• 按照工作计划，选取适当的防护用具、玻璃仪器、化学试剂，请示教师后按步骤进行操作。

• 出现小组内无法解决的问题及时与老师沟通。

• 组内讨论、总结，进行汇报、自我评价、互评。

2. 工作内容

• 正确使用棕色酸式滴定管、棕色试剂瓶、量筒、锥形瓶、称量瓶、胶头滴管等玻璃仪器，规范使用水浴锅、分析天平等设备。

• 高锰酸钾溶液的配制；草酸钠减量法称量；高锰酸钾溶液的标定。

• 完成溶液的配制、减量法称量、滴定的数据记录，并进行高锰酸钾准确浓度的计算。

• 巩固学习体积校正及温度校正应用。

• 利用自查评分表进行自查。

3. 知识储备

• 氧化还原反应；氧化还原指示剂的工作原理及使用条件。

• 高锰酸钾溶液的标定原理及注意事项。

高锰酸钾 MSDS 摘要

• 滴定分析的计算。

• 误差及产生原因。

• 高锰酸钾、草酸钠的理化性质及安全技术说明书内容。

草酸钠 MSDS 摘要

4. 安全环保

• 按照实验室管理及行业规范要求，穿戴白大褂、手套、口罩、护目镜等，安静有序进行实验操作。

•此任务需要使用硫酸、加热溶液等操作，请规范安全地操作。

•注意玻璃仪器损坏后应放入指定位置回收。产生的废液要回收至指定废液桶集中处理，不得随意排放。

•实验操作过程要严格遵守 5S 管理要求。

•注意安全，如出现危险情况及时向教师报告，按指导教师意见处理。

★我非常肯定，以上要求高锰酸钾、草酸钠的安全技术说明书的内容我已经认真阅读，都已知晓。

承诺人签字：＿＿＿＿＿＿＿

三、任务过程

（一）获取信息

高锰酸钾溶液的标定原理。

（二）计划与决策

要求：通过课前预习进行小组讨论，列出高锰酸钾溶液标定工作过程中所需的仪器、试剂，小组间进行讨论并制订出初始工作计划，最后将决策后的计划列于下表中。

1. 仪器及材料

序号	名称	规格	数量	备注
1				
2				
3				
4				
5				
6				
7				
8				
9				
10				

2. 所需试剂

序号	名称	质量/体积/含量	规格	备注
1				
2				
3				
4				
5				

3. 工作计划

序号	计划步骤	所用仪器与材料	责任人与分工	工作时间
1				
2				
3				
4				
5				
6				
7				
8				
9				
10				

（三）实施与检查

1. 提示

（1）请按照计划执行，及时做好记录，不可随意篡改数据。

（2）要具有团队合作意识，分工明确，操作规范，遇到自己解决不了的状况请及时与老师沟通，必要时可优化计划。

2. 实施与检查

序号	实施过程	时间	现场记录（现象、异常等）	检查及改进
1				
2				
3				
4				
5				
6				
7				
8				
9				

序号	实施过程	时间	现场记录 （现象、异常等）	检查及改进
10				

3. 数据记录及处理

记录项目	1	2	3
m（倾样前）/g			
m（倾样后）/g			
$m(Na_2C_2O_4)$/g			
滴定管初读数/mL	0.00	0.00	0.00
滴定管终读数/mL			
体积校正值/mL			
溶液温度/℃			
体积补正值/(mL/L)			
溶液温度校正值/mL			
实际消耗 $KMnO_4$ 体积/mL			
$c(KMnO_4)$/(mol/L)			
$\bar{c}(KMnO_4)$/(mol/L)			
极差/(mol/L)			
相对极差/%			

（四）工作评价

序号	项目	配分	考核细则	扣分说明	扣分	得分
一	考勤	5	出勤情况	迟到扣1分，早退扣1分，病假扣2分，事假扣1分，旷课扣5分		
二	准备情况	12	实验服、教学资料齐全 安静有序 仪器设备检查 玻璃仪器洗涤 天平预热 水浴锅设置	每错一项扣2分，最多扣12分		
三	$KMnO_4$ 溶液的配制	6	称量操作规范 贴标签棕色瓶避光储存	每错一项扣3分，最多扣6分		
四	$Na_2C_2O_4$ 的称量	12	检查天平水平 减量法操作规范 复原天平并填写天平记录单 数据记录及时完整	每错一项扣3分，最多扣12分		

序号	项目	配分	考核细则	扣分说明	扣分	得分
五	滴定操作	40	滴定管选择	每错一项扣5分，最多扣40分		
			滴定管试漏			
			滴定管润洗			
			水浴锅温度控制			
			第一滴操作正确			
			终点控制熟练			
			终点判断准确			
			读数正确			
			数据记录			
六	文明操作	5	正确佩戴手套、口罩、护目镜	每错一项扣5分，最多扣5分		
七	工作结果	5	仪器清洗	每错一项扣3分，最多扣5分		
			整理工作台			
八	数据处理	15	完整、正确、不缺项	最多扣15分		
九	分数汇总	100				

考核时若发生仪器破损及严重违章操作，按不合格处理

四、总结与提高

（一）自我总结

1. 在标定 $KMnO_4$ 溶液时，向 $Na_2C_2O_4$ 溶液中加入硫酸，如果没有硫酸，可不可以用盐酸代替？请解释原因。

2. 在滴定开始时，速度宜慢，这是为什么？

（二）思考练习

$KMnO_4$ 标准溶液放在棕色酸式滴定管中，怎样才能看清并读准数据？为什么？

（三）讨论拓展

高锰酸钾可在污水处理过程中使用，还有其他的用途吗？

任务确认签名：

学生：＿＿＿＿＿＿＿＿　　　　老师：＿＿＿＿＿＿＿＿

日期：＿＿＿＿＿＿＿＿　　　　日期：＿＿＿＿＿＿＿＿

项目：	姓名：	班级：
任务：	日期：	组别：

工作任务七　化学需氧量的测定

一、任务描述

化学需氧量（COD）是国家规定企业排放废水是否达标的一项重要指标，这样既可保证生态系统的平衡，又可保证居民饮水的安全。例如，某环境与生态保护部门把COD作为监测水体的检测项目，以了解水循环系统中水体的环境。本任务采用重铬酸钾法测定污水中的COD，评价污水受污染的程度。

二、任务提示

1. 工作方法

- 以小组为单位完成所有工作任务，请同组人员相互配合，积极沟通。
- 线上预习滴定操作过程，查阅重铬酸钾、硫酸、碘化钾、硫代硫酸钠的安全技术说明书，小组合作完成工作计划。
- 按照工作计划，选取适当的防护用具、玻璃仪器、化学试剂，请示教师后按步骤进行操作。
- 出现小组内无法解决的问题及时与老师沟通。
- 组内讨论、总结，进行汇报、自我评价、互评。

2. 工作内容

- 正确使用酸式滴定管、碱式滴定管、容量瓶、移液管、量筒、滴瓶、烧杯、玻璃棒、胶头滴管等玻璃仪器，规范使用天平等设备。
- $Na_2S_2O_3$ 溶液的配制；$K_2Cr_2O_7$ 的称量；$K_2Cr_2O_7$ 标准溶液的配制；$Na_2S_2O_3$ 溶液的标定；COD的测定。
- 完成称量、滴定的数据记录，并进行 $Na_2S_2O_3$ 准确浓度和COD的计算。
- 巩固学习体积校正及温度校正应用。
- 利用自查评分表进行自查。

3. 知识储备

- 氧化还原反应；氧化还原指示剂的工作原理及使用条件。
- $Na_2S_2O_3$ 溶液的标定原理及注意事项。
- 化学需氧量COD测定的原理及注意事项。
- 滴定分析的计算。
- 误差及产生原因。
- 硫酸、硫代硫酸铵、碘化钾、重铬酸钾的理化性质及安全技术说明书内容。

硫酸 MSDS 摘要　　硫代硫酸钠 MSDS 摘要　　碘化钾 MSDS 摘要　　重铬酸钾 MSDS 摘要

4. 安全环保

• 按照实验室管理及行业规范要求，穿戴白大褂、手套、口罩、护目镜等，安静有序进行实验操作。

• 此任务需要稀释硫酸和盐酸、加热溶液等操作，请规范安全地操作。

• 注意玻璃仪器损坏后应放入指定位置回收。产生的废液要回收至指定废液桶集中处理，不得随意排放。

• 实验操作过程要严格遵守 5S 管理要求。

• 注意安全，如出现危险情况及时向教师报告，按指导教师意见处理。

★我非常肯定，以上要求及硫酸、重铬酸钾、碘化钾、硫代硫酸钠的安全技术说明书的内容我已经认真阅读，都已知晓。

承诺人签字：＿＿＿＿＿＿＿＿

三、任务过程

（一）获取信息

1. $Na_2S_2O_3$ 溶液的标定原理

2. 化学需氧量 COD 测定的原理

（二）计划与决策

要求：通过课前预习进行小组讨论，列出化学需氧量的测定工作过程中所需的仪器、试剂，小组间进行讨论并制订出初始工作计划，最后将决策后的计划列于下表中。

1. 仪器及材料

序号	名称	规格	数量	备注
1				
2				
3				
4				
5				
6				
7				
8				
9				
10				
11				
12				
13				
14				
15				

2. 所需试剂

序号	名称	质量/体积/含量	规格	备注
1				
2				
3				
4				
5				
6				
7				
8				
9				
10				

3. 工作计划

序号	计划步骤	所用仪器与材料	责任人与分工	工作时间
1				
2				

序号	计划步骤	所用仪器与材料	责任人与分工	工作时间
3				
4				
5				
6				
7				
8				
9				
10				
11				
12				
13				
14				
15				
16				
17				
18				
19				
20				

（三）实施与检查

1. 提示

（1）请按照计划执行，及时做好记录，不可随意篡改数据。

（2）要具有团队合作意识，分工明确，操作规范，遇到自己解决不了的状况请及时与老师沟通，必要时可优化计划。

2. 实施与检查

序号	实施过程	时间	现场记录（现象、异常等）	检查及改进
1				
2				
3				
4				
5				
6				
7				
8				

序号	实施过程	时间	现场记录 （现象、异常等）	检查及改进
9				
10				
11				
12				
13				
14				
15				

3. 数据记录及处理

（1）$Na_2S_2O_3$ 溶液的标定

记录项目	1	2	3
m（倾样前）/g			
m（倾样后）/g			
$m(K_2Cr_2O_7)$/g			
$c(K_2Cr_2O_7)$/(mol/L)			
移取 $K_2Cr_2O_7$ 的体积/mL	25.00	25.00	25.00
滴定管初读数/mL	0.00	0.00	0.00
滴定管终读数/mL			
体积校正值/mL			
溶液温度/℃			
体积补正值/(mL/L)			
溶液温度校正值/mL			
实际消耗 $Na_2S_2O_3$ 体积/mL			
$c(Na_2S_2O_3)$/(mol/L)			
$\bar{c}(Na_2S_2O_3)$/(mol/L)			
极差/(mol/L)			
相对极差/%			

（2）化学需氧量 COD 测定

记录项目	数据
水样的体积/mL	100.00
滴定管初读数/mL	0.00
纯水消耗 $Na_2S_2O_3$ 体积 V_2/mL	
水样消耗 $Na_2S_2O_3$ 体积 V_1/mL	
体积校正值/mL	
溶液温度/℃	

记录项目	数据
体积补正值/(mL/L)	
溶液温度校正值/mL	
实际消耗 $Na_2S_2O_3$ 体积/mL	
化学需氧量 COD/(mg/L)	

（四）工作评价

序号	项目	配分	考核细则	扣分说明	扣分	得分
一	考勤	5	出勤情况	迟到扣1分,早退扣1分,病假扣2分,事假扣1分,旷课扣5分		
二	准备情况	5	实验服、教学资料齐全 安静有序 仪器设备检查 玻璃仪器洗涤 天平预热	每错一项扣1分,最多扣5分		
三	$Na_2S_2O_3$ 溶液的配制	4	称量操作规范 贴标签、棕色瓶避光储存	每错一项扣2分,最多扣4分		
四	$K_2Cr_2O_7$ 的称量	4	检查天平水平 减量法操作规范 复原天平并填写天平记录单 数据记录及时完整	每错一项扣1分,最多扣4分		
五	$K_2Cr_2O_7$ 标准溶液的配制	14	容量瓶试漏 溶解操作规范 转移动作规范 三分之二处平摇 定容准确,视线与刻度线相平 摇匀动作正确,次数合理 贴标签	每错一项扣2分,最多扣14分		
六	$K_2Cr_2O_7$ 溶液移取和待测水样的移取	13	润洗方法正确 不吸空 调节液面操作熟练 移液管竖直 滤纸擦拭 移液管尖靠壁 放液后停留约15秒	每错一项扣2分,最多扣13分		
七	滴定操作	30	滴定管选择 滴定管试漏	每错一项扣4分,最多扣30分		

序号	项目	配分	考核细则	扣分说明	扣分	得分
七	滴定操作	30	滴定管润洗	每错一项扣4分，最多扣30分		
			温度控制			
			淀粉指示剂加入时机合理			
			终点控制熟练			
			终点判断准确			
			读数正确			
			数据记录			
八	文明操作	5	正确佩戴手套、口罩、护目镜	每错一项扣5分，最多扣5分		
九	工作结果	5	仪器清洗	每错一项扣3分，最多扣5分		
			整理工作台			
十	数据处理	15	完整、正确、不缺项	最多扣15分		
十一	分数汇总	100				

考核时若发生仪器破损及严重违章操作,按不合格处理

四、总结与提高

（一）自我总结

1. 使用硫酸时应注意哪些？为什么？

2. 任务结束了，自身还有哪些不足？如果测定结果不理想，请分析一下原因及解决办法。

（二）思考练习

在整个任务中，配制溶液方式是不同的，例如 $Na_2S_2O_3$ 和 $K_2Cr_2O_7$ 溶液，这是为什么呢？

（三）技能拓展

请利用重铬酸钾法（HJ 828—2017）测定化学需氧量。

任务确认签名：

学生：_____　　老师：_____

日期：_____　　日期：_____

项目：		姓名：		班级：	
任务：		日期：		组别：	

工作任务八 水硬度的测定

一、任务描述

某石油化工企业冷却装置换热器中的冷却水硬度是监测冷却水垢的关键指标之一，冷却水硬度大将导致换热器结垢阻碍管中水流动，使热交换效果大大降低，结垢还会产生垢下腐蚀，使换热器穿孔而损坏，影响生产的顺利进行。本任务以配位滴定法测定换热器冷却水的硬度，以保证生产工艺正常进行。

二、任务提示

1. 工作方法

- 以小组为单位完成所有工作任务，请同组人员相互配合，积极沟通。
- 线上预习滴定操作过程，查阅 EDTA、氨水、钙指示剂、氧化锌的安全技术说明书（MSDS），小组合作完成工作计划。
- 按照工作计划，选取适当的防护用具、玻璃仪器、化学试剂，请示教师后按步骤进行操作。
- 出现小组内无法解决的问题及时与老师沟通。
- 组内讨论、总结，进行汇报、自我评价、互评。

2. 工作内容

- 正确使用酸式滴定管、容量瓶、移液管、量筒、烧杯、玻璃棒、胶头滴管等玻璃仪器，规范使用天平等设备。
- EDTA 标准溶液的配制；$ZnCl_2$ 标准溶液的配制；铬黑 T 指示剂配制；1：3 三乙醇胺溶液的配制；HCl 溶液的配制；钙指示剂的配制；EDTA 溶液的标定；水质钙硬度的测定。
- 完成称量、滴定的数据记录，并计算 EDTA 溶液的准确浓度和待测水样的钙硬度。
- 巩固学习体积校正及温度校正应用。
- 利用自查评分表进行自查。

3. 知识储备

- 配位化合物及配位反应；金属指示剂的工作原理及使用条件。
- EDTA 标定原理。
- 水硬度测定的原理。
- 滴定分析的计算。
- 误差及产生原因。

• EDTA、氨水、钙指示剂、氧化锌的理化性质及安全技术说明书内容。

氨水 MSDS 摘要　　　EDTA MSDS 摘要　　　钙指示剂 MSDS 摘要　　　氧化锌 MSDS 摘要

4. 安全环保

• 按照实验室管理及行业规范要求，穿戴白大褂、手套、口罩、护目镜等，安静有序进行实验操作。

• 本操作需要稀释盐酸、氨水，要在通风橱中进行。

• 注意玻璃仪器损坏后应放入指定位置回收。产生的废液要回收至指定废液桶集中处理，不得随意排放。

• 实验操作过程要严格遵守 5S 管理要求。

• 注意安全，如出现危险情况及时向教师报告，按教师意见处理。

★我非常肯定，以上要求及 EDTA、氨水、钙指示剂、氧化锌的安全技术说明书的内容我已经认真阅读，都已知晓。

承诺人签字：_____

三、工作过程

（一）获取信息

1. EDTA 溶液的标定原理

2. 水硬度测定的原理

（二）计划与决策

要求：通过课前预习进行小组讨论，列出水硬度的测定工作过程中所需的仪器、试剂，制订初始工作计划，进行组间交流，最后将决策后的计划列于下表中。

1. 仪器及材料

序号	名称	规格	数量	备注
1				
2				
3				
4				
5				
6				
7				
8				
9				
10				
11				
12				
13				

2. 所需试剂

序号	名称	质量/体积/含量	规格	备注
1				
2				
3				
4				
5				
6				
7				
8				
9				
10				

3. 工作计划

序号	计划步骤	所用仪器与材料	责任人与分工	工作时间
1				
2				
3				
4				

序号	计划步骤	所用仪器与材料	责任人与分工	工作时间
5				
6				
7				
8				
9				
10				
11				
12				
13				
14				
15				
16				
17				

（三）实施与检查

1. 提示

（1）请按照计划执行，及时做好记录，不可随意篡改数据。

（2）要具有团队合作意识，分工明确，操作规范，遇到问题请及时与同学、老师沟通，必要时可优化计划。

2. 实施与检查

序号	实施过程	时间	现场记录（现象、异常等）	检查及改进
1				
2				
3				
4				
5				
6				
7				
8				
9				
10				
11				
12				

序号	实施过程	时间	现场记录(现象、异常等)	检查及改进
13				
14				
15				

3. 数据记录及处理

(1) EDTA 的标定

记录项目	1	2	3
m(称量瓶＋药品)(倾样前)/g			
m(称量瓶＋药品)(倾样后)/g			
$m(ZnO)/g$			
滴定管初读数/mL	0.00	0.00	0.00
滴定管终读数/mL			
体积校正值/mL			
溶液温度/℃			
体积补正值/(mL/L)			
溶液温度校正值/mL			
实际消耗 EDTA 体积/mL			
$c(EDTA)/(mol/L)$			
$\bar{c}(EDTA)/(mol/L)$			
极差/(mol/L)			
相对极差/%			

(2) 水硬度的测定

记录项目	1	2	3
水样的体积/mL			
滴定管初读数/mL	0.00	0.00	0.00
滴定管终读数/mL			
体积校正值/mL			
溶液温度/℃			
体积补正值/(mL/L)			
溶液温度校正值/mL			
实际消耗 EDTA 体积/mL			
$\rho(Ca^{2+})/(mg/L)$			
$\bar{\rho}(Ca^{2+})/(mg/L)$			

记录项目	1	2	3
极差/(mg/L)			
相对极差/%			

（四）工作评价

序号	项目	配分	考核细则	扣分说明	扣分	得分
一	考勤	5	出勤情况	迟到扣1分，早退扣1分，病假扣2分，事假扣1分，旷课扣5分		
二	准备情况	5	实验服、教学资料齐全 安静有序 仪器设备检查 玻璃仪器洗涤 天平预热	每错一项扣1分，最多扣5分		
三	EDTA标准溶液的配制	3	称量操作规范 溶解 储存、贴标签	每错一项扣1分，最多扣3分		
四	HCl溶液的配制	8	在通风橱中取用浓盐酸 取用量正确 稀释步骤正确 贴标签	每错一项扣2分，最多扣8分		
五	铬黑T的配制	3	称量操作规范 溶解 储存、贴标签	每错一项扣1分，最多扣3分		
六	ZnO基准物质称量	6	检查天平水平 减量法操作规范 复原天平及填写天平记录单 数据记录及时完整	每错一项扣1分（减量法和数据记录扣2分），最多扣6分		
七	$ZnCl_2$溶液的配制	7	用盐酸溶液全部溶解，不飞溅 容量瓶试漏 转移溶液动作规范 三分之二处平摇 定容准确，视线与刻度线相平 摇匀动作正确，次数合理 贴标签	每错一项扣1分（容量瓶试漏扣2分），最多扣7分		
八	钙指示剂的配制	3	称量操作规范 比例正确 贴标签	每错一项扣1分，最多扣3分		

序号	项目	配分	考核细则	扣分说明	扣分	得分
九	1：3三乙醇胺的配制	6	量取规范	每错一项扣2分，最多扣6分		
			比例正确			
			贴标签			
十	$ZnCl_2$溶液移取和待测水样的移取	9	润洗操作正确	每错一项扣1分（润洗和调节液面错一项扣2分），最多扣9分		
			不吸空			
			调节液面操作熟练且准确			
			移液管竖直			
			滤纸擦拭			
			移液管尖靠壁			
			放液后停留约15秒			
十一	水质硬度测定滴定操作	20	滴定管试漏	每错一项扣4分，最多扣20分		
			终点控制熟练			
			终点判断准确			
			读数正确			
			数据记录			
十二	文明操作	5	正确佩戴手套、口罩、护目镜	最多扣5分		
十三	工作结果	5	仪器清洗	每错一项扣3分，最多扣5分		
			整理工作台			
十四	数据处理	15	完整、正确、不缺项	最多扣15分		
十五	分数汇总	100				
考核时若发生仪器破损及严重违章操作，按不合格处理						

四、总结与提高

（一）自我总结

1. 总结水硬度测定的操作要点。

2. 水硬度测得结果是否理想，分析一下原因及解决办法。

（二）思考练习

在标定 EDTA 溶液时为什么要用缓冲溶液控制 pH＝10？

（三）技能拓展

请尝试测定水中的总硬度及镁硬度。

任务确认签名：

学生：＿＿＿＿＿＿＿＿＿＿＿   老师：＿＿＿＿＿＿＿＿＿＿＿

日期：＿＿＿＿＿＿＿＿＿＿＿   日期：＿＿＿＿＿＿＿＿＿＿＿

项目：	姓名：	班级：
任务：	日期：	组别：

工作任务九　提纯工业乙醇及质量评价

一、任务描述

在某炼油企业汽油加氢装置成品油车间，将乙醇作为添加剂加入汽油中制得乙醇汽油。乙醇的纯度越高，乙醇汽油的质量越好。为提供高纯度乙醇，需要对工业乙醇进行提纯，本任务通过蒸馏操作实现对工业乙醇的分离和提纯，并归类回收产品和废液。

二、任务提示

1. 工作方法

- 以小组合作的方式完成所有工作内容，要相互配合，积极沟通。
- 预习回流、蒸馏的操作步骤及要点，以小组为单位完成工作计划。
- 查阅乙醇的安全技术说明书，按照其性质及工作计划，选取适当的防护用具、仪器，按步骤进行操作。
- 出现小组内无法解决的问题及时与老师沟通。
- 进行组内讨论、总结，组间进行交流，在全班进行汇报。

2. 工作内容

- 按回流、蒸馏的操作要求进行装置的搭建和拆除，控制回流、蒸馏速度。
- 提纯乙醇，回收乙醇。
- 利用折光仪进行产品质量评价。
- 仪器清洗干燥。
- 利用自查评分表进行自查。

3. 知识储备

- 沸点的定义及蒸馏原理。
- 乙醇的理化性质及安全技术说明书内容。
- 安全环保理念。

乙醇 MSDS 摘要

4. 安全环保

- 按照实验室管理及行业规范要求，穿戴白大褂、手套、口罩、护目镜等，安静有序进行实验操作。
- 注意玻璃仪器损坏后应放入指定位置回收。
- 产生的"三废"要集中处理，不得随意排放。注意水电的使用安全。
- 实验操作过程要严格遵守 5S 管理要求。
- 如出现危险情况及时向教师报告，按教师意见处理。

★我非常肯定，以上要求及乙醇的安全技术说明书的内容我已经认真阅读，都已知晓。

承诺人签字：＿＿＿＿＿＿＿＿＿＿

三、任务过程

（一）获取信息

1. 乙醇和水的沸点分别是多少？能否将乙醇与水的混合物很理想地分离？

2. 蒸馏装置的搭建顺序是什么？请按顺序写出仪器名称。

（二）计划与决策

要求：各小组根据预习及信息，列出提纯工业酒精所需的仪器、试剂和初始工作计划，进行组间交流研讨，最后将决策后的终版计划列于表中。

1. 仪器及材料

序号	名称	规格	数量	备注
1				
2				
3				
4				
5				
6				
7				
8				
9				

序号	名称	规格	数量	备注
10				
11				
12				
13				

2. 所需试剂

序号	名称	质量/体积/含量	规格	备注
1				
2				
3				
4				
5				
6				

3. 工作计划

序号	计划步骤	所用仪器与材料	责任人与分工	工作时间
1				
2				
3				
4				
5				
6				
7				
8				
9				
10				
11				
12				
13				
14				
15				
16				
17				

（三）实施与检查

1. 提示

（1）请按照计划执行，做好记录。

（2）请注意小组合作，明确分工，主动沟通，遇到问题及时与同学、老师交流、研究，必要时可优化计划。

2. 实施与检查

序号	实施过程	时间	现场记录 （现象、异常等）	检查及改进
1				
2				
3				
4				
5				
6				
7				
8				
9				
10				
11				
12				
13				
14				
15				
16				
17				

3. 数据记录及回收率计算

（1）乙醇的沸点为＿＿＿＿＿＿＿＿。

（2）工业酒精称取量

化学试剂	理论称取量/mL	实际称取量/mL
工业酒精		

（3）时间-温度记录

时间	温度/℃	时间	温度/℃	时间	温度/℃	时间	温度/℃

（4）绘制时间-温度曲线

（5）乙醇馏出液体积为：V（乙醇）＝＿＿＿＿＿＿＿mL

溶液回收率：ω（乙醇）＝＿＿＿＿＿＿＿%

回收率计算过程：

4. 乙醇的质量评价（折射率测定）

n_D^{20}（文献值）：＿＿＿＿＿＿＿

n_D^{20}（测定值）：＿＿＿＿＿＿＿

查得生产的乙醇浓度为＿＿＿＿＿＿＿

2WA-J 型阿贝折射仪
及操作步骤

（四）工作评价

序号	项目	配分	考核细则	扣分说明	扣分	得分
一	考勤	5	出勤情况	迟到扣1分,早退扣1分,事假扣1分,病假扣2分,旷课扣5分		
二	准备情况	15	实验服、教学资料齐全	每错一项扣5分,最多扣15分		
			安静有序、按组就座			
			仪器洗涤、干燥			
三	回流	15	仪器选取是否正确	每错一项扣3分,最多扣15分		
			装置搭建顺序是否正确			
			装置是否密封、牢固			
			冷凝水方向是否正确			
			液体加入量是否在量取范围内			
			是否加入沸石			
			通水、通电顺序是否正确			
			回流速度控制			
			装置拆除顺序是否正确			

序号	项目	配分	考核细则	扣分说明	扣分	得分
四	蒸馏	20	装置搭建顺序是否正确	每错一项扣3分，最多扣20分		
			装置是否密封、牢固			
			冷凝水方向是否正确			
			是否补加沸石			
			通水、通电顺序是否正确			
			温度计位置是否正确			
			温度及速度控制			
			停水、停热顺序是否正确			
			装置拆除顺序是否正确			
五	折射率	10	折光仪清洗是否正确	每错一项扣4分，最多扣10分		
			影像是否清晰			
			读数是否准确			
六	工作页	15	计划执行性强	每错一项扣5分，最多扣15分		
			数据及时记录			
			工作页清晰、完整			
七	文明操作	10	合作、安全、沟通意识	每错一项扣5分，最多扣10分		
八	工作结果	10	仪器、试剂整理	每错一项扣5分，最多扣10分		
			工作台、水槽整理			
			卫生清扫			
九	分数汇总	100				

考核时若发生仪器破损及严重违章操作，按不合格处理

四、总结与提高

（一）自我总结

请总结回流和蒸馏的操作要点。

（二）思考练习

1. 蒸馏与回流时，加入沸石的目的是什么？

2. 如果在开始加热后发现未加入沸石应该怎么办？

（三）技能拓展

1-丙醇沸点测定。

任务确认签名：

学生：_____ 　　　老师：_____

日期：_____ 　　　日期：_____

项目：	姓名：	班级：
任务：	日期：	组别：

工作任务十　合成乙酸乙酯及质量评价

一、任务描述

在某炼油企业柴油加氢精制装置成品油车间，将酯类抗磨剂作为添加剂加入柴油中制得成品柴油。酯类纯度越高，柴油对发动机的腐蚀性越小。为得到高纯度酯类，本任务利用乙醇和乙酸合成乙酸乙酯粗产品，再进行精制，并对最终产品进行检验。

二、任务提示

1. 工作方法

- 以小组合作的方式完成所有工作内容，要相互配合，积极沟通。
- 复习蒸馏的操作步骤及要点，预习分液漏斗使用要点，以小组为单位完成工作计划。
- 查阅乙酸、浓硫酸的安全技术说明书，按照其性质及工作计划，选取适当的防护用具、仪器，按步骤进行操作。
- 出现小组内无法解决的问题及时与老师沟通。
- 进行组内讨论、总结，组间进行交流，在全班进行汇报。

2. 工作内容

- 利用蒸馏装置，合成乙酸乙酯粗品，并提纯精制，计算乙酸乙酯的产率（％）。
- 利用气相色谱仪内标法进行产品质量评价。
- 仪器清洗、干燥。
- 利用自查评分表进行自查。

3. 知识储备

- 蒸馏原理及操作要点。
- 乙醇、乙酸、浓硫酸的理化性质。
- 萃取及洗涤，分液漏斗的使用方法及要点。
- 安全环保理念。

乙酸乙酯 MSDS 摘要

4. 安全环保

- 按照实验室管理及行业规范要求，穿戴白大褂、手套、口罩、护目镜等，安静有序进行实验操作。注意水电的使用安全。
- 特别注意浓硫酸、醋酸的腐蚀性。
- 产生的"三废"要集中处理，不得随意排放。
- 实验操作过程要严格遵守5S管理要求。
- 如出现危险情况及时向教师报告，按教师意见处理。

冰醋酸 MSDS 摘要

★我非常肯定，以上要求及硫酸、醋酸、乙酸乙酯的安全技术说明书的内容我已经认真阅读，都已知晓。

承诺人签字：＿＿＿＿＿＿＿

三、任务过程

（一）获取信息

1. 合成原理

2. 为什么反应装置的玻璃仪器必须是干燥的？

（二）计划与决策

要求：各小组根据预习及相关信息，列出乙酸乙酯合成所需的仪器、试剂和初始工作计划，进行组间交流研讨，最后将决策后的终版计划列于表中。

1. 仪器及材料

序号	名称	规格	数量	备注
1				
2				
3				
4				
5				
6				
7				
8				

序号	名称	规格	数量	备注
9				
10				
11				
12				
13				
14				
15				
16				

2. 所需试剂

序号	名称	质量/体积/含量	规格	备注
1				
2				
3				
4				
5				
6				
7				
8				
9				
10				

3. 工作计划

序号	计划步骤	所用仪器与材料	责任人与分工	工作时间
1				
2				
3				
4				
5				
6				
7				
8				
9				
10				
11				
12				
13				

序号	计划步骤	所用仪器与材料	责任人与分工	工作时间
14				
15				
16				
17				
18				
19				
20				

（三）实施与检查

1. 提示

（1）请按照计划执行，做好记录。

（2）请注意小组合作，明确分工，主动沟通，遇到问题及时与同学、老师交流、研究，必要时可优化计划。

2. 实施与检查

序号	实施过程	时间	现场记录（现象、异常等）	检查及改进
1				
2				
3				
4				
5				
6				
7				
8				
9				
10				
11				
12				
13				
14				
15				
16				
17				
18				
19				
20				

3. 数据记录及回收率计算

（1）试剂量取量

化学试剂	理论量取量/mL	实际量取量/mL	放入哪种容器中
无水乙醇			
冰醋酸			
浓硫酸			

（2）时间-温度记录

时间	温度/℃	时间	温度/℃	时间	温度/℃	时间	温度/℃

（3）绘制时间-温度曲线

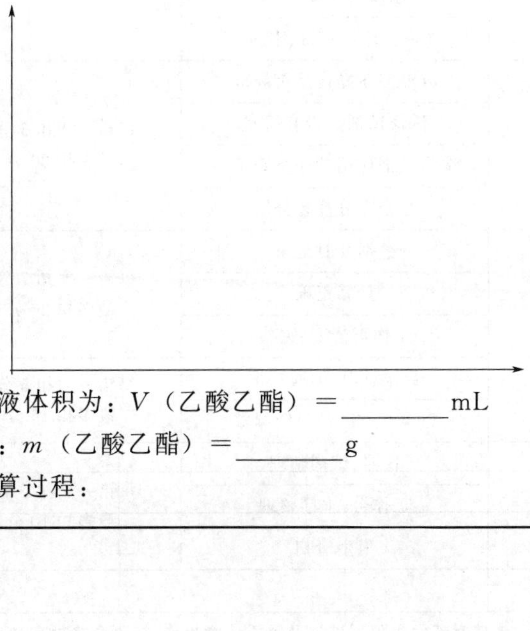

（4）乙酸乙酯馏出液体积为：V（乙酸乙酯）＝_____mL

乙酸乙酯的质量为：m（乙酸乙酯）＝_____g

乙酸乙酯的产率计算过程：

4. 乙酸乙酯的质量评价（气相色谱内标法）

将产品送至色谱室，由二年级学生进行色谱分析。

（四）工作评价

序号	项目	配分	考核细则	扣分说明	扣分	得分
一	考勤	5	出勤情况	迟到扣1分，早退扣1分，病假扣2分，事假扣1分，旷课扣5分		
二	准备情况	15	实验服、教学资料齐全 安静有序、按组就座 仪器洗涤、干燥	每错一项扣5分，最多扣15分		
三	蒸馏操作	20	仪器选择是否正确 装置搭建及拆除顺序是否正确 试剂选择及添加是否正确 冷凝水方向是否正确 是否加沸石 水、电开停顺序是否正确 温度计位置是否正确 温度及速度控制 装置是否密封、牢固	每错一项扣3分，最多扣20分		
四	洗涤操作	20	分液漏斗操作是否规范 洗涤试剂是否有遗漏 洗涤试剂使用顺序是否正确 是否充分静置分层	每错一项扣5分，最多扣20分		
五	工作页	20	数据及时记录 计算正确 工作页清晰、完整	每错一项扣7分，最多扣20分		
六	文明操作	10	合作意识、沟通意识 口罩、手套、护目镜佩戴	每错一项扣5分，最多扣10分		
七	工作结果	10	仪器、试剂整理 工作台、水槽整理 卫生清扫	每错一项扣5分，最多扣10分		
八	分数汇总	100				
考核时若发生仪器破损及严重违章操作，按不合格处理						

四、总结与提高

（一）自我总结

1. 谈谈实验过程中是否完全按工作计划进行，做了哪些改进，效果如何。

2. 请总结粗乙酸乙酯的洗涤步骤及作用。

（二）思考练习

1. 如何提高乙酸乙酯的产率？

2. 硫酸在本实验中起什么作用？

3. 能否用浓的氢氧化钠溶液代替饱和碳酸钠溶液来洗涤蒸馏液？

（三）技能拓展

请尝试乙酸异戊酯的合成并送色谱室检验。

任务确认签名：

学生：_____　　　老师：_____

日期：_____　　　日期：_____

项目：	姓名：	班级：
任务：	日期：	组别：

工作任务十一　熔点测定

一、任务描述

通过测定熔点不仅可以鉴别物质的种类，还可以判断其纯度，对企业生产具有一定的指导作用，例如在某炼油企业焦化车间生产的沥青，可以通过测定熔点，判断其稳定性和流动性。本任务通过测定乙酰苯胺、苯甲酸等物质的熔点，学习熔点仪的使用方法，并利用熔点仪测定未知物质的熔点。

二、任务提示

1. 工作方法

- 以小组合作的方式完成所有工作内容，要相互配合，积极沟通。
- 查阅熔点测定的方法，重点预习 WRX-4 型熔点仪使用步骤及要点，以小组为单位完成工作计划。
- 按照工作计划，选取适当的防护用具、仪器及化学试剂，按步骤进行操作。
- 出现小组内无法解决的问题及时与老师沟通。
- 进行组内讨论、总结，组间进行交流，在全班进行汇报。

乙酰苯胺 MSDS 摘要　　测定熔点时各阶段影像图片　　WRX-4 型熔点仪及操作步骤

2. 工作内容

- 研磨乙酰苯胺、苯甲酸等待测的固体化学试剂。
- 毛细管的准备。
- 利用 WRX-4 型熔点仪的毛细管法测定熔点，并记录数据。
- 利用自查评分表进行自查。

3. 知识储备

- 熔点的定义及测定意义。
- 乙酰苯胺等化学试剂的理化性质及安全技术说明书。
- 安全环保理念。

4. 安全环保

- 按照实验室管理及行业规范要求，穿戴白大褂、手套、口罩、护目镜等，安静有序进行实验操作。

- 按熔点仪操作规程进行操作。
- 产生的废渣要集中处理，不得随意排放。注意水电的使用安全。
- 实验操作过程要严格遵守 5S 管理要求。
- 如出现危险情况及时向教师报告，按教师意见处理。

★我非常肯定，以上要求及乙酰苯胺等安全技术说明书、WRX-4 型熔点仪说明书摘要的内容我已经认真阅读，都已知晓。

承诺人签字：_____

三、工作过程

（一）获取信息

熔点仪上的各符号对应的汉语名字是什么？有哪些功能？

（二）计划与决策

要求：各小组通过预习列出有机物熔点测定所需的仪器、试剂和初始工作计划，进行组间交流研讨，最后将决策后的终版计划列于表中。

1. 仪器及材料

序号	名称	规格	数量	备注
1				
2				
3				
4				
5				
6				
7				
8				
9				

2. 所需试剂

序号	名称	质量/体积/含量	规格	备注
1				
2				
3				

序号	名称	质量/体积/含量	规格	备注
4				
5				

3. 工作计划

序号	计划步骤	所用仪器与材料	责任人与分工	工作时间
1				
2				
3				
4				
5				
6				
7				
8				
9				
10				
11				
12				
13				
14				

（三）实施与检查

1. 提示

（1）请按照计划执行，做好记录。

（2）请注意小组合作，明确分工，主动沟通，遇到问题及时与同学、老师交流、研究，必要时可优化计划。

2. 实施与检查

序号	实施过程	时间	现场记录（现象、异常等）	检查及改进
1				
2				
3				
4				
5				
6				
7				
8				

序号	实施过程	时间	现场记录 (现象、异常等)	检查及改进
9				
10				
11				
12				
13				
14				

3. 数据记录

(1) 规定试剂：乙酰苯胺物理常数

药品 名称	分子量	性状	密度/(g/cm³)	熔点 /℃	沸点 /℃	水溶解度 /(g/100mL)

乙酰苯胺测定记录

乙酰苯胺	熔点/℃			平均值
	第一次测定	第二次测定	第三次测定	
初熔温度				
终熔温度				
熔程				

(2) 自选试剂：(　　　　) 试剂物理常数

药品 名称	分子量	性状	密度/(g/cm³)	熔点 /℃	沸点 /℃	水溶解度 /(g/100mL)

(　　　　) 测定记录

	熔点/℃			平均值
	第一次测定	第二次测定	第三次测定	
初熔温度				
终熔温度				
熔程				

（四）工作评价

序号	项目	配分	考核细则	扣分说明	扣分	得分
一	考勤	5	出勤情况	迟到扣1分,早退扣1分, 病假扣2分,事假扣1分, 旷课扣5分		

序号	项目	配分	考核细则	扣分说明	扣分	得分
二	准备情况	10	实验服、教学资料齐全	每错一项扣4分，最多扣10分		
			安静有序、按组就座			
			仪器、试剂齐全			
三	试剂准备	10	试剂干燥	每错一项扣5分，最多扣10分		
			试剂研磨			
四	毛细管法	25	熔点仪认知	每错一项扣5分，最多扣25分		
			毛细管填药操作			
			毛细管放入位置正确			
			调整颗粒影像清晰			
			初熔和终熔的判断			
五	工作页	20	试剂物理常数查阅	每错一项扣3分，最多扣20分		
			及时记录数据			
			工作页清晰、完整			
六	文明操作	10	合作、安全、节约、沟通	每错一项扣5分，最多扣10分		
七	工作结果	20	熔点仪、试剂整理	每错一项扣5分，最多扣20分		
			工作台、水槽整理			
			卫生清扫			
八	分数汇总	100				

考核时若发生仪器破损及严重违章操作，按不合格处理

四、总结与提高

（一）自我总结

1. 毛细管法使用应注意哪些环节？

2. 请结合自己的操作总结促进实验成功的关键操作要点。

（二）思考练习

1. 能否将毛细管开口端插入熔点仪？为什么？

2. 毛细管能否重复使用？为什么？

（三）技能拓展

请尝试用载玻片法测有机物熔点。

任务确认签名：

学生：_____　　老师：_____

日期：_____　　日期：_____

项目：	姓名：	班级：
任务：	日期：	组别：

工作任务十二　合成肥皂

一、任务描述

在某日化生产企业中，肥皂的洗涤能力、耐用程度、粗糙程度等是肥皂质量好坏的评价标准，在皂基生产过程中，皂化反应程度是决定肥皂使用性能的关键。本任务利用多样化油脂制得皂基，然后再对皂基进行精制，得到精美的肥皂。

二、任务提示

1. 工作方法

· 以小组为单位完成所有工作任务，请同组人员相互配合，积极沟通。

· 线上预习肥皂的制备过程，查阅 NaOH 的安全技术说明书（MSDS），小组合作完成工作计划。

· 按照工作计划，选取适当的防护用具、化学试剂和仪器设备，请示教师后按步骤进行操作。

· 出现小组内无法解决的问题及时与教师沟通。

· 组内讨论、总结，进行汇报、自我评价、互评。

2. 工作内容

· 利用手工配方皂计算器计算出 50g 油脂（种类多样化）所需要的水、NaOH 的量。

手工皂配方计算器

· 正确使用烧杯、玻璃棒、量筒等玻璃仪器；规范使用恒温磁力搅拌水浴锅、电子天平、循环水真空抽滤装置等设备。

· 水相的制备；油相的制备；饱和氯化钠溶液的配制；氢氧化钠溶液的配制。

· 完成皂化反应皂基的制备，并对皂基进行精制。

· 抽滤、用冰水冲洗沉淀物，收集、压干，注模。

· 巩固天平的使用、溶液的配制、量筒的使用、抽滤操作。

· 利用自查评分表进行自查。

氢氧化钠 MSDS 摘要

3. 知识储备

· 皂化反应机理。

· 盐析原理。

· 氢氧化钠的理化性质及安全技术说明书内容。

4. 安全环保

•按照实验室管理及行业规范要求，穿戴白大褂、手套、口罩、护目镜等，安静有序进行实验操作。

•此任务中氢氧化钠具有强碱性，溶解释放大量的热，相关操作要安全、规范。

•注意玻璃仪器损坏后应放入指定位置回收。产生的废液要回收至指定废液桶集中处理，不得随意排放。

•实验操作过程要严格遵守 5S 管理要求。

•出现危险情况或自己解决不了的问题及时向教师报告，按教师意见处理。

★我非常肯定，以上要求及氢氧化钠的安全技术说明书的内容我已经认真阅读，都已知晓。

承诺人签字：＿＿＿＿＿＿＿＿

三、工作过程

（一）获取信息

1. 制备肥皂的实验原理

2. 盐析原理

（二）计划与决策

要求：通过课前预习进行小组讨论，列出肥皂制备工作过程中所需的试剂和仪器，小组讨论，制订初始工作计划，最后将决策后的计划列于下表中。

1. 仪器及材料

序号	名称	规格	数量	备注
1				
2				
3				
4				
5				

序号	名称	规格	数量	备注
6				
7				
8				
9				
10				
11				
12				
13				
14				
15				

2. 所需试剂

序号	名称	质量/体积/含量	规格	备注
1				
2				
3				
4				
5				
6				
7				
8				

3. 工作计划

序号	计划步骤	所用仪器与材料	责任人与分工	工作时间
1				
2				
3				
4				
5				
6				
7				
8				
9				
10				
11				
12				
13				
14				
15				
16				
17				

序号	计划步骤	所用仪器与材料	责任人与分工	工作时间
18				
19				
20				

（三）实施与检查

1. 提示

（1）请按照计划执行，及时做好记录，不可随意篡改数据。

（2）皂化反应中反应物的量、反应条件、反应时间等都非常重要，请严格控制。

（3）要具有团队合作意识，分工明确，操作规范，遇到问题请及时与同学、教师沟通，必要时可优化计划。

2. 实施与检查

序号	实施过程	时间	现场记录（现象、异常等）	检查及改进
1				
2				
3				
4				
5				
6				
7				
8				
9				
10				
11				
12				
13				
14				
15				

3. 数据记录及处理

（1）制作肥皂所用的物质及记录

物质	质量/g 或体积/mL

（2）预计肥皂的成品性质

指标	计算数值	建议范围
INS		建议:136~165
适肌力		建议:>7
清洁力		建议:>5
起泡力		建议:>4
硬度		建议:>5
不易化		建议:>5
安定性		建议:>5

（四）工作评价

序号	项目	配分	考核细则	扣分说明	扣分	得分
一	考勤	5	出勤情况	迟到扣1分,早退扣1分,病假扣2分,事假扣1分,旷课扣5分		
二	准备情况	5	实验服、教学资料齐全	每错一项扣1分,最多扣5分		
			安静有序			
			仪器设备检查			
			玻璃仪器洗涤			
			天平预热			
三	氢氧化钠溶液的配制	15	氢氧化钠的称量	每错一项扣5分,最多扣15分		
			蒸馏水的称量			
			氢氧化钠溶液的配制			
四	油脂的称量	10	油脂的称量	每错一次扣5分,最多扣10分		
			数据的记录			
五	乙醇的量取量筒的使用	8	量筒选择	每错一项扣3分,最多扣8分		
			量取所需量乙醇并读数			
			记录数值			
六	配制饱和氯化钠溶液	9	称量氯化钠	每错一项扣3分,最多扣9分		
			量取蒸馏水			
			配制饱和氯化钠溶液			
七	皂基的抽滤	7	循环水真空抽滤泵的使用	每错一项扣4分,最多扣7分		
			布氏漏斗的使用			
八	皂基的制作水浴锅的使用	29	水相、油相混合	操作不规范扣4分		
			加热搅拌,判断皂化反应终点	每错一次扣2分,最多扣6分		
			加入氯化钠溶液	操作不规范扣4分		
			抽滤、洗涤	每错一次扣2分,最多扣10分		
			压片	操作错误扣5分		

序号	项目	配分	考核细则	扣分说明	扣分	得分
九	皂基的精制	7	进行皂基的精制操作	最多扣7分		
十	文明操作	5	正确佩戴手套、口罩、护目镜	最多扣5分		
十一	分数汇总	100				

考核时若发生仪器破损及严重违章操作,按不合格处理

四、总结与提高

(一)自我总结

1. 油相和水相混合不均匀,该如何处理?

2. 总结精制的皂液入模和脱模的注意事项。

(二)思考练习

肥皂入模时肥皂表面会产生"白点",为什么入模前在模具上涂抹一层甘油就可以消除白点?

(三)技能拓展

请尝试用氢氧化钾皂化制作肥皂,并与氢氧化钠皂化得到的肥皂比较,有哪些区别?

任务确认签名:

学生:＿＿＿＿＿＿＿＿＿＿　　老师:＿＿＿＿＿＿＿＿＿＿

日期:＿＿＿＿＿＿＿＿＿＿　　日期:＿＿＿＿＿＿＿＿＿＿

项目：		姓名：		班级：	
任务：		日期：		组别：	

工作任务十三　走进基础化学实验室

一、任务描述

在化工企业中，每年的"安全生产月"结合真实案例对全体员工进行安全培训（厂级、车间级、岗位级）。化验室要求员工，特别是新进员工要熟悉实验室环境、规章制度、岗位职责，了解化学试剂的理化性质、设施设备的使用规范、个人防护的有效措施，严格遵守企业的5S管理规定，确保工作顺利进行。本任务以学校基础化学实验室模拟企业化验室，学习相关规定、仪器及试剂分类、存放及使用要点，为今后的安全学习奠定基础。

二、任务提示

1. 工作方法
- 在实验室管理教师及任课教师的共同带领下熟悉实验室环境。
- 两人一小组，以小组合作的方式完成所有工作内容，要相互配合，积极沟通。
- 通过参观、记录、总结、交流、操作的方式完成任务。
- 出现无法解决的问题及时与老师沟通。

2. 工作内容
- 参观基础化学实验室，熟悉安全通道，并绘制实验室疏散示意图。
- 参观基础化学实验室，查找安全设施设备、安全标识等，并记录交流。
- 阅读并总结实验室规章管理制度，总结主要条款。
- 熟悉灭火器、洗眼器、医疗箱、水电等设施设备。
- 领取常用玻璃仪器并整理，初步体会玻璃仪器的安全使用。
- 查阅化学试剂的安全技术说明书，选取正确防护用具。
- 利用自查评分表进行自查。

3. 知识储备
- 安全理念。
- 无机化学基础知识。

4. 安全环保
- 听从教师指导，安静有序、分组就座。
- 听从教师指挥，按要求使用相关设施设备。
- 严禁在实验室内吸烟、进食、饮水。
- 要严格遵守5S管理要求。
- 如出现危险情况及时向教师报告，按教师意见处理。

★我非常肯定，以上要求及实验室条例的内容我已经认真阅读，都已知晓。

承诺人签字：＿＿＿＿＿＿＿＿＿

三、任务过程

要求：本任务有四项子任务，分别为子任务1学习实验室规章制度、子任务2认识实验室安全设施、子任务3做好个人防护，子任务4认知玻璃仪器，各小组均需分别完成四项子任务，并完成工作页填写。

子任务1　学习实验室规章制度

（一）获取信息

1. 任课教师电话：＿＿＿＿＿＿＿＿＿＿　实验室管理教师电话：＿＿＿＿＿＿＿＿＿＿

2. 实验室不是常规教室，在管理上有哪些特殊要求？

（二）计划与决策

要求：请列出你将要查阅的管理制度名称及来源。

序号	制度名称	制度来源	备注
1			
2			
3			
4			

（三）实施与检查

1. 提示

（1）请按照查阅的管理制度，做好记录。

（2）请注意小组合作，明确分工，主动沟通，遇到问题及时与同学、老师交流、研究。

2. 实施与检查

序号	制度名称	主要内容	自查改进点
1			
2			
3			

序号	制度名称	主要内容	自查改进点
4			
5			

子任务 2　认识实验室安全设施

（一）获取信息

实验室中现有哪些保障安全的设施设备？

（二）计划与决策

要求：确定参观实验室路线计划，在老师允许后参观实验室布局，查找保障实验安全的设施设备，并做好记录。

参观路线	安全设施设备	具体位置

（三）实施与检查

1. 提示

（1）请按照参观实验室路线及内容，做好记录。

（2）请注意小组合作，明确分工，主动沟通，遇到问题及时与同学、老师交流、研究。

2. 实施与检查

序号	安全设施设备	主要功能	改进意见
1			
2			
3			
4			
5			
6			
7			

序号	安全设施设备	主要功能	改进意见
8			
9			
10			
11			
12			
13			

子任务 3 做好个人防护

（一）获取信息

实验室给大家准备了的个人防护用具有 _____。

盐酸 MSDS 摘要

（二）计划与决策

要求：依据盐酸的安全技术说明书（MSDS），请列出预使用盐酸时计划，采取的防护及储存措施。

序号	计划步骤	备注
1		
2		
3		
4		
5		

（三）实施与检查

1. 提示

（1）请按照计划执行，做好记录。

（2）请注意小组合作，明确分工，主动沟通，遇到问题及时与同学、老师交流、研究。

2. 实施与检查

序号	实施步骤	记录内容	备注
1			
2			
3			
4			
5			

子任务 4　认知玻璃仪器

（一）获取信息

玻璃仪器清洗干净的标准是什么？

（二）计划与决策

要求：请列出按老师提供的仪器清单认知、领取、清洗、整理摆放玻璃仪器的计划。

序号	计划步骤	负责人	备注
1			
2			
3			
4			

（三）实施与检查

1. 提示

（1）请按照计划执行，做好记录。

（2）请注意小组合作，明确分工，主动沟通，遇到问题及时与同学、老师交流、研究。

2. 实施与检查

序号	实施步骤	仪器名称及数量	备注
1			
2			
3			
4			
5			
6			
7			
8			
9			
10			
11			

序号	实施步骤	仪器名称及数量	备注
12			
13			

（四）工作评价

序号	项目	配分	考核细则	扣分说明	扣分	得分
一	考勤	5	出勤情况	迟到扣1分,早退扣1分,病假扣2分,事假扣1分,旷课扣5分		
二	准备情况	10	实验服、教学资料齐全	每错一项扣4分,最多扣10分		
			安静有序			
			按组就座			
三	制度学习	15	认真阅读	每错一项扣5分,最多扣15分		
			总结全面			
			工作页清晰、完整			
四	安全设施查找	20	按计划进行	每错一项扣5分,最多扣20分		
			查找至少5种			
			建议新颖			
			工作页清晰、完整			
五	个人防护	15	防护用具选择正确	每错一项扣5分,最多扣15分		
			原因阐述清晰			
			工作页清晰、完整			
六	玻璃仪器	15	仪器认识全面	每错一项扣4分,最多扣15分		
			领取种类、数目正确			
			清晰干净、摆放整齐			
			工作页清晰、完整			
七	文明操作	10	合作、安全、沟通意识	每错一项扣5分,最多扣10分		
八	工作结果	10	整理工作台、水槽	每错一项扣5分,最多扣10分		
			卫生清扫			
九	分数汇总	100				

考核时若发生仪器破损及严重违章操作,按不合格处理

四、总结与提高

（一）自我总结

如果你是老师,你将嘱咐学生进入实验室前、后要注意哪些问题?

（二）思考练习

1. 实验过程中产生的"三废"能否随意丢弃？请举例说明该怎样处理。

2. 为确保实验室安全，每次离开实验室之前各小组、值日生分别要做哪些检查工作？

3. 遇到 标识的化学试剂应该采取什么防护措施？有 标识的试剂应

怎样保存？

（三）讨论拓展

请设计一个理想中的化学实验室。

任务确认签名：

学生：_____   老师：_____

日期：_____   日期：_____